누구나 재배할 수 있는 텃밭채소

토마토
TOMATO

국립원예특작과학원 著

21세기사

토마토

TOMATO

contents 농업기술길잡이 토마토

chapter 1
토마토 재배현황과 경영특성

뜨는 식품 토마토, 합리적인 경영으로 소득 향상하기 : 토마토는 충남, 전남, 강원도를 중심으로 재배되고 있으며, 건강식품으로 수요가 증가하면서 안정적인 가격을 형성하여 전국적으로 재배지가 확산되었다. 또한 생산규모도 증가하고 있는 우리나라의 대표적인 과채류 중 하나이다. 일정한 목표소득을 달성하며 안정적인 토마토 경영을 하기 위해서는 수량 제고, 수취가격 제고, 비용 절감, 규모의 적정화 등을 통한 경영개선이 요구된다.

01

생산 및 유통현황

가. 생산현황

토마토의 재배면적은 1980년대에는 정체 혹은 감소 추세였다. 1980년대에 농산물 소비가 고급화됨에 따라 토마토는 다른 간식·후식용 과일류 및 과채류에 비해 소비자 선호가 낮아 수요가 많지 않았던 것으로 파악된다. 이러한 한계점은 1990년대 방울토마토의 등장으로 극복되어 방울토마토를 중심으로 토마토 재배면적이 2000년까지 꾸준히 증가하였다. 2000년에는 방울토마토의 재배면적이 일반토마토의 재배면적을 상회하기도 하였다. 2000년을 전후하여 오렌지 수입이 본격화되면서 여타 과일이나 과채에 비해 당도가 낮은 토마토의 수요가 급감함에 따라 가격이 하락했고, 재배면적의 급격한 감소로 이어지기도 했다. 2001년의 급감 이후 수요 증가, 특히 건강식품으로 소비가 증가함에 따라 다시 재배면적이 꾸준히 상승하여 2007년 7,353ha까지 이르렀다. 이후 생산량 급증에 따른 가격 하락, 태풍과 잦은 강우 등 기상 악화로 2010년까지 재배면적이 감소하였다가 다시 증가하는 추세로 2016년 재배면적은 6,391ha이다(그림 1-1).

토마토 단수는 1991년 10a당 3,614kg에서 2004년 6,708kg으로 연평균 5%의 성장을 보였다. 이후 2016년 수량은 6,107kg으로 성장세가 감소 내지는 둔화상태이다. 단수의 증가는 시설재배 및 양액재배의 확대, 내병성 품종 보급 등 기술 수준의 향상에 힘입은 바가 크다. 그러나 현재의 단수는 네덜란드 등 선진국에 비해서는 매우 낮은 수준으로 단수 증대의 가능성과 방안에 대한 검토는 지속적으로 이루어져야 할 것이다.

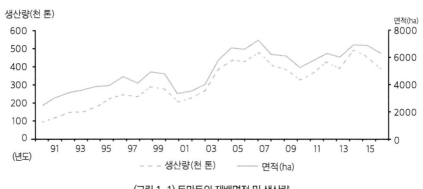

(그림 1-1) 토마토의 재배면적 및 생산량

* 자료 : 통계청(KOSIS)

시설토마토 재배면적은 1991년 2,501ha에서 1999년 5,010ha로 증가하였다가, 2001년에는 3,348ha로 주춤하였다. 그리고 2007년까지 상승하다가 그 이후 연도간의 차이는 있으나 정체상태에 있다. 재배농가 수는 2000년 1만 335호에서 2005년 1만 3,751호로 증가하였다가, 2010년에는 1만 306호, 2015년에는 1만 374호로 2000년 수준보다 약간 증가하였다. 반면 호당 평균 수확면적은 2000년 0.31ha, 2005년 0.34ha, 2010년 0.42ha, 2015년에는 0.41ha로 계속 증가하는 추세를 보이고 있다. 호당 재배규모의 확대는 시설구조의 개선, 난방 및 보온방법의 개선 등에 따른 생력화에 힘입은 바가 크다. 규모별 농가 수 변화를 보면 0.5ha 이상 농가에서는 규모가 커질수록 점유비의 증가율이 크다. 이것은 농업경영의 전문화 추세와 대규모 경영의 유리성이 반영되고 있는 것으로 판단된다(표 1-1).

(표 1-1) 시설토마토 재배면적 및 규모별 농가 수(단위: 호, ha)

연도	규모별 재배농가 수							수확 면적	호당 평균 수확면적 (ha/호)
	계	0.1ha 미만	0.1~0.3 미만	0.3~0.5 미만	0.5~0.7 미만	0.7~1.0 미만	1.0ha 이상		
2000	10,335	2,633	3,672	2,331	964	509	226	3,179	0.31
2005	13,751	3,866	4,111	2,860	1,445	863	606	4,719	0.34
2010	10,306 (100)	1,902 (18.5)	3,374 (32.7)	2,346 (22.8)	1,188 (11.5)	767 (7.4)	729 (7.1)	4,331	0.42
2015	10,374 (100)	2,225 (21.4)	3,145 (30.3)	2,308 (22.2)	1,208 (11.6)	797 (7.7)	691 (6.7)	4,288	0.41

* 자료 : 통계청, 농업총조사, 각 연도, ( ) 안은 점유비

시설토마토의 도별 재배면적 점유율 변화를 보면 1995년에는 전남과 전북이 전체 면적의 32%를 점유하였으나, 2016년에는 전북과 전남의 점유율이 23%로 감소하였다. 1995년에는 경기와 강원의 점유율이 11%에서 2016년에는 20%로 증가하는 등 산지가 전국적으로 확산되었다(그림 1-2). 2000년 전남의 재배면적 증가는 방울토마토 재배가 본격화되고, 촉성 작형이 증가하면서 새로운 산지가 확산되었기 때문이다. 2005년 강원의 재배면적 증가는 시설토마토의 작형이 다양화됨에 따라 늦은 반촉성 및 비가림 재배가 확대되었기 때문이다. 2016년 현재 시설토마토의 재배면적은 경기·강원 : 충청 : 호남 : 영남 : 특·광역시의 점유비율이 20 : 23 : 23 : 19 : 15로 전국적으로 골고루 분포되어 있다(그림 1-2).

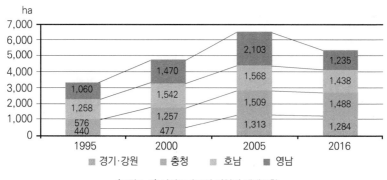

(그림 1-2) 시설토마토의 지역별 재배동향

* 자료 : 통계청(KOSIS)

2010년 시설토마토의 재배면적 시·군 순위는 부산(387ha), 춘천(343ha), 부여(303ha), 논산(258ha), 광주(134ha), 대구(131ha), 김해(123ha), 익산(106ha), 예산(100ha), 담양(99ha) 순이다. 권역별로 주산지는 경남 지역의 부산·김해, 강원 지역의 춘천, 충남 지역의 부여·논산, 전남 지역의 광주·담양 등이며, 기타 산지는 전국적으로 분산되어 있다. 이는 토마토가 다른 과채류에 비해 생육 한계 온도가 비교적 낮고, 재배가 비교적 용이하기 때문으로 판단된다.

농업생산액 중 토마토 생산액의 비중은 1980년대 중반까지는 0.1~0.2%였으나, 1990년대에 급증하여 1995년에는 0.5%를 넘어섰고 2011년 현재 1.7%를 차지하면서 중요한 작목으로 성장하였다. 이는 수요 증가에 따른 가격의 상승과 그에 상응하는 생산량의 증가에 의한 것이다. 일반적으로 생산량의 증가는 가격의 하락을 동반하지만 토마토의 경우 수요의 증가로 가격의 하락이 발생하지 않았다. 이러한 토마토 수요의 증가는 1990년대에는 방울토마토 생산이 본격화된 것이 크게 기여하였으며, 2000년대 중반 이후부터는 토마토가 전립선암 예방에 효과가 있는 것으로 알려지는 등 건강식품으로 소비자에게 인식되었기 때문이다. 또한 다양한 작형의 발달로 소비의 주년화에 부응할 수 있었던 것도 주 요인으로 볼 수 있다.

나. 시장 및 소비동향

(1) 가격 동향

2016년 토마토 주산지의 월간 시장반입량 비율을 보면, 연중 지역별로 출하시기가 다르다. 1월부터 5월까지는 보성, 장수, 부산을 중심으로 출하되고 있으며, 부여는 3월부터 6월까지 출하하고 있다. 이 시기가 지나면 경기도와 강원도 지역에서 출하되는데 주 출하 지역은 춘천, 철원, 평택이며, 전북의 고랭지인 장수도 9월부터 출하를 하고 있다. 토마토의 작형이 1980년대에는 반촉성 작형 중심이었으나, 1990년대에는 작형이 촉성화되면서 부분적으로 억제작형이 발달하였고, 2000년대에는 경기도와 강원도 지역의 억제작형이 발달한 것으로 판단된다(그림 1-3).

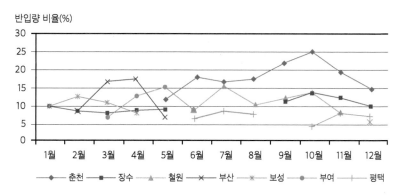

반입량 비율(%)

(그림 1-3) 토마토의 월별 시장반입량 비율(가락시장)
* 자료 : 서울시농수산식품공사

일반토마토의 가격은 2~4월, 9~10월에 가장 높고 6~7월에 가장 낮게 형성되었다. 2012년에는 9~10월의 가격이 예년에 비해 비교적 높게 형성되었다. 방울토마토의 가격은 일반토마토와 같이 2~10월에 가장 높고 6~7월에 가장 낮게 나타나고 있다. 2012년에는 일반토마토와 비슷하게 2~4월의 가격이 9~10월의 가격을 추월하여 예년에 비해 높게 형성되었다(그림 1-4). 이러한 가격 변화는 작형 전환 및 월간 반입량 변화를 유도하고 있다.

(일반토마토)

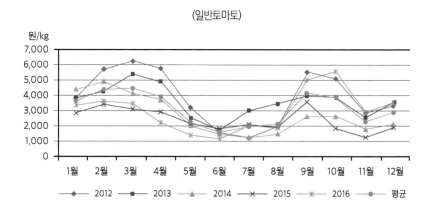

원/kg

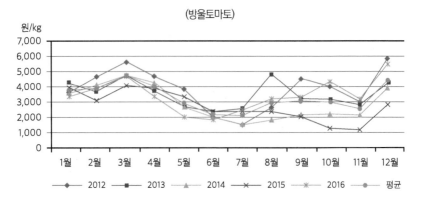

(그림 1-4) 토마토의 월평균 가격 추이(가락시장)

* 자료 : 서울시농수산식품공사

(2) 유통경로와 마진

토마토의 일반적인 유통경로는 '생산자→생산자단체→도매상→소매상→소비자'
였으나, 대형유통업체의 등장으로 '생산자→생산자단체→도매상→대형유통업체
→소비자'가 주류를 이루고 다음은 도매상을 생략한 '생산자→생산자단체→대형
유통업체→소비자'의 유통경로가 과거 일반적인 유통경로와 경합을 이루고 있다.
이것은 대형유통업체를 경유하는 경로(B경로)의 경우 유통비용이 32%로 기존 유
통경로(A경로)의 유통비용 43%보다 낮아 농가수취가격은 비슷하고, 소비자가격
은 낮아 상대적으로 경쟁력이 높기 때문이다(표 1-2). 이러한 유통비용의 감소는
실질적인 유통단계의 단축 및 규모경제의 효과로 도매 및 소매단계의 유통비용이
절감된다. 앞으로 대형유통업체의 시장점유율은 계속 증가할 것으로 예측되고 대
량 수요처 및 직거래 수요도 확대될 것으로 판단된다. 따라서 생산자는 유통환경
의 변화에 대응한 출하 전략의 재편이 요구된다.

(표 1-2) 방울토마토의 유통경로별 가격 및 유통마진(2015년, 부여 → 서울, 단위 : 원/kg, %)

경로	소비자가격	농가수취가격	농가수취율	단계별 유통비용			
				계	출하	도매	소매
A경로	6,100	3,493	57.3	42.7	7.2	10.9	24.6
B경로	5,100	3,491	68.4	31.6	12.5	3.4	15.7

A경로 : 생산자(생산자단체) → 도매상 → 소매상 → 소비자   B경로 : 생산자(생산자단체) → 농협도매사업단 → 하나로클럽 → 소비자
* 자료 : 농수산물유통공사

(3) 수출입 동향

토마토의 수출이 활성화되었던 시기는 2011년으로 수출량이 약 1만 톤 수준까지 증가하였다. 이 시기에는 국내 토마토 생산량이 많아 수출을 위한 정책적인 지원이 강화되었고, 국내 토마토 가격이 낮았던 때였다. 이후 2012년 4,228톤 수준까지 감소하였다가 매년 조금씩 수출량이 증가하고 있다(그림 1-5). 우리나라의 신선·냉장 토마토 수출량의 95% 이상이 일본으로 수출되고 있다. 2000년대 초반에는 신선·냉장 토마토 수출이 전체의 70~80%를 차지하였으나, 주 수출대상국인 일본의 원산지표시제 강화 등으로 수출이 감소하였다. 2012년 토마토케첩이 러시아로 수출이 확대되면서 케첩의 수출 비중이 전체의 39%를 차지하고 있다.

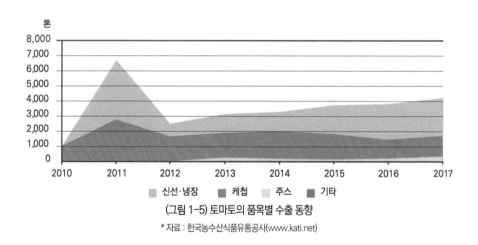

(그림 1-5) 토마토의 품목별 수출 동향

* 자료 : 한국농수산식품유통공사(www.kati.net)

토마토의 수입을 살펴보면 현재 신선·냉장 토마토의 수입은 거의 없으며 주로 가공품이 수입되고 있다. 수입 토마토 가공품은 페이스트, 조제·저장처리, 소스, 케첩, 주스 등이다.

(4) 소비동향

농촌진흥청에서 수도권 소비자 702호를 대상으로 운영하고 있는 소비자패널의 지난 3년간(2010~2012년) 조사 결과에 의하면 가구당 신선토마토 연간 구입액은

4만 6,033원, 구입량은 9.7kg, 구매빈도는 7.4회로 나타났다. 월별 구입액을 보면 3~7월의 구입액이 전체의 77.1%를 차지하고 있었다. 소득계층별 구입액은 고소득층(5만 9,298원), 중간소득층(4만 5,496원), 저소득층(3만 4,706원)으로 소득이 높을수록 토마토를 더 많이 소비하고 있었다. 연령대별 구입액은 일반토마토는 60대(3만 8,596원), 50대(3만 91원), 40대(2만 7,529원), 30대(1만 5,164원)순으로, 방울토마토는 30대(2만 1,583원), 40대(2만 1,254원), 50대(2만 38원), 60대(1만 4,862원)순으로 나타났다. 즉 일반토마토는 연령이 높을수록, 방울토마토는 연령이 낮을수록 구입액이 증가하였다. 토마토 생산농가는 토마토의 종류에 따라 소득층별, 연령층별 주 고객을 설정하고 마케팅 전략을 수립하는 것이 필요하다.

토마토는 부식용 채소 및 후식용 과채류로 주로 소비되고 있는데, 과일류는 물론 다른 후식용 과채류인 수박, 딸기, 참외와 대체관계에 있다. 소비자는 3~7월에 주로 토마토를 구입하고 있는데, 토마토보다 주 출하시기가 빠른 딸기(12~4월)를 3월부터 본격적으로 구입해 대체하기 시작한다. 5월에는 주로 수박, 참외와 함께 구입하다가 6월부터 수박으로 대체되고 있다(그림 1-6).

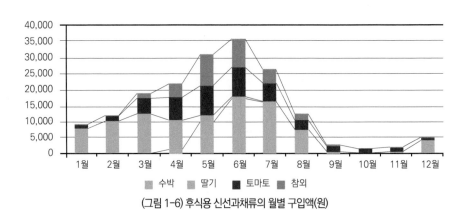

(그림 1-6) 후식용 신선과채류의 월별 구입액(원)

02

경영성과 분석

가. 경영성과 추이

토마토의 10a당 소득은 주로 연도별 가격에 따라 차이가 나고 있지만 2016년은 촉성 일반토마토 〉반촉성 일반토마토 〉방울토마토 순으로 나타나고 있다. 소득의 크기는 2016년의 경우 토마토 가격의 호조로 10a당 600만~1,700만 원 사이였다. 토마토 종류별로 살펴보면 2011~2016년 평균 소득 증가율은 촉성 일반토마토가 10.7%, 반촉성 일반토마토가 4.4% 증가하였으나, 방울토마토는 6.8% 감소하였다. 반면에 경영비의 증가는 일반토마토의 촉성과 반촉성은 증가하였으나 방울토마토는 2.6% 감소하였다(표 1-3).

(표 1-3) 토마토의 경영성과 추이(단위 : 천 원/10a, %)

구분		2011	2012	2013	2014	2015	2016	평균 증가율(%)
토마토 (촉성)	조수입	17,673	21,683	26,833	25,673	25,757	24,321	7.4
	경영비	9,738	11,940	15,684	13,248	12,760	11,289	4.6
	소득	7,935	9,743	11,149	12,425	12,997	13,032	10.7
토마토 (반촉성)	조수입	14,060	17,368	17,195	14,265	15,653	16,683	4.4
	경영비	6,421	7,743	8,481	7,346	7,563	7,859	4.7
	소득	7,639	9,625	8,714	6,919	8,090	8,824	4.4
방울토마토	조수입	19,184	20,435	19,879	21,101	19,805	14,596	-4.5
	경영비	10,449	11,112	10,906	11,385	10,833	8,995	-2.6
	소득	8,735	9,323	8,973	9,715	8,972	5,601	-6.8

* 자료 : 농촌진흥청, 농축산물소득조사집, 각 연도.

소득률은 소득/조수입×100(%)로 표현되는데, 같은 조수입을 올리더라도 소득률에 따라 소득 금액이 달라진다. 당연히 소득률이 높을수록 더 많은 소득을 얻는다(그림 1-7). 농가소득과 도시근로자 가구소득의 격차가 점점 커지고 있는 상황에서(2016년 현재 농가소득은 도시근로자 가구소득의 63% 수준) 토마토 생산의 수익성 저하는 일정 규모의 소득을 달성하기 위해서 경영 규모의 확대 또는 타 소득원의 창출 등 경영대응을 요구한다.

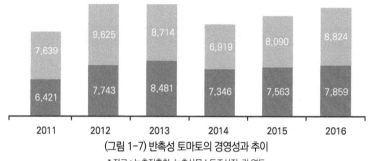

(그림 1-7) 반촉성 토마토의 경영성과 추이

*자료 : 농촌진흥청, 농축산물소득조사집, 각 연도

나. 상·하위 경영체의 경영성과 비교

(1) 일반토마토

시설토마토 반촉성재배 경영체(126호)의 2016년 소득조사 결과를 분석하여 10a당 소득 상위 20% 농가와 하위 20% 농가의 경영성과를 비교했다(표 1-4). 소득 면에서 상위 경영체와 하위 경영체는 11.5배의 차이를 보였다. 이러한 소득의 격차는 경영비가 1.8배 더 소요되었음에도 불구하고 조수입이 3.7배 더 많았기 때문이다. 조수입의 차이는 단수 차이(1.9배)와 가격의 차이(2.7배)가 함께 영향을 미쳤다. 수량의 차이는 상위농가의 수확기간이 하위농가보다 1개월 이상 긴 것이 가장 주효하였고, 가격의 차이는 상위농가의 수확 개시 시기가 가장 높은 가격을 형성하고 있는 2~4월에 하위농가보다 더 집중되었기 때문이다.

(표 1-4) 시설 일반토마토 2016년 경영수준별 경영성과(단위 : 천 원/10a)

구분		하위농가(A)	상위농가(B)	대비(B/A)
조수입	금액	8,816	29,967	3.7
	수량(kg)	8,347	16,012	1.9
	단가(원/kg)	1,216	3,312	2.7
비용	경영비	6,554	11,480	1.8
	생산비	11,982	18,391	1.5
수익	소득	1,162	18,487	11.5
	순수익	−3.816	11,576	−3.0
주요 비용	무기질 비료비	218	1,081	5.0
	유기질 비료비	257	291	1.1
	농약비	94	790	8.4
	광열동력비	978	2,347	2.4
	제재료비	897	1,284	1.4
	대농구 상각비	373	782	2.8
	시설 상각비	1,600	2,087	2.1
노동 시간	계(시간/10a)	414	526	1.3
	자가노동	303	366	1.2
	고용노동	111	160	1.4
재배면적(ha)		0.6	0.2	0.4

* 자료 : 농촌진흥청, 농축산물소득자료집, 2017

비용의 차이는 농약비, 무기질 비료비, 대농구 상각비에서 가장 크게 나타났다. 농약비와 무기질 비료비의 차이는 친환경제 사용에서 주로 발생하였다. 상위농가는 더 안전한 농산물 생산을 위하여 친환경 자재를 투입하였다. 상위농가는 시설 환경 개선을 통하여 수량증대와 병해충 발생환경을 차단하고, 수확기간을 연장할 수 있는 대농구와 시설 상각비가 더 많고, 가격이 높은 추운 시기에 생산하기 위한 광열동력비도 많았다. 최근 유가상승에 따른 난방비 절감을 위해 지나친 저온관리를 할 경우 오히려 수익성을 악화시킬 우려가 있음을 시사하고 있다.

(2) 방울토마토

방울토마토 경영체(95호)의 2016년 소득조사 결과를 분석하여 10a당 소득 상위 20% 농가와 하위 20% 농가의 경영성과를 비교하였다(표 1-5). 소득 면에서 상위 경영체와 하위 경영체는 14.5배의 차이를 보였다. 이러한 소득의 격차는 경영비는 3배 차이가 있는 반면, 조수입은 2.4배 더 많기 때문이다. 조수입의 차이는 단수 차이(1.9배)가 크게 작용하였고, 가격의 차이(1.4배)도 함께 영향을 미쳤다. 수량의 차이는 상위농가의 수확기간이 하위농가보다 1.5개월 이상 긴 것이 가장 주효하였다. 가격의 경우 2016년의 경우 12월과 이듬해 2월까지 가격이 높게 형성되었는데, 상위농가의 수확 개시가 이 시기에 더 많이 집중되었기 때문이다.

(표 1-5) 방울토마토 경영수준별 경영성과(단위 : 천 원/10a)

구분		하위농가(A)	상위농가(B)	대비(B/A)
조수입	금액	9,001	21,455	2.4
	수량(kg)	3,670	6,999	1.9
	단가(원/kg)	2,482	3,460	1.4
비용	경영비	82,34	10,365	1.3
	생산비	12,514	16,910	1.4
수익	소득	767	11,090	14.5
	순수익	3,513	4,544	−1.3
주요 비용	무기질 비료비	388	602	1.6
	유기질 비료비	185	332	1.8
	농약비	295	182	0.6
	광열동력비	1,375	2,082	1.5
	제재료비	1,039	1,893	1.8
	대농구 상각비	581	483	0.8
	시설 상각비	1,317	1,777	1.3
노동 시간 (시간/10a)	자가노동	232	350	1.5
	고용노동	170	177	1.0
	계	401	527	1.3
재배면적(ha)		0.5	0.3	0.6

* 자료 : 농촌진흥청, 농축산물소득자료집, 2017

비용의 경우 상위농가는 무기질 비료비와 유기질 비료비, 제재료비를 하위농가보다 더 많이 지출하였다. 이것은 상위 경영체의 경우 수경재배를 하거나 수확기간이 길었기 때문이다. 수경재배는 장기재배로 수량 면에서 토경재배보다 유리하게 나타나고 있다. 제재료비의 차이는 상위농가가 단수가 높아 포장상자가 더 투입되었다. 시설 상각비의 경우 상위농가가 약간(1.3배) 높게 나타났다. 이는 수경재배 등 고가의 시설이 더 투입되었기 때문으로 풀이된다. 이처럼 수경재배 등 생산시설의 개선은 소득의 증가로 나타나기 때문에 바람직한 경영개선 방향이 될 수 있다.

03

경영개선 방향

가. 수량 제고

한국의 토마토 단수(2016년)는 6.1톤/10a로 네덜란드(2016년 유리온실 기준 48톤/10a) 등 선진국에 비해 매우 낮은 수준이다. 단수 차이의 주 요인은 한국은 토경재배를 중심으로 재배기간이 짧은 반면, 네덜란드는 수경재배를 중심으로 재배기간이 길기 때문이다. 단수는 재식밀도, 수확기간, 월간 착과량, 과중 등에 의해 좌우된다. 재식밀도와 관련하여 일반토마토의 경우 밀식장애가 없는 한 단위면적당 재식 주수를 최대한 확보하는 방안 모색이 필요하다. 이를 위해 온실 내 측면에 위치한 작물의 생육 저하를 막기 위하여 측면 방풍벽 등 보온력 향상과 측면 보완 가온 등의 방안이 필요하다.

수확기간은 지하부 환경에 의해 많은 영향을 받는다. 토경재배의 경우는 토양의 물리화학성 개선 및 연작장해 대책을 위한 충분한 유기물 및 팽연왕겨의 시용, 밀기울 처리 등을 고려하고, 수세의 안정 성장을 위한 추비 중심의 관비재배가 필요하다. 수경재배의 경우도 지하부 환경개선이 수확기간 연장의 중요한 기술이 될 수 있으며 수확기간을 고려한 품종 및 배지의 선택에 신중을 기해야 한다.

월간 착과량 및 과중은 지하부 환경관리, 우량묘 구입 등의 기본적인 조건 외에 적기정량의 생장조절제 처리, 적정 밀도의 수정벌 방사 등으로 정상과 착과율을 향상시킨다. 광환경 개선을 위해서는 시설구조의 개선 및 피복자재의 이용, 동계작형의 경우 보광의 문제도 검토할 필요가 있다. CO_2의 시용은 수경재배 동계작형에는 필수적으로 도입하고 토경재배 동계작형의 경우에도 고려할 필요가 있다.

나. 수취가격 제고

가격 문제는 기본적으로 시장에서의 수급 문제이다. 생산 경영체의 입장에서는 출하시기, 출하처, 출하방법, 품질 향상 등을 고려할 수 있다. 출하시기는 경합지역의 생산동향뿐만 아니라 대체재인 딸기, 참외 등의 과채류 및 일반 과일류의 생산과 수입 등에 대한 종합적인 유통정보를 수집·분석하여 유연하게 대응하여야 한다.

일반토마토는 난방비 부담이 없는 8~10월에 수확하는 작형의 도입을 고려하되 저단밀식재배를 통한 단기 수량을 제고하고, 방울토마토도 역시 8월 이후 수확하는 작형의 도입을 고려해야 할 것이다. 일반토마토는 동계작형의 경우 지나친 저온관리에 의한 숙기지연 및 대과생산은 오히려 수익성을 떨어뜨릴 수 있으므로 지양해야 한다. 출하처의 선정은 상품의 품질에 따라 적절한 대응이 필요하다. 가장 높은 가격을 받을 수 있는 방법은 직거래이다. 그러나 직거래는 그만큼 품질에 자신이 있어야 한다. 요즘 급성장하고 있는 대형유통업체와의 거래에서는 상품의 균일도와 일정 규모의 물량 확보가 중요하다. 따라서 생산자 조직을 구성하여 규모화 및 공동선과를 통하여 시장교섭력을 향상시키는 것이 중요하다. 유기재배 등과 같이 친환경재배를 하는 경우는 일반시장에서는 가격차별화가 잘 이루어지지 않아 제값을 받는 것이 쉽지 않다. 직거래 혹은 친환경 농산물 전문 업체에 출하하여 수취가격을 높이는 것이 중요하다.

다. 경영 규모의 적정화와 생력화

토마토 전문 경영체의 규모 적정화는 노동수급과 소득수준을 고려하여야 하는데 현 수준에서는 0.5ha 이상의 규모를 확보하고, 장기적으로는 타 산업 종사자와의 소득 균형을 위해서 규모를 확대하여야 한다. 규모 확대의 제약요인인 노동수급의 문제를 극복하기 위해서는 고용노동력의 활용이 불가피하다. 이를 위해 경영

주는 노무관리 능력을 배양해야 하고, 지역 인력 및 수입 인력의 원활한 수급을 위한 정책적 지원이 필요하다. 생력화를 위한 수정벌 이용, 정식기 등 농작업의 기계화, 시설관리의 자동화, 투광률 저하 문제가 없으며 장기간 이용이 가능한 피복자재의 이용 등이 이루어져야 한다. 이러한 기술 및 기계·시설의 도입 시에는 항상 철저한 경제성 검토가 전제되어야 한다. 경제적 타당성이 없는 기술은 오히려 경영성과를 저하시킬 수 있다.

라. 비용 절감

일반적인 소득 향상을 위한 경로는 비용의 추가 투입에 따른 수익의 추가 발생이다. 이때 추가 투입 비용보다 추가 발생 수익이 더 클 때 소득 향상이 이루어진다. 따라서 비용의 절감은 소득 저하를 동반하는 경우가 많으므로 신중을 기하여야 한다. 비용 절감을 고려할 수 있는 비목은 광열동력비, 시설 상각비, 대농구 상각비, 토지임차료 등이다. 광열동력비의 절감은 지역여건에 적합한 작형 선택, 적정 변온관리, 시설의 보온력 향상, 경제적 에너지의 선택 등이 요구된다. 경제적인 에너지의 선택은 에너지원의 발열량 비용, 난방기의 가격, 이용의 편의성 등을 고려해야 한다. 시설 상각비, 대농구 상각비는 농기계 구입 및 시설 설치 시 경제성을 충분히 고려하고, 공동이용 및 집약적인 이용으로 이용률을 향상하며, 철저한 관리를 통해 이용기간을 연장해야 한다. 관리기를 5년 사용하는 것보다 10년을 사용할 경우, 재배온실을 연간 5개월 사용하는 것보다 10개월 사용할 경우 감가상각비를 절감할 수 있다.

시설토마토 재배농가의 평균 토지임차료는 10a당 60만 원 정도이다. 자기 농지에서 경영을 할 경우 이 금액은 자기의 소득으로 귀속되지만, 타인의 농지를 빌릴 경우에는 이만큼의 돈이 경영비로 지출되어 소득의 감소가 발생하게 된다. 경영의 안정화를 위해서도 되도록 자기 농지를 확보하는 것이 중요하다. 사정이 여의치 않을 경우에는 농지의 임대를 20년 정도로 장기 계약하는 것이 경영에 유리하다.

마. 경영기록 및 컴퓨터의 활용

경영기록은 농장 경영개선의 첫걸음이다. 농장주는 경영기록을 바탕으로 자기 농장의 경영상태를 진단하고 경영개선을 실시하게 된다. 경영기록은 또한 분쟁의 발생 시 근거자료가 되며, 농지의 수용이나 영농손실 보상 시에 경영성과를 입증하는 자료가 되기도 한다. 그러나 매일매일 경영기록을 하는 것은 생각만큼 쉽지 않고 기록 후에 결산을 한다는 것은 더욱 어려운 일이다. 이 경우 컴퓨터를 사용하는 것이 바람직하다. 컴퓨터는 우리가 생각하는 것 이상으로 농장경영에 도움을 주고 있다. 농장의 기록관리는 물론 인터넷을 통한 농산물의 통신판매, 생활필수품의 구매, 신문 등 각종 정보의 획득에 이용할 수 있다. 컴퓨터 게임이나 신문 보기부터 컴퓨터 사용을 시작하여 점차 그 활용을 확대해 나갈 수 있다. 가까운 농업기술센터나 지방자치단체에서 제공하는 컴퓨터 교육에 참여하는 것도 좋은 방법이다.

바. 토마토 경영 팁

(1) 재배 지역

토마토 재배 지역은 전국적으로 골고루 분포되어 있다. 이것은 토마토가 다른 과채류에 비해 생육 한계 온도가 비교적 낮고, 재배가 비교적 용이하기 때문이다.

(2) 호당 경영 규모

토마토 호당 경영 규모는 계속 증가하는 추세이다. 이것은 농업경영의 전문화 추세와 대규모 경영의 유리성이 반영되고 있는 것이다.

(3) 출하

토마토의 출하는 4~7월, 특히 5~6월에 집중되어 있다. 4월부터 영남 지역의 일반토마토와 충청 지역의 방울토마토 출하량이 증가하면서 전국적으로 출하량이 증가한다.

(4) 가격

토마토의 가격은 3~4월에 가장 높고 6~7월에 가장 낮게 형성되고 있다. 2010~
2012년에는 9~10월의 가격이 예년에 비해 비교적 높게 형성되었다.

(5) 유통경로

토마토의 유통경로는 소매상을 거치는 기존의 유통경로보다 대형유통업체를
경유하는 경로가 유통비용이 낮아 농가수취가격은 높고, 소비자가격은 낮다.

(6) 단위면적당 수익성

토마토 생산의 단위면적당 수익성이 점점 악화되고 있다. 토마토 농가는 일정 규
모의 소득을 달성하기 위해서 경영 규모의 확대 또는 타 소득원의 창출 등 경영
대응이 요구된다.

(7) 경영개선 방향

토마토의 경영개선 방향은 ①수량 제고, ②수취가격 제고, ③경영 규모의 적정화
와 생력화, ④비용 절감, ⑤경영기록 및 컴퓨터의 활용 등이다. 이와 같은 방법을
통하여 농가소득을 제고하는 것이 필요하다.

chapter 2
토마토의 특성

01

토마토의 내력

토마토는 가짓과 식물로 열대에서는 다년생이지만 온대 지역에서는 1년생 식물로 재배된다. 토마토의 원산지는 페루, 칠레, 콜롬비아, 에콰도르 그리고 볼리비아의 일부 지역을 포함하는 남미 안데스산맥 태평양 쪽의 좁고 길게 형성된 산악 지대이다. 토마토는 유사 이전에 아메리카 인디언의 이동과 함께 안데스고원으로부터 중앙아메리카와 멕시코로 전파되었다. 오늘날의 특성을 가진 토마토로 처음 재배작물화가 이루어진 곳은 멕시코로 알려져 있다. 토마토가 우리나라에 도입된 시기는 1613년 간행된 〈지봉유설〉에 의하면 조선 선조, 광해군 시대로 추정된다.

02

식물적 특성

가. 초형

토마토는 생장형에 따라서 생장이 멈추지 않고 계속 자라는 무한형과 어느 정도 자란 다음 생장이 멈추는 유한형 두 가지로 나눈다. 무한형 초형은 화방 간 엽수가 대체로 3매이며 일반적으로 잎과 줄기 사이에 나오는 곁가지(측지)를 모두 제거하고 한 개의 원줄기(주지)를 유인하여 재배한다. 전 세계적으로 가장 광범위하게 재배되는 유한형 초형은 일반적으로 곁가지를 모두 재배하며, 무한형 품종보다 좀 더 조생이다. 유한형 초형은 화방 간 엽수가 대체로 2매이며 과일의 성숙이 거의 일시에 이루어지므로 기계수확에 적합하다. 무한형 초형은 식물체가 적절하게 관리되면 장기간 과실을 지속적으로 생산할 수 있어 장기재배에 적합하며 새로 나오는 줄기(신초)의 생장을 멈추게 하고자 하는 경우, 그 위치에서 줄기를 잘라(적심) 재배한다. 유한형 초형은 원줄기의 생장이 일정한 단계에 이르면 멈추게 되므로 단기재배에 적합하다.

나. 꽃

토마토 꽃은 총상화서로 수술과 암술의 기관이 함께 있는 양성화이다. 토마토는 중성 식물로 장일이나 단일, 어느 조건에서도 개화한다. 400~700nm 사이의 광에 대한 노출시간이 길수록 제1화방의 개화 수는 증가한다. 보통 6매의 꽃잎과 꽃받침을 갖추고 있으나 각 화방의 첫 번째 꽃은 생육이 좋으면 꽃받침과 꽃잎이 7~10매가 되는 경우도 있다.

(표 2-1) 꽃의 종류

- ·총상화서 : 무한(無限) 꽃차례의 하나. 긴 꽃대에 꽃꼭지가 있는 여러 개의 꽃이 어긋나게 붙어서 밑에서부터 피기 시작하여 끝까지 미치어 핀다. 꼬리풀, 투구꽃, 싸리나무의 꽃이 이에 속한다.
- ·양성화 : 한 꽃 속에 수술과 암술이 모두 있는 꽃. 벚꽃, 진달래꽃 등이 있다.
- ·중성식물 : 일조 시간의 길이와 관계없이 꽃을 피우고 열매를 맺는 식물. 옥수수, 완두 등이 이에 해당한다.

다. 화방

토마토의 화방은 일반적으로 총상화서이며, 화방자루가 단일한 단순화방과 불규칙적으로 갈라지는 복합화방으로 구분되는데, 동일 개체에서도 2가지 형이 발생되는 경우도 있다. 단일화방은 초기화방에 많고 복합형은 생육 후기에 많으며 저온에서 육묘할 경우나 영양 과잉된 묘에 많이 나타난다. 1화방의 꽃 수는 품종의 특성에 의해서 정해지지만 환경이나 영양조건에 의해서도 다르게 나타난다. 동일 개체 내에서도 위에 있는 화방이 밑에 있는 화방보다 꽃 수가 많고 봄재배는 여름이나 가을재배보다 일반적으로 꽃 수가 많다.

라. 과실

토마토의 과실은 많은 종자를 가지고 있는 2~12개의 씨방으로 이루어진 장과(과육과 물이 많고 속에 씨가 들어 있는 과실을 통틀어 이르는 말. 토마토, 포도, 감 등)이다. 씨방 수는 유전적 소질, 화아발육의 환경조건 및 영양조건에 따라 증감하여 변이가 크다. 과실의 모양은 원통형, 계란형, 서양배형, 심장형, 원형, 편원형, 편평형 등이 있고 과일의 크기는 1g에서부터 500g 내외까지 다양하다. 과일의 부분별 비율을 보면 과육 80.7%, 종자 주변의 과즙 15.2%, 과피 3.57%, 종자 0.53%이다. 완숙한 과일의 색소 대부분은 카로티노이드이고 그 외에 플라보노이드가 약간 있다. 적색을 나타내는 라이코펜은 전체 카로티노이드의 75~95%를 점유한다.

03

생리적 특성

가. 화아분화

토마토는 싹이 난 후 본엽이 8~9매 나올 때 생장점에서 화아(자라서 꽃이 될 눈)가 분화하기 시작한다. 토마토는 식물체 내에 영양분이 축적되면 화아를 형성하는 영양감응형이다. 즉 광이 강하고 저온일 때 충분한 양분을 흡수하면 꽃눈분화가 촉진된다. 그러나 상대적으로 광이 약하고 온도가 높으면 흡수하는 양분이 적을 때 영양생장이 촉진된다. 보통 자엽 전개 후 7~10일간 야간온도 10℃ 정도에 처하면 제1화방은 6~8절에서 출현하지만 야간온도를 20~25℃로 조절하면 10~12절에서 출현한다.

나. 착화습성

토마토 꽃은 보통 제8~9절 잎 사이에 제1화방이 착생하고, 이후부터 각 화방은 잎이 3장 나오고 착생한다. 그러나 품종 및 유묘기의 환경 또는 영양상태 등에 따라 제1화방의 착생절위는 제6~7절 잎부터 제14~15절 잎까지 되는 경우도 있다. 제2화방 이후의 착생절위는 제1~2절 잎 또는 제4~6절 잎 간격으로 착생하는 경우도 있다.

다. 개화

우리나라에서 주로 재배되는 무한형 초형의 토마토에서 제1화방의 제1번화 개화는 대체로 본엽이 9~10매 전개한 시기이다. 토마토는 꽃눈분화가 시작되어 30일 정도 지나면 화기형성이 완료되고 개화기에 달한다. 토마토의 꽃은 꽃받침이 열개하여 꽃잎이 황색으로 보이면 그 다음날에 개화한다. 꽃잎은 개화 후 2~3일 정도 열려 있다.

라. 수정

현재 상업적으로 유통되는 토마토는 자기 꽃가루를 받아들이는 자가 화합성으로 화사 길이는 약의 길이와 비슷하며 자가수정률이 96~99.5%로 매우 높다. 토마토는 꽃이 개화됨과 동시에 꽃가루 주머니가 벌어지고 암술머리에 꽃가루가 닿아 수분이 이루어진다. 토마토 꽃의 수정 능력은 암술은 개화 2일 전부터 4일간이고, 꽃가루는 2일 정도이며, 발아율은 저하되지 않는다. 토마토 꽃의 수정은 화분발아가 늦어 수분 후 24~48시간에 수정하고 배의 활동은 수정 후 82시간 전후로 시작한다. 토마토 꽃의 수정은 야간온도가 13~24℃, 주간온도가 15.5~32℃ 사이에 있을 때 적정하다. 더 높거나 낮은 온도에서는 수정이 잘 안 되며 특히 야간온도가 적정 범위 밖에 있으면 과실이 잘 착과되지 않고 꽃이 낙화된다. 낮의 길이가 8시간 이하이거나, 약한 광도에서는 광 조사 시간을 연장하면 낙화를 감소시킬 수 있다.

마. 과실비대

토마토 과실의 세포분열은 개화기까지 거의 완료하고 개화 후 과실비대는 이미 세포분열이 이루어져 있는 세포의 크기가 커져서 이루어지게 된다. 토마토는 수정이 되면 개화 후 4~5일경부터 씨방이 서서히 발달, 비대하기 시작하여 개화 후 30일경까지 급격하게 비대가 진행된다. 이후 비대속도는 둔해지고 성숙기에 들어가 녹숙기 및 백숙기를 거쳐 최색기에 도달하면 완숙하게 된다. 환경조건이 좋을 경우 개화 후 40~50일경이면 수확기에 달하지만 환경이 불량하면 과실비대 및 수확까지 개화 후 70~90일이 소요된다.

04

환경에 대한 적응성

가. 온도

토마토는 고온에서 생육이 빠르고 꽃눈분화 및 개화기가 촉진되지만 꽃 수가 적고 꽃이 작다. 그러나 저온에서는 생육이 지연되어 초장이 짧으나 잎이 크고 꽃눈분화 및 개화기는 늦지만 개화 수가 많고 꽃이 크다. 이 때문에 고온에서는 비교적 작은 과실이 되고 저온에서는 자실 수가 많고 과실이 크다. 주야의 온도 교차가 있는 것이 착과비대, 과실 생산에 알맞다. 토마토 식물체의 정상적인 생장과 발달 그리고 과실 착과에 적합한 낮 온도의 범위는 21~29.5℃이고, 밤 온도의 범위는 15.5~21℃이다. 온도를 기초로 할 때 재배한계는 10.5℃ 이상, 30℃ 이하이다. 토마토 잎의 적정 온도는 20~22℃ 사이이다. 토마토는 외기대비 6℃ 이상 고온이 되면 잎말림 증상이 심해지며 광합성속도가 떨어져서 착과율이 낮아질 수 있다.

나. 광

토마토는 광포화점(식물의 호흡작용에서 빛을 더 강하게 비추어도 광합성량이 증가하지 않을 때의 빛의 세기)이 7만 룩스로 강한 광선을 요구하는 작물이다. 약광 조건에서는 개화 수가 적어지고 건전한 꽃가루가 적어서 착과가 불량하며 착과된 과실의 생육도 좋지 못해 공동과(속빈 과실)가 되고 착색도 불량하다. 이 때문에 우리나라에서 토마토의 생산력은 일사량이 많은 봄, 가을에 높고 일사량이 적은 겨울에는 낮다. 과실 생장은 광 에너지와 직접적으로 관련되어 있어 똑같은 광 에너지를 받았으나 일장의 길이가 길어질 경우 과실 수량은 증가되었다는 보고가 있다. 따라서 광 강도가 낮을 때 광의 보충은 낮 시간 중 광 강도를 높이기 위한 시도보다는 광 조사 시간을 연장하는 것이 상당히 효과적이다. 그러나 지나치게 강한 광 강도는 과실의 열과, 일소과 그리고 착색불량 등을 일으킬 수 있으며, 토마토 수관 온도를 높게 만들어 식물체 생육을 불량하게 할 수 있다. 고온기에 온실을 적당하게 그늘지게 하면 높은 품질의 과실을 지속적으로 생산할 수 있다.

다. 습도

토마토 재배에 적합한 공기습도는 65~80% 정도로 60% 이하에서는 부족현상이 일어난다. 토마토는 토양수분이 충분하고 공중습도가 낮은 건조기후에 적합한 작물로 다습 조건에서는 도장하고 각종 병이 많이 발생한다. 특히 공기 중의 습도가 지나치게 낮은 상태에서는 줄기, 잎이 왜소화되며 생육도 일시 중지되고 낙화가 많아져 수량이 감소한다.

라. 이산화탄소

일반적으로 대기는 약 $300~350mg\ l^{-1}$(ppm)의 이산화탄소(CO_2)를 함유하고 있다. 온실의 토마토 수관(Canopy) 내 이산화탄소는 $200mg\ l^{-1}$까지 빠르게 감소될 수 있다. C_3 식물인 토마토는 식물체를 둘러싸고 있는 공기 안의 CO_2 증가에 대해 민감하게 반응하므로 온실의 CO_2 농도를 $1,000mg\ l^{-1}$(ppm)까지 높여준다면 토마토 식물체의 생장과 수량이 유의성 있게 향상될 수 있다. 그러나 토마토 재배시설 내 대기 중 CO_2 농도가 $1,000mg\ l^{-1}$ 이상으로 존재하면 CO_2 독성이 발생한다. $1,000~1,500mg\ l^{-1}$(ppm)의 CO_2에 광 강도가 높을 경우 토마토 잎은 두꺼워지고 뒤틀리며 보라색으로 변해 CO_2 농도가 증가함에 따라 뒤틀림의 정도도 심해진다.

마. 토양수분

토마토의 줄기와 잎은 90%, 과실은 95% 정도가 수분이므로 다수확을 위해서는 다량의 수분을 필요로 한다. 생육단계별로 보면 생육 초기 개화하여 착과될 때까지는 식물체의 생육도 적어 수분을 많이 필요로 하지 않지만, 생육 최성기에는 1일 1주당 1~2리터(3~6mm 해당)의 물이 증발산된다. 따라서 생육 전반기에는 토양수분을 10~30kPa로 유지하고 후반기에는 3~10kPa을 유지하도록 관수관리를 한다. 토마토 뿌리는 보통 깊이 40~50cm에 밀집 분포하고 있으나 1m 이상에 달하는 뿌리도 있다. 토마토 뿌리는 침수(혐기 조건)에 대한 적응 기능이 없어 과도한 수분을 요구하지 않는다. 산소 부족에 약하여 토양공기 중 산소 농도 2% 이하에서는 고사하기 쉽고 5% 이상에서 생육이 좋다. 따라서 토마토 재배는 배수가 좋은 지하수위 60~80cm 이하의 토양이 좋다. 저습지에서는 이랑을 높게 재배하여 지하수위의 변동이 없도록 하고 배수관리에 특히 주의한다.

바. 흑색토마토 '헤이', 여름재배 시 열과 발생률

고측고하우스에서 흑색토마토를 장기 여름재배 시 화방이 높을수록 과실의 과중은 가벼워지고 열과 발생률은 높아졌다. 이것은 화방이 높아질수록 하우스 온도가 높아 고온에 의한 과형지수의 변화와 열과(열피)가 많아졌기 때문이다. 따라서 흑색토마토 '헤이'는 여름철 고온에서는 재배가 불리하므로 여름기간에는 재배를 지양한다.

chapter 3

모종 기르기
(육묘, 育苗)

01

토마토 모종 기르기(육묘, 育苗)의 특징

토마토는 모종의 소질이 정식 후 생육, 꽃의 소질, 과실의 모양 및 크기, 수확 소요기간, 수량 등에 많은 영향을 미치는 대표적인 작물이다. 모종을 기르는 기간 동안에 영양생장(줄기·잎·뿌리 등 영양기관의 생장)과 생식생장(꽃눈분화, 꽃·과실·종자 등 생식기관의 생장)이 동시에 진행되기 때문에, 적절한 환경조절로 모종의 생육을 균형적으로 발달시켜야만 정식 후 생육이 좋은 식물체로 성장할 수 있다. 토마토에서 꽃눈분화의 시작은 육묘환경과 모종의 발육에 따라 다르지만, 대개 씨앗을 뿌린 후 25~30일경으로 볼 수 있다. 첫 번째 화방이 분화되는 시기는 본엽 2.0~2.5매가 전개되었을 때로, 토마토 모종이 아주 어린 시기에 꽃눈분화가 시작된다. 두 번째 화방이 분화되는 시기는 보통 씨앗을 뿌린 후 34~38일경으로, 첫 번째 화방이 분화된 뒤 9~13일 후이다. 이때 첫 번째 화방은 이미 5~6번째 꽃까지 분화가 이루어져 있다. 세 번째 화방의 분화는 씨를 뿌린 후 43~47일째로 두 번째 화방이 분화한 약 9~11일 후이다.

첫 번째 화방의 첫 꽃은 씨앗을 뿌린 후 약 60일경에 피는데, 이때 이미 첫 번째와 두 번째 화방의 분화가 이루어졌고, 세 번째 화방은 6~8화까지 분화된 상태이다. 이와 같이 토마토는 일반적으로 모종을 기르는 동안 세 번째 화방까지의 꽃눈분화가 이루어진다. 이 기간 동안 좋은 환경에서 모종을 길러 정상적으로 꽃눈분화가 이루어질 수 있도록 해야 좋은 품질의 토마토를 이른 시기에 많이 수확할 수 있다. 정상적으로 꽃눈분화가 이루어진 토마토 모종은 8~9마디 사이에서 첫 번째 화방이 형성된다. 그러나 단일(1일 24시간의 주기에서 명기가 암기보다 길 때를 장일이라고 하고 반대로 명기가 암기보다 짧을 때를 단일이라 한다)이나 저온 조건에서 모종을 키웠을 때는 7마디 이하에서도 꽃이 형성되는 경우가 있으며, 반대로 밤 온도가 높을 때에는 10~14마디의 높은 절위에서 첫 번째 화방이 형성되는 경우도 있다. 그리고 모종을 기를 때 상토 내에 영양성분이 충분하고 충분한 햇빛을 받을 때는 생육과 꽃눈분화가 정상적으로 진행되나, 햇빛이 부족하게 되면 모종이 웃자라고 과실이 달리는 절위가 높아지며 결실성이 나빠진다. 따라서 모종을 기를 때의 환경관리 및 양수분 관리에 유의해야 한다.

모종의 소질은 잎의 크기, 줄기의 길이, 꽃의 크기, 화방당 꽃 수, 뿌리의 발육상태, 병해충 감염 여부 등을 기준으로 판단할 수 있다. 토마토 묘는 먼저 병해충의 피해를 받지 않고, 뿌리의 발달이 충실하고 적절하게 꽃눈의 발육이 이루어져 본포의 조건에 잘 적응할 수 있는 소질을 갖추는 것이 중요하다. 또 품종 고유의 특성을 구비하여야 하고, 생육이 균일해야 한다. 과실이 큰 대과종 토마토를 시설재배(다비, 고온 조건)할 때는 첫 번째 화방의 1~2번째 꽃이 개화한 모종을 심는 경우가 일반적이다. 어린 모종을 정식할 경우 양수분 관리를 잘못하여 양수분이 지나치게 공급되면 과번무(영양생장이 과도하게 일어나서 줄기나 잎이 무성하게 된 식물체에서 동화산물의 수용부인 과실이나 뿌리 등의 발육 또는 착색이 불량하는 되는 것)할 우려가 크므로 관리에 주의하도록 한다. 이것은 어린 모종일수록 생식생장으로의 전환이 늦어져 영양생장이 급격히 많아지기 때문인데, 재배토양 내에 질소가 과다할 경우에는 여러 가지 심각한 생리장해가 발생되기 쉽다. 어린 모종을 정식하면 정식 후 영양생장이 과다하여 이상줄기, 기형과 및 배꼽썩음과의 발생이 많아지고, 과실의 숙기가 지연된다. 반대로 정식 적기를 지나 노화된 모종을 정식할 경우 활착이 지연되고, 영양생장이 제대로 이루어지지 않아 첫 번째 화방의 과실 크기가 작아져 수량이 감소할 우려가 있다.

02

육묘방식과 육묘법

가. 육묘방식과 특징

(1) 일반 육묘(포트 육묘)

플러그 묘 도입 전 종래의 육묘방식이다. 토마토 재배농가에서 직접 육묘를 하는 자가생산 형태이기 때문에 육묘를 위해 시설이나 자재 또는 파종부터 노력까지의 관리노력을 필요로 하며, 정식 작업도 플러그 육묘에 비해 노력을 요한다. 그러나 직접 육묘하기 때문에 정식 후 생육을 예측한 생육조절을 할 수 있고 모종의 노화가 늦으며 정식 적기의 폭이 넓다는 이점이 있다(표 3-1).

(표 3-1) 육묘방식과 특징(農文協, 2004)

항목 / 육묘방식	일반 육묘(포트 육묘, 자가생산)	플러그 육묘(구입)
육묘시설, 자재, 관리노력	종래의 장비, 노력 필요	필요 없음
육묘 중 생육조절	쉬움	어려움
노화의 빠르기	늦음	빠름
정식 적기의 폭	넓음	좁음
정식 작업	노력을 요함	생력적

(2) 플러그 육묘

플러그 묘는 전문 공정육묘장에서 길러진 모종을 구입하여 이용한다. 재배농가의 경우 육묘를 위한 시설이나 자재, 노력을 절약할 수 있으며 정식 노력도 일반 포트 묘를 이용하는 경우에 비해 덜 든다. 모종의 노화가 빠르고 정식 적기의 폭이 좁다는 단점이 있으며 포트 묘에 비해 육묘기간이 짧기 때문에 정식 후 수확 개시까지의 기간이 상대적으로 길다.

나. 작형별 육묘 포인트

(1) 작형별 육묘 일수

토마토는 온도, 광 등 환경조건에 따라 생육속도가 다르기 때문에 작형별로 파종부터 정식까지의 소요일수가 달라진다. 정식에 적당한 토마토 묘는 본엽이 7~9매 전개되고 첫번째 화방의 꽃이 10% 정도 개화된 묘가 적당하다. 대개 정식일을 역산해서 저온기 육묘는 50~60일 전에 씨앗을 뿌리고 고온기 육묘는 30~40일 전에 씨앗을 뿌린다. 그러나 고온기나 초세가 약한 경우 그리고 장기재배를 하고자 하는 억제작형에서는 씨앗을 뿌린 후 30~40일이고 본엽 5~6매의 어린 모종이 유리하다. 촉성재배는 약 50~60일 묘, 반촉성재배는 65~75일 묘가 적당하다(표 3-2).

(표 3-2) 작형별 육묘 일수와 모종의 크기

작형	육묘 일수(일)	전개 본엽 수(매)	제1화방 상태
촉성재배 (8월 상중순 파종)	50~60	10~11	1~2화 개화
반촉성재배(저온기 육묘) (남부 : 10월 하순~11월 하순 파종, 중부 : 1월 상순 파종)	65~75	10~11	1~2화 개화
억제재배(고온기 육묘) (5~8월 파종)	30~40	6~7	개화 직전

(2) 촉성재배의 육묘

육묘 초기가 고온이기 때문에 특히 8월에 파종한 경우에는 첫 번째 화방의 착생 절위가 상승하고 꽃이 빈약해지기 쉬우므로 주의해야 한다. 꽃눈분화 및 개화가 촉진되는 환경을 만드는 것이 중요하다. 예를 들면 포기 사이(주간, 株間)를 충분히 넓게 하여 바람이 잘 통하도록 하고 온도를 낮춘다. 관수 제한에 의해 뿌리에서의 양분 흡수가 저하되면 화기형성이 제대로 안 될 수 있으므로, 이 시기의 육묘에서는 관수 제한보다 오히려 온도관리에 신경을 써야 한다. 이 외 바이러스 등 병해 감염에 주의해야 한다.

(3) 반촉성재배의 육묘

이 작형의 육묘기는 저온, 약광의 조건인 경우가 많다. 육묘 일수는 약 70일 전후로 장기 육묘이다. 정식 후 저온조건에 놓이게 되므로, 육묘 중 정식 후에 대비하여 저온에 내성(耐性)을 갖는 모종을 만드는 것이 중요하다. 또 기형과의 발생을 방지하고 모종의 생육, 꽃눈의 발육 두 가지 측면에서 적은 양의 광선을 효율적으로 이용하기 위해, 온도와 수분을 조절하여 모종을 키울 필요가 있다. 정식 후 과실의 형태는 육묘 중의 온도조건에 의해 결정된다. 난형과의 발생은 화아분화 전후의 저온(6~8℃)에 큰 영향을 받는다. 일반적으로 환경조건이 좋지 않은 겨울 하우스재배에서는 정식 적기를 지난 노화된 모종을 심을 경우 활착이 지연되고 생산력이 떨어진다. 따라서 도장하지 않고 저온에 대한 내성을 가지며 근계가 잘 형성되고 발근력이 왕성한 노화되지 않은 묘를 이용해야 한다.

모종의 생육조절에는 온도조건이 큰 영향을 미친다. 발아 적온은 25~28℃, 낮 동안의 생육적온은 광합성 효율을 고려하여 15~30℃, 야간 최저 온도는 유묘기의 경우 15~18℃, 생육이 진행됨에 따라서 10~12℃로 낮추어 간다. 또한 광량이 약한 이 시기의 육묘에서는 한 번에 많은 양의 물을 주면 이후 초세 조절이 어려워진다. 따라서 육묘 중기부터 점차 관수량을 줄여가도록 한다.

(4) 억제재배의 육묘

이 작형은 가장 고온기인 7~8월에 육묘하기 때문에 고온에 의한 여러 장해가 발생하기 쉽다. 특히 야간온도가 높아서 묘가 도장하기 쉽고, 꽃눈분화 절위가 상승하는 것이 큰 문제이다. 낮 동안의 고온에서는 약간의 차광에 의해 지온이나 식물체의 온도를 낮추도록 한다. 또 육묘하우스 내의 따뜻한 공기를 환기 등을 통해 바깥으로 내보내도록 한다. 차광에 의한 광합성량이 어느 정도 저하하기는 하지만, 식물체의 온도 저하와 야간의 온도 저하에 의해 동화산물의 소모를 줄일 수 있기 때문에 크게 필요는 없다. 여름의 고온기에는 광량보다도 온도를 낮추는 것이 중요하다. 단지 지나친 차광이나 양분 흡수의 제한은 꽃눈분화를 지연시키므로 주의한다. 최근에는 고온에 대한 대책으로 고랭지 육묘나 냉방기 등을 이용한 육묘도 시도되고 있다. 이와 같은 육묘를 통해 동화양분을 늘림으로써 제1화방의 착생절위를 낮추고 착과량을 증가시킬 수 있다. 또 바이러스(CMV) 예방을 위해 한랭사를 씌우고 육묘장을 선선하게 해 주도록 한다.

다. 일반 육묘 방법

(1) 육묘상 및 종자 준비

(가) 육묘상의 설치

토마토 육묘상은 온도관리가 쉽고 통풍이 잘되며 햇빛이 잘 비치고 비가 내리더라도 물이 고이지 않으며, 해충의 유입을 차단할 수 있는 장소가 좋다. 그리고 육묘에 반드시 필요한 관수장치와 전기시설이 갖추어져 있어야 한다. 육묘온상은 양열온상, 전열온상, 온수온상, 냉상 등이 있는데 과거에는 양열온상을 많이 이용했지만 지금은 주로 전열온상을 많이 이용한다. 전열온상은 설치가 간단하고 설치비가 저렴하며 목표로 하는 온도를 유지 및 조절할 수 있는 장점을 갖고 있다.

(나) 종자 준비

토마토 종자는 수명이 4~5년 정도 되나, 시판 종자의 사용기간은 대부분이 채종 후 2년 정도이다. 채종 후 오랜 기간이 지난 종자는 발아율이 불량하고 발아세가 균일하지 못하다. 파종량은 시판 품종을 구매하여 파종할 경우 발아율이 높으므로 일반적으로 필요한 모종 수보다 1.2배를 더 파종하면 충분한 모종 수를 확보할 수 있다. 그러나 부적당한 환경에서 보존된 종자, 오래된 종자를 파종할 때는 발아율이 낮으므로 필요한 모종 수보다 1.5배를 파종한다. 시판되는 종자는 생산단계에서 소독하여 판매하고 있어 종자소독은 불필요하다. 그러나 종자소독이 안 된 종자를 사용하고자 할 때는 파종 전에 종자소독을 하여야 한다. 베노밀.티람 수화제, 티람 수화제, 티오파네이트메틸.티람 수화제에 종자를 1시간 정도 담가두었다가 그늘에서 물기를 말린 다음 파종한다.

(2) 파종 및 육묘관리

(가) 파종 및 파종상의 관리

파종은 재배자가 생산하고자 하는 때를 기준하여 결정한다. 촉성재배의 경우에는 가온비(加溫費) 등을 감안하여 정하고, 일반 노지재배의 경우에는 늦서리가 끝나는 대로 정식할 수 있도록 한다. 정식부터 역산해서 50~70일 전이 파종기가 된다. 파종상(播種床)을 이용하여 줄뿌림을 할 경우, 파종상에 약 5cm 간격으로 골을 만들고 종자가 겹치지 않도록 줄뿌림을 한 후 고운 모래나 굵은 입자의 버미큘라이트 등으로 5mm 정도 덮어준다. 복토는 너무 두껍게 하면 발아가 늦어지고 불균일한 경우가 있고, 반대로 복토를 너무 얇게 하면 건조하기 쉬워 발아가 나쁘고 묘가 종자의 껍질을 쓰고 발아하는 경우가 있으므로 주의한다.

파종 후에는 충분히 물을 준 뒤 신문지로 덮어 표토(表土)의 건조를 방지하여 발아를 균일하게 한다. 발아까지는 비닐 터널을 덮고 전열선을 이용하여 25~30℃로 관리한다. 파종 후 4~5일이 지나면 파종상에 싹이 나오는 것을 확인할 수 있다. 파종상의 온도가 너무 낮으면 발아가 늦고 발아해도 묘가 불충실하며, 온도가 너무 높으면 발아율이 낮아지므로 30℃ 이상이 되지 않도록 한다. 관수는 그날그날의 날씨에 따라 조절한다. 오전 중에 행하여 저녁 무렵에는 상토의 표면이 약간 건조한 정도가 되게 한다. 저녁이나 비 오는 날 관수를 하면 야간에 다습 상태가 되어 도장하기 쉽기 때문에 피하도록 한다. 본엽 1매가 나오기 시작할 무렵에 일정 간격으로 묘를 솎아준다.

(나) 이식상의 준비와 이식

일반적으로 옮겨심기는 1~2회를 한다. 본엽이 2~3매 전개되었을 때 이식거리 10cm(10cm 비닐 포트 이용) 정도로 하여 1회 이식하고, 4~5매 전개되었을 때 이식거리 15cm(12cm 또는 14cm 비닐 포트 이용) 정도로 하여 2회째 이식한다. 너무 배게 심으면 영양분의 쟁탈과 광선 부족에 의해 웃자라기 쉽다. 이식 초기에 포트 간 간격이 너무 넓으면 맑은 날 지온이 지나치게 상승하는 등 장해가 발생하기 쉬우므로, 초기에는 포트를 조밀히 두었다가 후기에는 간격을 벌려준다.

저온기 재배에서는 이식 시 기온이 낮은 경우가 많기 때문에 비닐 터널 바깥쪽에 야간에 이중피복이 가능하도록 부직포를 준비해 둔다. 이식 3일 전쯤 각 포트에 관수를 하고 비닐을 씌워 지온상승과 수분유지를 꾀한다. 이식할 때 온도는 파종상의 온도보다 1~2℃ 높여 활착을 돕는다. 이식을 하면 일시적으로 뿌리의 기능이 정지되어 시들게 되므로 충분히 물을 주고 차광막 등으로 해가림을 해주어 시들지 않도록 한다. 본엽 2~3매 시 이식이 꽃눈분화와 맞물려 1화방의 부실을 가져올 수 있다는 연구 결과에 따라 이식을 생략하거나, 본엽 4~5매 시 12~15cm 정도의 거리를 유지하여 1회만 이식하는 경우가 많다.

(다) 이식부터 정식까지의 관리

• 광, 온도 및 수분관리 : 이식부터 정식까지는 하단 화방의 착화 수나 꽃의 소질에 영향을 미치는 중요한 시기이므로 햇빛을 충분히 쪼이도록 한다. 고온기 재배에서는 온도가 높기 때문에 차광을 하는 경우가 있는데, 이식 후에는 가능한 한 차광을 하지 말고 햇빛을 쪼이도록 한다. 저온기 재배에서 냉상(冷床) 터널용 비닐은 새로운 것을 사용하고, 아침에는 가능한 한 빨리 벗기고 저녁에는 가능한 한 늦게 덮어 많은 양의 광을 받을 수 있도록 한다. 저온기의 아침, 외부의 기온이 10℃ 이하일 때 하우스 측창을 열면 차가운 공기가 묘에 직접 닿아 저온피해가 발생할 우려가 있다. 따라서 천장 환기를 행한 후 외부의 기온이 올라가고 나서, 측창을 열도록 한다. 저녁에는 야간 하우스 내 기온을 가능한 한 높게 유지할 수 있도록 일몰 전에 약간 일찍 하우스를 닫고 그 후에 터널을 덮어준다.

활착 후에는 포트 간 간격을 벌려 주기 시작하는 본엽 6~7매경에 야간온도를 서서히 낮추어 10~12℃로 하여, 묘의 도장을 막고 화아가 충실해지도록 한다. 정식 10일 전쯤부터 서서히 자연상태에 가깝게, 특히 추운 날을 제외하고는 보온을 중지하여 묘의 순화를 꾀한다. 저온기와 고온기 모두 관수는 아침에 하며 그날 관수한 것이 그날 저녁에는 표면이 마를 정도가 되도록 관수량을 조절한다. 생육 전반에 걸쳐 관수량이 많으면 묘가 빈약하게 자라 도장한다. 생육 후반이 될수록 건조가 심해질 수 있기 때문에 1회량을 충분히 주도록 한다. 소량씩만 주면 포트 하단은 항상 건조상태가 될 수 있기 때문에 뿌리가 노화하기 쉽다. 육묘 후반에 지나친 건조상태가 되면 과실의 비대가 불량해지고, 품종에 따라서는 식물체의 저단(低段)에 창문과 발생이 조장된다. 묘의 생육이 진행되면 잎과 잎이 서로 닿기 때문에 포트의 간격을 넓혀 준다. 처음부터 포트의 간격을 넓게 하면 개화가 불균일하고 귀화(鬼花, 화방 내 여러 꽃 중 한 개의 과실만 커지는 현상)의 발생원인이 되므로 주의한다. 정식 적기의 묘는 제1화방의 1~2화가 핀 정도이다. 정식이 늦어져 노화묘가되면, 정식 후 줄기가 가늘어지고 과실비대가 불량해진다. 반대로 개화 전의 어린 묘를 정식하면 영양생장형으로 되어 이상경, 병해 등이 발생하기 쉽다.

• 이식 포트의 크기가 작은 경우 주의사항 : 최근에는 작은 크기의 포트를 이용하는 경향이 있다. 크기가 작은 포트를 이용하는 육묘는 배지량이 적어지고 정식 노력이 경감된다는 장점이 있다. 그러나 포트의 크기가 작으면 노화묘가 되기 쉬워 정식 후 영양생장형이 되기 쉽다.

라. 플러그 육묘 방법

(1) 상토, 플러그 트레이 및 종자 준비

(가) 육묘시설

비닐하우스나 유리온실 등 육묘용 시설은 가능하면 전용시설을 이용한다. 간혹 재배용 시설과 겸용하는 경우가 있는데, 토양전염성 병해에 의한 오염 우려가 있으므로 가능한 한 피한다. 토마토는 유묘기부터 충분한 광을 필요로 하기 때문에, 육묘에는 광을 충분히 받을 수 있고 통풍이 잘되는 장소를 고른다. 반드시 배수구를 설치하여 시설 내 배수와 제습에 힘쓴다. 묘는 온도 변화에 민감하기 때문에 천장이 높은 형태의 하우스가 적합하다. 이중커튼을 설치한 경우에는 채광성을 고려하여 잘 말리는 구조로 한다.

(나) 상토 준비

플러그 육묘는 일반 포트 육묘에 비해 극히 적은 양의 상토를 이용하여 육묘한다. 예를 들면 직경 12cm 비닐 포트에는 약 250mL의 상토가 이용되는 반면 50공 플러그 트레이의 한 셀에는 1/4 정도인 약 70mL의 상토가 이용된다. 그 때문에 플러그 육묘의 상토는 일반 포트 육묘의 상토와는 다른 특성을 갖출 필요가 있고 원료가 되는 자재나 비료 첨가량 등이 크게 다르다. 파종상이나 일반 포트 육묘를 위한 원예용 상토는 토양을 주재료로 하는 경우가 일반적이고 비료성분도 비교적 많은 양을 함유하고 있다. 플러그 육묘용 상토는 피트모스, 코코피트, 버미큘라이트 등이 주재료이며 비료성분도 비교적 적게 함유하고 있다.

- 육묘용 상토는 다음과 같은 조건을 갖추는 것이 바람직하다.
- 묘 생육이 균일하고 양호해야 한다.
- 물리적·화학적 특성이 적절하고 안정적으로 유지되어야 한다(pH는 6.0~6.5 정도가 적당하며 EC는 0.5~1.2mS/cm(1:5) 이하).
- 생육에 필요한 비료성분을 함유해야 한다.
- 병해충에 오염되어서는 안 되며, 잡초종자나 유해성분 등을 포함해서는 안 된다.
- 품질이 안정되고, 장기적으로 안정되게 공급될 수 있어야 한다.
- 취급이 용이해야 한다.
- 이상의 조건에 더하여 플러그 육묘용 상토는 다음과 같은 특성이 추가로 요구된다.
- 발아율 및 입모율이 높다 : 파종상과 육묘상을 겸하기 때문에, 발아불량은 결주 발생으로 이어진다. 그 때문에 전용 복토재(버미큘라이트)를 이용하는 경우가 많다.
- 적정한 비료성분이 함유되어 있다 : 육묘기간과 추비의 유무를 고려한 비료성분의 배합이 이루어지고 있다. 많은 비료성분을 포함하여 추비가 필요 없는 유비(有肥)상토와 상대적으로 비료성분이 거의 포함되어 있지 않아 추비로 생육조절을 할 수 있는 무비(無肥)상토로 나눌 수 있다.

- 분형근(盆形根, Rootball)이 형성되기 쉽다 : 분형근 형성이 제대로 이루어지지 않으면 정식 시 플러그 트레이에서 묘를 뽑기가 어렵다. 질소성분이 많은 경우나 과습상태에서는 분형근 형성이 제대로 이루어지지 않는다.

- 보수성 및 배수성이 우수하다 : 상토량이 극히 적기 때문에 관수관리가 곤란해지기 쉽다. 따라서 피트모스나 버미큘라이트와 같이 보수성 및 배수성이 우수한 재료를 주재료로 이용한다.

- 발수성(撥水性, 표면에 물이 잘 스며들지 않는 현상) : 피트모스를 주재료로 한 상토는 건조하면 물을 잘 흡수하지 않는 성질이 있다. 상토에 따라서 발수를 막기 위해 습전제(濕展劑)가 첨가된 것도 있다.

- 각 셀에 균등하게 충진될 수 있다 : 이 특성은 셀의 크기가 작을수록 강하게 요구된다. 시판 상토는 분상(粉狀)이나 분상혼합의 형태가 많다.

- 가볍다 : 가비중 0.3~0.5 kg/L 정도의 것이 많다.

토마토 플러그 육묘용 상토는 일반 플러그 육묘용 경량 혼합상토의 구비조건과 크게 다르지 않다. 통기성, 내수성, 보수성 등이 좋고 가벼우며 병해충에 오염되지 않아야 한다. 한 가지 다른 작물의 경우와 다른 점은 상토에 비료 함량이 많은 것은 피해야 한다는 것이다. 시판 육묘용 경량 혼합상토는 비료 함량이 다양하다. 비료가 전혀 없고 산도(pH)만 조정되어 있는 것이 있는가 하면 추비를 가급적하지 않기 위해 상당량의 비료가 들어 있는 경우가 있으므로 반드시 비료 함량이 어느 정도인가를 판매상에서 확인해 둘 필요가 있다. 이 때문에 상토를 매년 바꾸면 육묘 결과도 달라지기 쉽다. 시판 상토를 구입하여 사용할 경우에는 임의로 다른 재료와 섞지 않는 것이 좋으며, 너무 짓누르지 말고 추비에 세심한 주의가 필요하다.

비료가 없는 상토는 파종 직후부터, 비료가 어느 정도 들어 있는 상토는 비절(肥切, 비료 부족현상)이 나타나기 시작하면 추비를 해야 한다. 또 같은 상토라 하더라도 용기의 크기가 작으면 비절이 빨리 나타난다. 추비는 비료가 첨가된 상토는 요소 0.2% 용액이나 4종 복합 비료 또는 육묘전용 비료를 규정대로 희석하여 2~4일 간격으로 관주하여 준다. 비료가 없는 상토의 경우에는 3요소 외에 마그네슘, 칼슘, 미량요소가 포함된 완전액비를 관주하여 준다.

(다) 파종상

플러그 육묘에서는 플러그 트레이에 직접 파종하는 방법과 파종상에서 플러그 트레이로 이식하는 방법이 있으며, 플러그 트레이에 직접 파종하는 것이 일반적이다. 파종할 때 코팅종자를 이용하면 생력적일 뿐만 아니라 발아 정도를 높일 수 있다. 저온기 육묘에서는 일단 파종상에 파종하여 이식하는 편이 충분한 발아온도 확보에 의한 빠른 초기 생육과 균일한 묘를 얻을 수 있다는 점에서 유리하다. 이식은 자엽 전개 직후, 본엽 전개 전에 행하는 것이 뿌리의 손상을 적게 한다.

(라) 플러그 트레이의 규격 선택

플러그 육묘에서는 셀 사이의 간격이 좁기 때문에, 육묘기간이 길어지면 이웃한 식물체의 줄기와 잎이 겹쳐져 도장하기 쉬워진다. 한 플러그 트레이 내 셀의 수가 많아질수록 플러그 트레이의 주변부에 비해 중앙부의 초장이 더 길어져 주변부와 중앙부의 식물체 간 초장의 차이가 커진다. 주로 40공이나 50공 플러그 트레이가 이용되고 있다(표 3-3).

(표 3-3) 플러그 트레이의 셀 크기, 시비 농도 및 개시시기에 따른 토마토 묘의 생육(원예연, 1998)

| 처리구분 | | | 초장 (cm) | 경경 (mm) | 엽수 (매/주) | 엽면 (cm²/주) | 건물중(g/주) | | T/R율 |
셀 크기	시비 개시시기	시비 농도 (N, mg/L)					지상부	지하부	
50공	본엽 3매	84	28.7	3.83	8.20	87.7	0.89	0.115	7.73
		112	29.4	4.10	8.27	103.1	0.95	0.143	6.63
		140	30.9	3.77	8.67	114.8	0.93	0.143	6.47
	본엽 4매	84	22.4	3.67	8.07	55.0	0.74	0.125	5.89
		112	24.3	3.97	8.27	66.9	0.93	0.141	6.59
		140	27.1	3.88	8.80	89.1	1.01	0.143	7.06
72공	본엽 3매	84	26.8	3.45	8.27	81.4	0.66	0.089	7.44
		112	27.1	3.29	7.80	68.2	0.63	0.089	7.04
		140	28.7	3.49	8.33	84.4	0.76	0.104	7.33
	본엽 4매	84	20.0	3.49	8.00	46.1	0.57	0.098	5.81
		112	22.4	3.65	7.80	49.7	0.57	0.103	5.57
		140	24.2	3.75	7.93d	59.2	0.68	0.115	5.93

(마) 종자 준비

일반 육묘에 준한다.

(2) 파종 및 육묘관리

(가) 파종

상토를 채운 플러그 트레이의 각 셀에 종자를 1립씩 파종하고 굵은 입자의 버미큘라이트 등으로 5mm 정도 덮어준다. 파종 후 다단 선반에 플러그 트레이를 적재한후 균일한 발아를 위해 발아실에 넣는다. 토마토의 발아 적온은 25~30℃로, 온도가 낮으면 발아가 늦고, 발아해도 묘의 소질이 불량하며, 30℃ 이상의 고온이 되면 발아율이 낮아진다. 발아실은 25~30℃ 정도로 토마토의 발아에 적합한 온습도로 유지되고 있기 때문에 3~4일 정도가 지나면 균일하게 발아한다. 발아실에서 발아관리는 플러그 트레이를 밖으로 꺼내는 시점이 중요하다. 꺼내는 시점이 늦어지면 배축이 도장하기 때문에 발아가 끝나면 곧 발아실에서 꺼내어 육묘하우스나 온실로 옮긴다.

(나) 육묘관리

발아실에서 나온 토마토 모종 또는 접목활착이 끝난 토마토 접목묘는 육묘하우스로 옮겨져 출하 전까지 육묘된다. 시설 내에는 육묘벤치, 자동관수장치, 추비를 위한 액비혼입장치, 공조(空調) 장치가 설치되어 있다. 물 빠짐을 좋게 하고, 에어 프루닝(그림 3-1)에 의해 뿌리가 플러그 트레이 밖으로 자라는 것을 방지하며 분형근 형성이 잘되도록 대개 철망으로 된 육묘벤치가 이용되고 있다. 높이는 작업성을 고려하여 60~70cm가 많다.

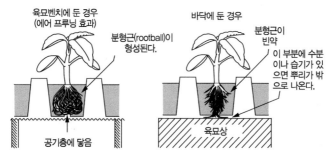

(그림 3-1) 육묘 시 에어 프루닝(Air pruning) 효과(農文協, 2004)

(다) 온도관리

토마토는 육묘 중에 생식생장이 동시에 진행되기 때문에 육묘관리가 초기 생산력이나 품질에 미치는 영향이 매우 크다. 토마토의 화아분화는 본엽 2.0~2.5매 전개 시 제1화방이 분화하고, 그 후 본엽 3매마다 화방이 착생한다. 착화절위는 품종이나 환경조건에 따라 변하는데, 제1화방을 8절에 분화시키고 이후 3절마다 화방을 착생시키는 것이 이상적이기 때문에 적절한 온도관리를 행할 필요가 있다. 야간 최저온도가 10℃ 이하인 저온기 육묘에서는 주간온도를 오전 25~28℃, 오후 23~25℃를 목표로 한다. 야간온도는 자엽 전개기까지는 20℃, 본엽 2~3매 전개기까지는 18℃, 본엽 3매 전개 이후에는 13~15℃로 관리하여 경엽이 튼튼하고 근군이 잘 발달한 묘를 만든다. 저온기 관리 시 유의할 점은 저온감응에 의한 장해과 발생이다. 온도가 12℃ 이하로 낮아지면, 난형과나 창문과가 발생하므로 주의를 요한다. 상토의 용적이 작은 플러그 묘는 환경내성이 약하기 때문에, 저온기의 경우 순화를 충분히 하여 이식 시 온도차에 의한 이식 장해를 줄이는 것이 중요하다.

야간 최저온도가 18℃ 이상인 고온기 육묘에서는 주야간온도 모두 토마토 생육적온 이상의 고온이 되기 쉬워, 묘가 빈약한 도장묘가 되기 쉽다. 온도관리는 주간온도 28~30℃, 야간온도 18℃를 목표로 한다. 그러나 7~8월의 고온기에는 일사량도 많아 시설 내 기온이 주간온도 35℃ 이상, 야간온도도 20℃ 이상의 고온이 되어 묘가 빈약하게 도장하고, 제1화방의 착화절위가 상승, 미숙화 발생 등의 문제가 발생한다. 따라서 낮 동안 시설 내외부 차광, 환기, 시설 내 통로에 살수 등으로 기온을 낮추도록 노력한다.

03
접목육묘 기술

가. 접목의 목적과 이용현황

작물의 집약재배에 따른 염류집적, 토양 물리성 악화 및 토양전염성 병원균 증가 등의 연작장해를 극복하기 위해 윤작, 객토, 토양소독 등과 함께 저항성 대목을 이용한 접목재배가 오래전부터 행해져왔다. 접목(椄木, Graftage)은 식물조직의 재생(Regeneration)에 의하여 두 개체가 물리적으로 결합하여 하나의 개체가 되는 것이다. 대개 과수에서 많은 연구가 이루어져 왔지만 최근에는 한국, 일본, 대만 등 아시아 국가에서 내병성, 불량환경 저항성 및 양수분 흡수 촉진을 통한 생육 증가 등을 목적으로 과채류에서도 널리 행해지고 있으며, 세계적으로도 그 이용이 증가하고 있다. 플라스틱 필름의 이용 및 접목 기술과 관련 자재의 발달과 함께 박과, 가짓과 채소와 같은 과채류의 접목재배 면적은 지속적으로 증가하고 있다. 우리나라의 경우 오이, 수박, 참외 등의 박과 채소 재배에서는 대부분 접목묘가 이용되고 있으며 토마토, 가지, 고추 등의 가짓과 채소에서도 그 이용이 증가하고 있다. 토마토 접목재배는 재배과정 중 피해가 가장 큰 청고병 방지를 위하여 행해지고 있으며 그 외 위조병, 근부위조병 및 갈색 근부병 현상을 줄이고자 실시하고 있다.

나. 대목의 종류와 접수 및 대목의 육묘

(1) 대목의 종류

토마토 대목으로는 국내에 40여 품종이 등록되어 있는데, 대부분이 외국에서 개발된 품종이다. 토마토는 토양전염성 병의 종류가 많아 접목재배 시 대목을 선택할 때 가능한 한 많은 종류의 병에 대하여 저항성이나 내병성이 있는 대목을 선택해야 접목 효과가 있다. 접목 친화성이 높은 대목과 접수를 사용해야 접목 활착률이 높고 가능한 한 접수도 내병성이 있는 계통을 선택해서 재배하는 것이 좋다. TMV의 경우, 대목에 있는 TMV 저항성 유전인자형 Tm_2 또는 Tm_2-a형과 일치하는 토마토 종자(접수)를 선택해서 접목해야 TMV에 저항성이 생겨 발병되지 않는다. 생육조절을 통한 과실의 품질 향상 등을 위해 가지 대목이 대목으로 이용되는 경우도 있다.

(2) 접수 및 대목의 육묘

(가) 파종기
접목묘는 접목 후 활착까지의 사이에 생육이 거의 멈추거나 매우 느려지기 때문에 실생묘에 비해 정식까지의 육묘기간이 일주일 정도 더 소요된다. 파종시기는 대목과 접수의 생육속도를 고려하여 생육속도가 같거나 접수가 대목보다 좀 더 어리도록 2~3일 정도 먼저 파종한다.

(나) 플러그 트레이의 선택
육묘 효율면에서는 공수(孔數)가 많은 플러그 트레이를 사용하는 것이 좋다. 그러나 지나치게 공수가 많은 플러그 트레이를 이용하게 되면 접목 시점에서 지상부의 식물체들이 서로 밀집하여 접목 작업이 어렵고, 접목 후에는 줄기가 가늘게 자라 도장하기 쉽다. 따라서 접목 작업의 효율성 및 접목 후 생육을 고려하여 플러그 트레이를 선택해야 한다. 접목묘는 실생묘에 비해 셀 크기가 좀 더 큰 플러그 트레이를 사용하는데, 일반적으로 육묘기간 등을 고려하여 50, 40, 32공 플러그 트레이가 이용된다. 접수의 경우 대목에 비해 상대적으로 육묘기간이 짧기 때문에 대목과 같은 크기의 플러그 트레이를 이용하거나 좀 더 작은 셀 크기의 플러그 트레이를 이용해도 된다.

(다) 육묘 일수

환경조건에 따라 생육속도의 차이는 있지만, 파종 후 20~30일 정도 육묘하여 대목과 접수의 본엽이 4~6매 정도 전개되었을 때 접목한다. 이보다 엽수가 적은 시기에는 접목 위치의 절간이 너무 짧아 접목을 하기 어렵거나, 접목을 할 수 있어도 줄기가 가늘어 접수와 대목을 접합시키는 작업이 어렵다. 반대로 육묘 일수가 길어져 엽수가 더 많아진 경우에는 줄기와 잎이 번무하고 줄기가 단단해져 활착까지의 소요기간이 더 길어진다. 적정 접목 시기를 벗어난 경우 접목 시의 작업성이 나빠지고 접목활착률이 저하하게 된다. 대목의 줄기가 너무 가늘거나 접수에 비해 대목의 줄기가 상대적으로 가늘면 접목 후 묘가 휘어서 자랄 수 있으므로, 양수분 및 환경관리를 철저히 하여 묘가 충실하게 자랄 수 있도록 한다.

다. 접목

접목은 가능한 한 직사광선이 들지 않는 선선한 장소에서 실시하도록 한다. 접목 활착 기간 중에는 관수가 어려워 접목 전에 충분한 관수를 하는데, 접목 당일에 두상관수를 하게 되면 잎에 물방울이 맺혀 접목 작업이 어려우므로 하루 전에 충분히 관수한다. 접목 후 저면관수하는 경우도 있다.

(1) 접목 시 필요자재

접목 작업 시에는 접목대, 접목용 면도날(양면날 또는 단면날), 접목용 집게 또는 핀, 소독용 도구(알코올, 탈지분유 등), 라벨, 필기도구 등을 준비한다. 바이러스 등의 전염을 막기 위해 접목도구 등은 수시로 소독 및 교체한다.

(2) 접목 위치

접목 작업 시 대목을 플러그 트레이에서 뽑아서 접목하는 방법과 플러그 트레이 상에서 접목을 하는 방법이 이용되고 있다. 이에 따라 육묘기간과 접목 위치에 다소 차이가 있다. 대목을 플러그 트레이에서 뽑아서 접목하는 경우 대목을 쉽게 뽑기 위해서는 셀 내에 뿌리돌림이 완전히 이루어져야 하고 뽑지 않고 접목하는 경우에는 상대적으로 육묘기간이 길어진다. 절단 위치는 대목의 경우 제1본엽 바로 위에서 절단하고, 접수는 1본엽과 2본엽 사이에서 절단하여 접목한다. 대목을 뽑지 않고 플러그 트레이상에서 접목하는 경우 대목과 접수 모두 자엽과 제1본엽 사이를 절단하여 접목한다.

(3) 접목 방법

과채류에 이용되는 접목 방법으로는 삽접, 핀접, 할접, 합접, 호접 등이 있으며 토마토 접목에는 주로 핀접과 합접이 이용되고 있다.

(가) 핀접
핀접은 일본에서 개발한 접목 방법으로 세라믹 소재의 핀(두께 0.5mm, 길이 1.5cm)을 이용하여 대목과 접수를 연결하는 방법이다. 이 방법은 박과 채소처럼 대목의 줄기에 공동 부분이 있는 경우는 접목 작업이 불편하고 활착률이 떨어져 가짓과 작물인 토마토, 가지 등에 적합한 방법이다. 대목과 접수의 굵기가 같아야 유리하므로 대목과 접수를 같이 파종하여 본엽이 3~4매일 때 접목한다. 대목의 조제는 대목의 떡잎 위쪽 1~2cm 부위를 수평으로 절단하고 잘린 면에 세라믹 핀을 길이의 1/2 정도 꽂는다. 접수의 조제는 생장점 밑에서 대목의 굵기와 비슷한 부위를 접목용 칼로 수평으로 절단한 후 대목에 꽂혀 있는 세라믹 핀의 나머지 부분에 꽂는다. 이때 대목과 접수의 단면이 서로 잘 밀착되도록 꽂아야 한다. 핀접은 접목 작업이 간편하여 접목하는 데 노동력을 절감할 수 있지만, 접목활착 시 상대습도가 낮으면 접목 부위가 건조되기 쉬워 접목 후 활착률을 높이기 위해서는 접목 전용 활착실이 있어야 한다. 일본으로부터 수입되는 핀 값은 개당 25원 정도로 상당히 고가이다.

(나) 합접

핀접과 같은 방법이나 핀 대신에 클립을 이용한다. 대목의 떡잎 상단 1cm 부위를 30° 정도의 각도로 자르고 접수도 같은 굵기의 부위를 대목과 같은 각도로 잘라 절단 부위를 잘 맞추고 클립으로 고정한다.

라. 접목 후 활착환경 관리

(1) 접목활착상의 설치

접목과정에서 접수와 대목은 식물체 일부가 절단되어 인위적으로 연결되어 있는 상태이기 때문에, 뿌리로부터 지상부로의 물오름이 원활하지 않아 일반적인 환경 조건에서 시들기 쉽고 이러한 상태가 지속될 경우 말라 죽을 수도 있다. 따라서 접목 직후에는 접목된 식물체가 시들지 않도록 관리하는 것이 매우 중요하다. 일반적으로 채소 접목묘 생산 시 접목활착은 대부분 육묘시설 내 육묘벤치 위에 PE 필름과 차광망으로 만든 터널(접목활착상) 안에서 이루어지고 있다. 활착기간 중 증발산을 최대한 억제하기 위해 계절에 따라 접목묘 위에 한 겹 또는 두 겹의 필름을 피복한다.

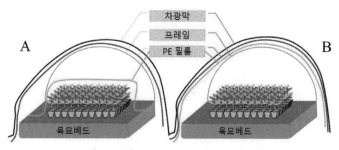

(그림 3-2) 육묘시설 내 접목활착상의 설치

(2) 활착환경 관리

접목활착상의 설치 활착기간 중의 환경조건은 접목묘의 활착률, 생육 및 품질에 결정적인 영향을 미쳐, 접목묘 생산의 성공여부를 좌우하므로 관리에 유의한다. 일반적으로 접목 후 2~3일까지는 차광막을 이용하여 광을 차단, 증산을 억제하고, 그 내부를 PE 필름으로 밀폐하여 포화습도에 가까운 높은 상대습도(90% 이상)와 활착이 촉진될 수 있는 온도 조건을 25~30℃ 내외로 유지, 접목묘의 위조를 막고 활착을 촉진시킨다. 온습도가 너무 낮거나 높으면 활착이 지연되거나 식물체가 고사할 수 있으므로 주의해야 한다.

활착이 어느 정도 진행된 접목 4~5일 후부터 PE 필름을 조금씩 열어주고 조금씩 빛을 쬐어, 외부 환경에 순화될 수 있도록 한다. 일반 육묘시설 내 접목활착상에서의 접목활착 기간은 7~10일 정도 소요된다.

(그림 3-3) 육묘시설 내 접목활착상 설치 사례

(3) 인공광 이용 접목활착시스템

육묘시설 내 설치된 접목활착상 내 차광·밀폐된 조건에서는 대부분의 빛이 차단되기 때문에 광합성이 거의 이루어지지 않는다. 또한 계절이나 날씨 등 외부 환경의 영향을 받기 때문에, 매번 동일한 온도와 상대습도 조건을 유지하기가 어렵고, 여름철의 경우 고온 조건에 노출되거나 겨울철의 경우 저온에 노출되기 쉽다. 이러한 조건에서 활착된 접목묘는 스트레스를 받아 접목묘가 고사하거나, 활착이 지연되어 활착에 더 많은 시간을 필요로 하게 된다. 또한 줄기나 엽병의 도장, 접수에서의 부정근 발생, 병 발생 등의 문제가 생길 수도 있다.

이러한 문제점을 개선하기 위하여, 최근 정밀한 환경조절이 가능한 접목활착시스템 내에서 인공광을 이용한 활착관리가 시도되고 있다

(그림 3-4) 인공광 이용 접목활착시스템 사례

(표 3-4) 인공광 이용 접목활착실에서의 접목활착 관리요령

접목활착기간(일)	1		2		3		4		5		6	
광주기(암/명, 시간)	12	12	12	12	12	12	12	12	12	12	12	12
· 접목직후 접목묘의 스트레스를 줄이기 위해 암기부터 시작 · 광주기는 식물의 화아분화 등에 영향을 주므로, 시간조절 시 주의필요												
광량(μmol·m⁻²·s⁻¹)	–	50	–	50	–	50	–	100	–	100	–	100
· 광량측정 위치: 플러그 트레이 상단면 · 접목 후 늦어도 2일 이내 광조사 필요 · 광량을 높여줄 경우, 습도 관리에 주의(습도 적정범위를 벗어날 경우, 위조·고사 위험)												
기온(℃)	27	27	27	27	27	27	27	27	27	27	27	27
· 제시온도보다 낮을 경우 접목활착지연 가능성 있음 · 단근접목시에는 발근촉진을 위해 1~2℃ 높게 관리 · 온도를 높게 관리할 경우 습도 관리에 주의(습도 적정범위를 벗어날 경우, 위조·고사 위험)												
상대습도(%)	〈박과 채소〉											
	95% 이상	95% 이상	95% 이상	95% 이상	95% 이상	95% 이상	90% 이상	90% 이상	90% 이상	90% 이상	90% 이상	90% 이상
	〈가지과 채소〉											
	90% 이상	90% 이상	90% 이상	90% 이상	90% 이상	90% 이상	85% 이상	85% 이상	85% 이상	85% 이상	85% 이상	85% 이상
· 제시범위보다 낮아질 경우, 위조·고사 위험												

※ 주의사항 : 인공광 이용 접목활착실에서의 접목묘를 바로 시설(외기조건)로 옮겨 갑작스럽게 햇빛에 노출시킬 경우 갑작스러운 환경변화에 의한 장해를 입을 수 있으므로, 차광막 하에서 1일 정도 순화과정을 거쳐야 함. 특히 가을 또는 겨울철과 같이 온도 및 상대습도가 낮은 조건에서는 육묘시스템과 외부환경 조건의 차이가 심해 접목묘가 강한 스트레스를 받아 장해를 일으킬 수 있으므로 관리에 주의를 요함.

(4) 광관리

접목 직후부터 접목 후 1~2일까지는 접수와 대목 모두 식물체가 절단되어 접수와 대목 사이에 물오름이 원활하지 않아 식물체가 위조되기 쉽다. 따라서 직사광선을 받지 않도록 차광을 실시하고, 접목 후 3~5일경까지는 아침에 30~40분 정도 잠깐 차광을 벗겨 햇볕을 받게 하였다가 다시 덮어서 시들지 않도록 관리한다. 접목 후 7~10일부터는 정상적인 관리를 하면 된다.

chapter 4

토양재배

01

일반토마토

가. 아주심기

(1) 아주심기 시기

토마토 모종의 뿌리내림은 아주심기 직후의 기온과 토양온도에 크게 영향을 받기 때문에 맑고 따뜻한 날을 택하여 아주심기를 한다. 조숙재배나 억제재배에서는 40일 전후의 묘, 촉성재배는 약 55일, 반촉성재배는 60일 전후이며, 본엽이 7~9매 전개되고 제1화방의 꽃이 10% 정도 개화된 묘가 적당하나 장기재배할 때는 이보다 약간 빨리 아주심기 한다. 어린 묘를 아주심기하면 뿌리내림은 잘되지만 줄기가 굵어져 1화방 착과가 늦다. 반대로 늙은 모종을 심으면 뿌리내림이 늦고 착과되어도 비대가 잘되지 않아 과실이 작게 된다. 또한 늦게 심어 과실이 작다고 1화방을 따 주게 되면 착과가 더욱 늦어지므로 착과 후에 따 주더라도 꽃이 피어 있는 상태로 아주심기하는 것이 좋다.

아주심기에 적당한 모종은 초장 25~28cm이며 줄기의 굵기는 0.5~0.6cm 정도이다. 잎은 너무 크지도 작지도 않으며 잎 색은 어느 각도에서 보아도 너무 진하지도 연하지도 않은 녹색이고, 제1화방이 7~9매에 형성된 묘가 좋으나 작형에 따라서는 다소 차이가 있다(표 4-1). 억제재배에서 50공 트레이를 사용하여 자가육묘하는 경우 파종 후 20일 된 어린 묘가 관행묘보다 유리하다(표 4-2).

(표 4-1) 작형별 정식에 알맞은 묘

작형	육묘 일수(일)	본엽 전개잎 수(매)	1화방 상태
촉성재배	50~60	10~11	1~2개 꽃이 개화
반촉성재배	65~75	10~11	1~2개 꽃이 개화
억제재배	30~40	6~7	꽃망울 상태

(표 4-2) 억제재배 플러그 육묘에서 연령에 따른 상품 수량(부여토마토시험장, 2006)

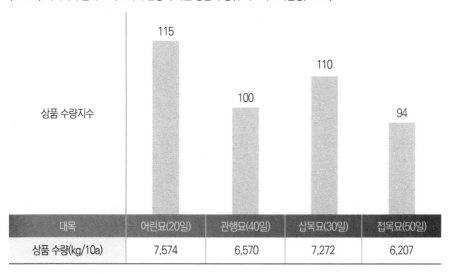

대목	어린묘(20일)	관행묘(40일)	삽목묘(30일)	접목묘(50일)
상품 수량(kg/10a)	7,574	6,570	7,272	6,207

(2) 아주심기 방법

촉성재배나 반촉성재배의 아주심기 시기는 10~2월 사이가 되는데, 이 시기는 온도가 매우 낮은 저온기이다. 지온이 낮은 상태에서 아주심기를 하게 되면 뿌리내림이 매우 늦어지므로 정식하기 전에 두둑을 설치하고 비닐을 씌워 지온을 15℃ 이상 되게 하여야만 뿌리내림이 잘된다. 아주심기 전에 토마토를 심을 구덩이를 파고 물을 충분히 주는 것이 좋다. 너무 깊게 심으면 뿌리 자람이 나쁘고 토마토 줄기 부분이 썩어 병에 걸리기 쉽다. 토마토는 보통 첫 화방의 꽃이 핀 후부터 잎이 3매 나오고 꽃이 피며 화방의 꽃은 같은 방향으로 피므로 첫 화방이 이랑의 바깥쪽으로 향하도록 심으면 관리하기가 쉽다.

토마토는 밀식할수록 평균 과중이 떨어지나 총 수확량은 늘어난다. 그러나 지나친 밀식은 착색이 지연되고 병해충의 발생이 많아지므로, 작업성과 과실품질을 고려해야 한다. 토마토 재배는 1조식이 원칙이나 재배기간이 짧은 저단재배에서는 2조식이 적당하다. 1조식 재배는 조간을 넓게 하는 것이 중요하며 겨울철에는 채광량을 높이는 데 관심을 두어야 한다(표 4-3).

(표 4-3) 작형 및 재배기간별 재식 거리

작형	재식 거리(cm)	3.3m² 주수
촉성	100×35	9
반촉성에서 3화방까지 수확	160(2조)×20	20
반촉성에서 4화방까지 수확	160(2조)×20	16
반촉성에서 5화방까지 수확	160(2조)×20	14
반촉성에서 6화방까지 수확	160(2조)×20	12
반촉성에서 8화방까지 수확	100(1조)×20	9
억제재배	100×40	8

(3) 본밭의 비료량 및 이랑준비

비료량은 재배형태 및 재배 방식, 토양의 상태, 수확단수, 재식밀도 등을 고려해야 하므로 일률적으로 적용하기 어려우나 시설재배 시 5~6화방까지의 수확을 목표로 한 표준 시비량은 (표 4-4)와 같다. 일반적으로 균형시비를 하기 위해서는 밑거름을 줄이고 토마토의 생육을 관찰하면서 웃거름 위주로 소량씩 자주 주는 것이 좋다. 특히 모래 토양에서는 밑거름을 줄이고 웃거름 주는 횟수를 늘려야 한다. 그러나 시설 내의 토양은 재배 지역이나 재배자에 따라 비옥도가 다르기 때문에 토양검정을 하여 비료량을 결정하는 것이 좋다. 비료량은 재배하려는 재배지의 염류 농도에 따라 밑거름을 결정하고, 유기물을 시용하였을 경우에는 유기물의 유효성분 함량을 제한하고 나머지를 주는 것이 좋다. 우분이나 유박 같은 퇴비를 지나치게 많이 사용하였을 경우 유기물에 있는 유효성분만으로도 필요 이상의 비료성분이 투입되어 줄기가 지나치게 왕성하게 자라거나 기형과 발생 같은 문제를 일으킨다. 이랑은 급격한 지하수위의 영향을 받지 않게 통기성을 고려하여 25~30cm 정도로 높게 하는 것이 좋다.

(표 4-4) 시설재배 토마토의 시비기준(단위 : kg/10a)

비료명	총량	밑거름	웃거름				비고
			1회	2회	3회	4회	
퇴비	2,500	2,500	–	–	–	–	*3요소 성분 함량 (kg/10a) 질소 : 20.4 인산 : 10.4 칼리 : 12.2
요소	45	25	5	5	5	5	
용성인비	52	52	–	–	–	–	
염화칼리	20	10	4	3	3	–	
석회	80~100	80~100	–	–	–	–	
붕사	2~3	2~3	–	–	–	–	
시비 시기	–	정식 15~20일 전	정식 후 25~30일 전	1차 추비 후 20~25일	2차 추비 후 20~25일	3차 추비 후 20~25일	

(표 4-5) 토양 화학성에 따른 기비 사용량

EC(dS/m)	NO₃-N(mg/100g)	기비 사용량(kg/10a)	이용률
0.8 이하	20 미만	표준 시비량	질소 : 70%
0.9~1.5	20~50	표준의 반량	인산 : 20%
1.6 이상	50 이상	무시비	칼리 : 100%

(표 4-6) 유기질의 비료성분 함량

종류	비료성분 최소량(%)	기타 규격	비고
어박	질소 : 4, 인산 : 3 질소 및 인산 전량의 합계량 : 10	염분 10% 이하	원료는 어박 및 어분에 한함
골분	질소 : 1, 인산 : 15 질소 및 인산 전량 20		원료는 골분에 한함
대두박	질소 : 6, 인산 : 2 칼리 : 1		원료는 대두박에 한함
잠용유박	질소 및 인산 전량 : 8		원료는 잠용유박에 한함
채종유박, 깻묵	질소 : 4, 인산 : 1, 칼리 : 1		
미강유박	질소 : 2, 인산 : 4, 칼리 : 1		원료는 미강유박에 한함
계분가공 비료	질소, 인산, 칼리 합계량 : 6	수반 40% 이하 염산 불용해물 30% 이하	
아미노산발효 부산 비료	질소, 인산, 칼리 전량의 합계량 : 5	염분 10% 이하	
증제피혁분	질소 전량 : 10	질소함유율 1%에 대하여 크롬 0.3	
맥주오니	질소, 인산, 칼리 전량 : 5		

(4) 유의점

아주심기하고 1개월간 중요한 것은 첫째, 뿌리내림이다. 아주심기한 모종은 제1화방이 개화하기 시작할 무렵인데 충실하게 개화하려면 무엇보다도 뿌리내림이 빨리 되어야 한다. 촉성, 반촉성재배에서 뿌리내림이 잘되게 하려면 야간기온에 신경을 써야 한다. 농가에서 구입하는 모종은 15℃ 이상 고온에서 키워진 것으로 저온에서 아주심기가 되면 뿌리내림이 늦어진다. 그러므로 아주심기 후 며칠은 고온으로 관리하다 서서히 야간온도를 내려주어야 한다. 둘째는 물 주는 방법인데, 심은 후에 물을 자주 주어서는 안 된다. 물을 자주 주게 되면 뿌리가 땅속 깊이 들어가지 못하고 이랑 주위에 얕게 뻗게 되며, 초세가 강해져 3화방 근처에서 이상줄기(줄기 비대) 현상을 초래하게 된다. 또 과실비대 성기에 이르게 되면 물을 주어도 충분히 흡수하지 못하여 한낮에 위쪽 잎이 시드는 현상이 발생한다. 이럴 경우 일찍 적심을 하여야 건조피해를 줄일 수 있다. 셋째는 병해충 예방이다. 심을 때 물을 충분히 준 상태에서 온도가 서서히 떨어지면 저온 다습 상태가 지속된다. 활착이 정상적으로 이루어지고 환기관리를 잘했다면 병이 쉽게 발생하지 않지만 그렇지 않았다면 잎곰팡이병이나, 잎마름역병 그리고 잿빛곰팡이병 등이 발생하게 된다. 잎마름역병이 발생하면 3~4일 만에 급속하게 확산되어 피해가 심하므로 병이 발생되지 않도록 사전에 예방해야 한다. 잎마름역병은 파종 후 7~8주까지가 취약하다.

나. 아주심기 후 본포관리

(1) 생육진단

토마토 줄기가 너무 굵어지면 착과 수가 적어지고, 과실이 너무 커진다. 발육비대기는 물주기를 줄이고 질소 흡수를 억제하여 초세관리를 해야 한다. 생육 초기에는 생장점의 빛깔로 초세 판단이 가능하지만 생육이 진전되면 생장점의 전개엽 수, 생장점 부위의 황색엽수, 개화 화방에서 생장점까지의 길이, 잎의 크기, 전 식물체의 잎 색, 아침 일찍 잎 가장자리의 물방울 맺힘 정도로 판단한다.

(2) 웃거름

토마토가 생장함에 따라 토양 중에 함유되어 있는 비료는 감소하게 된다. 따라서 식물체가 영양 부족이 되기 전에 비료를 보충해야 한다. 토마토는 웃거름 위주로 재배하여야 초세관리가 용이하고 수량 증가와 고품질 과일을 생산할 수 있다. 웃거름은 월 평균 2회 정도 시비하는데 화방이 2단 올라갈 때마다 해주며 주지를 적심할 때까지 관수와 동시에 시비한다. 웃거름 주는 시기는 입상 비료를 이용할 경우에는 1회째에는 제3화방의 꽃이 피고 제1화방의 과일이 탁구공만할 때 행한다. 제2회째는 제1회 웃거름을 준 후 20~25일경 제3화방의 과일이 비대하기 시작할 무렵에 실시하는 것이 좋고 그 후에는 20~25일경 제3화방의 과일이 비대하기 시작할 무렵에 실시하는 것이 좋다. 그 후에는 20~25일 간격으로 행하며 수확 종료 30일 전에 비료 주기를 끝낸다.

비료량은 재배 방법, 토양 내 양분 함량 그리고 식물체의 세력 등에 따라 다르나 일반적으로 토마토의 초세와 잎 색을 관찰하여 결정하는 것이 좋다. 1회 시비량은 질소와 칼리의 성분량으로 2~3kg 정도, 액비로 시용할 때는 1kg이 적당하며, 관수 시에 액비로 사용하는 것이 가스피해의 염려가 적고 편리하다. 1회의 시비량이 너무 많으면 이상줄기와 줄썩음과 발생이 많으므로 웃거름은 가능한 한 소량으로 여러 번 나누어 주는 것이 좋다.

(3) 온도관리

토마토가 낮 동안 광합성에 의해 생성된 물질을 효과적으로 이행할 수 있도록 하되 가온 비용의 절감을 고려하여 온도관리 목표를 수립하고 시행한다. 오전 중에는 25~28℃로 관리하여 광합성을 최대로 할 수 있도록 하며 30℃ 이상이 되지 않도록 유의한다. 오후에는 약간 낮은 온도(23~25℃)로 관리하여 광합성은 유지시키되 급격한 야간 온도 변화에 의한 저온피해에 대비하여야 한다. 야간에는 15~17℃ 정도가 좋다. 15℃ 이하가 되면 생육이 급격하게 떨어지고, 10℃ 이하에서는 생육이 정지한다. 5℃ 이하에서는 짧은 시간은 견딜 수 있으나 장시간 경과하면 꽃눈이 피해를 받아 착과되지 않는다. 억제재배 시에는 주야간의 온도가 너무 높아 생육이 불량해지기 쉬우므로 오후 1~4시 사이에 일시 차광 등으로 온도를 낮추어 준다. 또 단동하우스의 경우 천장에 환풍구를 설치하면 온도관리에 매우 유리하다. 아주심기 후 변온관리를 할 수 있는 시설에서는 변온관리를 해준다. 주간온도는 오전 25~28℃, 오후 23~25℃로 하고 야간온도는 전류촉진온도 13~15℃, 호흡소모 억제온도 12~13℃, 해 뜨기 전 2시간 전부터 광합성 촉진을 위하여 12~13℃로 온도를 높여준다.

흐린 날은 맑은 날에 비해 광합성량이 적으므로 호흡에 의한 소모를 줄이기 위해 맑은 날에 비해 야간온도를 2℃ 정도 낮추어 관리해 준다. 지온은 18~20℃ 범위로 유지하며 최저기온보다 4~5℃ 높게 관리한다. 실용적으로는 15℃ 정도에서도 생육에 큰 지장이 없으나 이보다 낮을 경우 뿌리의 활력 저하로 양수분 흡수가 저해되므로 최저 13℃ 이상은 되어야 한다. 기온과 지온은 상보작용이 있으므로 기온이 낮을 경우에는 지온이 다소 높은 편이 좋고 기온이 높을 경우에는 지온이 다소 낮아도 생육에 큰 지장이 없다. 실제로는 10℃ 이하로 떨어질 수 있으므로 최근에는 지중난방시스템을 도입하는 농가가 증가하고 있다. 지중난방 시에는 지온과 기온은 적당한 편차로 관리하여야 한다. 밑거름의 사용도 지중난방을 하지 않을 때보다 적게 주고, 웃거름은 적은 양으로 자주 사용하는 것이 매우 중요하다.

(표 4-7) 지온에 따른 양분 흡수량(1주 흡수량)

지온	NO₃-N(mg)	P₂O₅(mg)	K₂O(mg)	H₂O(L)
10℃	26.3(30)	2.7(12)	42.9(38)	211(41)
15℃	62.0(45)	9.9(70)	79.2(70)	364(71)
20℃	86.9(100)	22.1(100)	112.6(100)	512(100)

(4) 광관리

촉성 및 반촉성재배에서는 결실기의 일조 부족이 문제가 된다. 광도가 줄어듦에 따라 낙화 및 낙과도 증가한다.

(표 4-8) 토마토 낙화에 미치는 조도의 영향

강도 \ 화방	제1화방	제2화방	제3화방	평균
100%	10.8%	11.7%	23.1%	15.2%
75%	30.2	45.5	38.7	38.6
50%	38.9	68.2	81.1	62.9
25%	63.8	74.9	91.6	77.8
1%	73.5	100.0	100.0	91.1

토마토는 강한 광선을 요구하는 작물로 광포화점은 7만 룩스, 보상점은 1천 룩스 정도이다. 7만 룩스까지는 조도가 높을수록 광합성이 증가하며, 최소한 1만~3만 룩스가 되어야 정상 생육이 가능하다. 겨울철 시설재배 시에는 광량이 절대적으로 부족하기 때문에 화기의 발육불량에 의한 수정장해로 낙화 및 낙과가 많아진다. 일조가 부족하면 낙과가 많아지고 착색이 불량하며, 식물체는 도장하여 수량이

크게 감소한다. 일장에 대해서는 중성으로 알려져 있으나 장일 조건에서 생육이 촉진되며 꽃눈의 발달이 양호해진다. 하루 중 작물의 광합성량은 일반적으로 일출 시부터 급격히 증가하기 시작하여 최고도에 도달하였다가 점차 감소하므로 오전 햇빛을 많이 받도록 피복물이나 이중비닐을 일찍 제거하는 것은 물론 시설의 구조, 방향, 피복재의 선택 및 세척, 반사광 이용, 재식 방법 및 재식밀도 조절을 통한 수광량이 최대가 되도록 노력한다. 과도한 영양생장(과번무)에 의하여 잎이 있는 곳에서는 광도가 떨어지므로 세심한 관리가 필요하다.

(5) 물관리

정식 직후에는 한 번에 관수량을 많이 하되 자주 주지 않는 편이 뿌리를 깊게 뻗게 하여 수분 및 양분 이용에 유리하다. 점적관수는 멀칭과 함께 사용하며 하우스 내의 습도를 너무 높이지 않고 토양수분을 항상 적당하게 유지할 수 있어 농가에서 많이 사용하고 있다. 토마토는 관수량을 증가시켜 강한 초세를 유지하는 것이 증수의 핵심이지만 지나치면 이상줄기 발생이 많아지고 과실은 열과 발생이 많아져 당도가 떨어진다. 정식 후 관수는 원칙적으로 오전 중에 행하여 저녁 무렵에는 토양 표면이 약간 마른 상태가 되는 것이 좋다. 그러나 억제재배 시에는 오전 관수가 오히려 지온상승을 초래하여 뿌리 발달이 불량해지므로 오후 관수가 유리하다. 겨울철 관수는 충분히 하고, 지온의 저하는 가온으로 보충하는 것이 적절하다. 활착 후부터 제3화방 개화기까지는 너무 많이 관수하면 과번무 상태로 되기 쉽고 지나치게 수분을 억제하면 배꼽썩음을 유발하므로 토양수분 함량을 적절하게 pF 2.3~2.5(-2~-30kPa)로 관리한다.

관수 요령은 한 번에 많은 양을 하는 것보다 횟수를 늘리고 관수량은 줄이는 것이 뿌리 발달과 양분의 흡수율을 높게 한다. 제3화방 개화기 이후부터 수확이 시작될 때까지는 관수량을 조금씩 늘려(pF 2.0~2.3, -10~-15kPa) 초세의 유지와 과실비대를 유도한다. 1화방 수확이 시작되면 과번무의 우려가 없으므로 배수가 좋은 토양에서는 3~4일 간격으로, 지하수위가 높은 토양에서는 6~7일 간격으로 관수하되 일시에 많은 양의 관수는 열과를 유발시키므로 토양수분 함량이 pF 1.8~2.0 정도가 항상 유지되도록 관수한다. 요즘 들어 고품질 토마토에 대한 요구가 증가하고 있다. 고품질의 고당도 토마토를 생산하기 위해서는 수분과 근권

제한이 억제되어야 하는데 결과는 (표 4-9)와 같이 근권제한을 실시하고 관수개시점을 -50kPa로 억제 시 관행보다 1.6°Brix 높게 나타났다.

(표 4-9) 근권제한 및 관수조절에 의한 고당도 토마토 생산(부여토마토시험장, 2004)

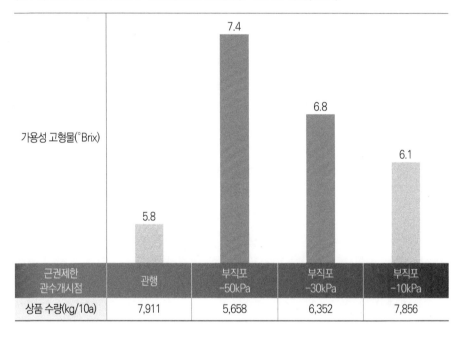

근권제한 관수개시점	관행	부직포 -50kPa	부직포 -30kPa	부직포 -10kPa
상품 수량(kg/10a)	7,911	5,658	6,352	7,856

(6) 시설 내 습도관리

토마토는 토양수분이 적당하면 건조한 기후에 적합한 작물이다. 일반적으로 토마토 재배에 적합한 시설 내 습도는 65~80% 정도로 알려져 있다. 60% 이하에서는 부족현상이 일어나는데 토양수분이 충분하고 공중습도가 낮은 상태가 이상적이다. 대부분 시설 안의 습도는 낮에 50% 이하인 경우가 많고, 야간에는 포화습도가 되어 열과 발생을 촉진시키고 병해의 발생을 많게 하는 요인이 된다. 저온기에 엽면시비는 재배지 내 습도를 높여 열과 및 병해충을 유발한다. 해뜨기 직전에 온도를 높게 해서 온풍기를 강하게 돌려주면 시설 안에 물방울이 떨어지는 것을 어느 정도 줄일 수 있다.

(7) 정지 및 유인

아주심기 후에는 모종이 땅에 눕지 않도록 줄기를 위쪽으로 유인해야 한다. 토마토의 줄기를 땅에 눕혀서 재배하면 작업성이 저하되는 것 이외에 줄기와 잎이 엉클어져서 채광성이 나쁘게 되어 공동과나 줄썩음과 발생이 많아진다. 따라서 공간을 최대한 활용하고 작업능률을 향상시키며 채광성을 좋게 하기 위하여 줄기를 세워 유인해야 한다. 유인 시 토마토의 몸을 움직여 토마토의 위치를 수정하는데, 체내 수분이 높은 오전에는 다른 잎이나 줄기를 꺾거나 상처를 입히기 쉬우므로 오후에 유인하는 것이 좋다. 선단의 잎이 물결치거나 잎 색이 진해지고 저녁 상부 엽의 끝이 말리는 등 왕성하게 과번무할 조짐이 있을 때는 일찍 액아를 제거하고 나서 유인을 한다.

저단 단기재배에서는 길이 1.8m 정도의 대나무나 플라스틱 지주를 이용하여 원가지를 직립으로 유인한다. 대나무 지주대를 전년의 것을 재이용하는 경우는 병해충이 없는지를 확인하여야 한다. 지주 세우기는 정식 후 1~2일 뒤에 주위의 토양이 가라앉고 나서 하면 좋은데 이보다 시간이 지나면 뿌리를 다치기 쉽다. 지주의 상부에는 종횡으로 철사나 파이프 등으로 연결하여 강도를 강하게 하여 바람이나 자기 무게의 힘을 견디도록 한다.

4~6화방에서 적심하는데 지주를 세우는 방법은 합장식과 직립식이 있다. 노지재배에서는 바람이 강하게 불고 일사량이 많기 때문에 합장유인방식이 좋고 시설재배의 단기재배에서는 직립유인방식이 식물체에 햇빛이 잘 쬐일 수 있어 유리하다. 가장 일반적인 정지법은 주지 1본에 연속으로 착과시키는 주지 1본정지법이다. 이 정지법의 가장 큰 장점은 생육의 리듬을 파악하기 쉬워 초세 조절이 비교적 쉽다. 보통 7~8단 재배에서는 생장점이 지주의 정점에 달하면 마지막 2~3엽을 남기고 적심하는 직립유인법을 많이 사용한다. 10단 이상의 장기재배에서는 유인후크(타래)를 이용하여 경사유인 정지법, 직립U형유인정지법 및 줄기내림유인정지법 등 원가지 1본을 유인하는 방법과 곁순을 이용한 연속적심정지법 등이 있다.

(8) 잎 따주기

화방의 과일을 수확한 후 밑에 있는 누렇게 된 잎이나 병든 잎은 제거하여 통풍을 좋게 함으로써 병해충 발생을 억제시키는 것이 좋다. 또 식물체가 지나치게 과번무하여 광선투과나 통풍이 불량하여 착과 및 비대가 불량한 경우 적엽으로 초세를 다소 약화시키는 것이 좋다. 이때 잎 제거는 한 잎 전체를 따지 말고 겹치는 잎의 선단부를 1/3 정도 잘라 주는 것이 토마토 생육상 유리하다. 적엽은 수확이 시작되고 있는 화방 아래까지의 잎은 제거해도 과중과 당도에 큰 영향을 미치지 않는다. 그러나 한꺼번에 과도한 적엽은 생육 리듬을 깨뜨리고 과일비대를 나쁘게 하며 열과가 발생하기 쉽다. 1회에 2~3매 이상 적엽하지 않도록 한다.

(9) 곁순따기와 순지르기

제1화방이 꽃필 무렵부터 각 잎의 겨드랑이에서 곁순이 나오기 시작하는데 이 곁순을 그대로 두면 원가지와 구별하기 어려울 정도로 굵어져서 식물의 영양생리상 불리하므로 될 수 있는 대로 빨리 따 준다. 늦게 딸 경우 노력이 많이 들고 상처 부위가 커서 병원균 침입이 용이하다. 초세가 약해졌을 때는 발생된 측지의 제거를 늦게 하고, 생장이 왕성할 때는 빨리 제거한다. 초세가 아주 좋지 않을 경우는 측지에서 2~3엽을 남겨놓고 제거하면 초세 회복에 도움이 된다. 순지르기는 수확 종료 예정 50일 전에 하는데 마지막으로 수확할 화방의 잎 2~3개를 남기고 잘라준다. 적심시기는 적심부 화방 바로 밑의 화방에 착과제 처리를 끝내면서 해준다. 적기에 적심하는 것은 착색과 과실비대를 촉진한다. 고온기 재배에서 적심 후 최종 곁순을 방임하게 되면 곁순 제거보다 5% 정도 열과를 줄일 수 있다.

〈표 4-10〉 고온기 토마토 열과 방지를 위한 측지 방임 효과(부여토마토시험장, 2004)

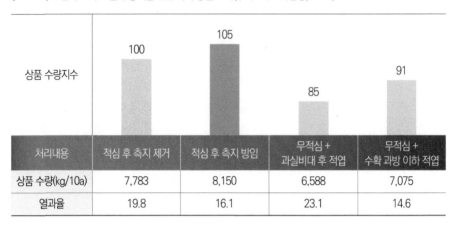

처리내용	적심 후 측지 제거	적심 후 측지 방임	무적심 + 과실비대 후 적엽	무적심 + 수확 과방 이하 적엽
상품 수량(kg/10a)	7,783	8,150	6,588	7,075
열과율	19.8	16.1	23.1	14.6

(10) 토양 염류 농도관리

하우스 토양은 염류가 집적되기 쉽다. 염류집적의 원인은 다비재배, 무강우, 시설 내 특수 환경에 기인한다. 토양 염류 중 특히 큰 비중을 차지하고 있는 것은 NO_3-N, Ca, Cl 이온 등이다. 염류장해 증상으로는 뿌리가 갈변하며, 잎에 생기가 없다. 잎 색깔이 비정상적으로 짙어지고 낮에는 시들고 저녁에는 회복된다. 과일 비대 및 착색이 나빠져서 적색과 녹색의 경계가 분명해지면서 과일 표면에 빛이 난다. 재배지 전체의 생육이 균일치 못하고, 토양이 마르면 토양 표면이 하얗게 되고 푸른색이나 붉은색의 곰팡이가 핀다. 염류장해 대책으로는 비료의 합리적 선택과 시비, 물을 이용한 제염, 제염작물 재배, 고탄소 유기물 시용, 심경에 의한 심토 반전 등의 방법이 있으나 가장 중요한 것은 비료를 합리적으로 사용하는 것이다.

토마토는 염류 농도에 민감한 작물이므로 후작으로 내염성 작물(십자화과)을 재배하거나 담수 또는 고랑관수에 의한 제염(답전윤환지 등에서 활용)을 하는 것이 바람직하다. 흡비력이 강한 볏과 작물에 의한 양분의 흡수, 미숙 유기물(고탄소원)에 의한 유기물이 제염, 심토 반전(속흙갈이), 객토, 작부체계의 변형에 의해 제염이 가능하다. 유기물을 이용한 제염 방법 중에 볏짚을 시용하는 농가들이 많은데 볏짚은 잘게 부셔서 넣어야 좋다.

(표 4-11) 토마토의 염류 농도별 감수 비율(농촌진흥청, 1992)

적정 염류 농도	10% 감수	25% 감수
2.5dS/m	3.5dS/m	5.0dS/m

(표 4-12) 토성, 작부체계별 염류집적 정도 및 병해 발생 비교(부여토마토시험장, 1999~2000)

구분	작부체계 (연작연수)	pH (1:5)	EC (dS/m)	P₂O₅ (ppm)	치환성 양이온 (cmol⁺/kg)			이병주율 (%)		수량 (kg/10a)
					K	Ca	Mg	시들 음병	풋마 름병	
미사질 양토	방울토마토	6.8	3.6	535	1.26	7.42	3.22	6.8	2.5	6,852
	방울토마토(1)+벼	6.8	2.0	363	0.65	4.76	1.89	2.9	1.3	7,522(443)
	방울토마토(2)+벼	6.9	2.5	451	0.92	5.84	2.42	3.9	1.9	7,283(225)
	방울토마토(3)+벼	6.9	2.7	510	1.00	6.33	2.90	5.2	2.6	7,035(147)
식양토	방울토마토	6.9	5.9	840	1.41	8.34	7.67	13.4	5.2	6,255
	방울토마토(1)+벼	6.8	3.6	567	1.27	5.75	3.11	4.1	2.0	7,216(495)
	방울토마토(2)+벼	6.6	4.0	581	1.49	6.42	3.26	7.9	3.0	6,783(248)
	방울토마토(3)+벼	6.5	4.7	662	1.81	7.08	3.45	10.5	3.6	6,527(165)

(11) 적화 및 과일 따주기

토마토는 한 화방에 과일이 너무 많이 착과되면 과일의 크기가 작아지고, 과형이 고르지 않을 뿐 아니라 초세가 저하되어 다음 화방에 영향을 미친다. 화방당 적정 착과 수를 확보하고 여분의 꽃은 꽃망울 시기에 따 주어 수량 및 품질의 안정을 꾀한다. 1화방은 과일이 불량하여도 착과를 시켜야 생육조절에 도움이 된다. 과일 따주기의 정도는 품종이나 재식밀도, 영양조건 및 착과 수에 따라서 다르다. 보통 재배조건에서는 1화방에 4~6개의 과일이 달리면 과일 간의 영양쟁탈은 적다고 할 수 있다. 그러나 겨울철 하우스재배에서는 광합성이 불충분하여 과일의 비대가 나쁘고, 착과 수를 많게 하면 위 화방의 꽃 수가 감소하고 꽃이 잘 떨어진다. 따라서 겨울철 재배에서는 1화방당 4~5개 착과시키고 나머지 과일은 호르몬 처리 시에 비정상적인 꽃과 어린 과일은 제거한다.

02
방울토마토

가. 방울토마토의 특성

방울토마토는 일반토마토에 비해서 과실이 매우 작아 외국에서는 미니토마토 또는 체리토마토라고 한다. 최근 식생활의 다양화로 가정에서 이용이 편리한 채소로 인식되고 있다. 소비 형태로는 생식을 비롯해 샐러드나 주스의 재료 등으로 다양하게 이용이 가능하다. 방울토마토의 인기가 높은 이유는 손쉽게 먹을 수 있으며, 당도가 높고 비타민이나 미네랄 등 영양가가 풍부하고 현대인의 식생활과 부합된 채소이기 때문이라 생각된다.

(1) 형태적 특성

방울토마토의 뿌리, 줄기, 꽃, 과실 등 기본적 형태는 일반토마토와 다른 점이 거의 없다. 그러나 일반토마토보다 작고 특히 과실이 현저히 작다. 종자, 잎, 화기 등도 약간 작다. 줄기는 일반적으로 약간 가늘며 절간은 긴 품종과 작은 품종이 있고 품종 간의 차이가 크다. 과실의 크기와 모양은 변이가 매우 많지만, 심실 수는 2개가 기본이다. 잎은 소과계 품종이 일반적으로 크고, 반대로 대과계의 품종은 약간 작은 경향이 있다. 과실이나 잎의 크기는 착생절위에 따라서 상위절위에 있는 잎이 크게 되는 경향이 있다. 화방은 화방경이 하나인 단화방과 두 줄기 이상의 복화방이 있다. 품종이나 재배조건에 의해서 다르게 나타나지만, 아래 화방에서는 단화방이 많고, 중상화방에서는 복화방으로 되기 쉽다. 또한 화방의 길이도 같은 모양으로 변화한다. 화방의 출현 형태나 길이는 방울토마토의 품질 및 수량과의 관련성이 크므로 품종 선택은 재배하는 데 중요한 기준이 된다.

⑵ 생육특성

방울토마토의 생육적온은 일반토마토와 거의 같다. 발아는 25~30℃로 파종 후 4~5일로 일반토마토보다 0.5~1일 늦다. 본엽 3~4매 전개 시까지는 생육이 완만하지만, 그 후의 생육속도는 일반토마토보다 빠르고 제1화방의 개화까지의 일수도 짧다. 정상적으로 생육한다면 제1화방의 수확 개화시기에는 제7화방이 개화하게된다. 제1화방은 7~8절에, 제2화방 이후는 3마디 전개 후 계속해서 일정하게 착생하지만 화방 2~3개 착생 후 심지형으로 되는 품종도 있다. 일반적으로 방울토마토 품종은 화수가 많고, 1화방당 평균 20~30개 착과한다. 방울토마토는 일반토마토보다 초세가 왕성하고, 곁순의 신장이 빠르다. 일반토마토에서는 화방 바로 아래의 곁순이 강하게 신장하는 것에 비해 방울토마토는 화방직하의 액아뿐만 아니라 각마디에 생기는 곁순도 강하게 신장한다.

곁순은 잎을 3~5매 전개 후, 주지와 같은 형태로 화방을 착생한다. 그러나 각 화방의 착화 수는 주지에 비해서 보통 작아진다. 개화는 제1화방의 제1번 꽃부터 시작되고 1~2일 걸려 제2화, 제3화로 계속되고 제6화부터 7화가 개화하는 시기에 제2화방의 제1화가 개화하게 된다. 화수는 일반토마토보다 많지만 동일 화방 내 꽃의질의 차이가 크지 않으므로 비교적 균일한 과일이 착생한다. 환경조건이 일정하다면 개화는 규칙적으로 진행된다. 개화 직후부터 자방은 일반토마토와 같은 형태의발육 과정을 거쳐 성숙한다. 개화묘부터 성숙기까지의 일수는 품종이나 환경조건에 의해서 달라지지만, 일반적으로 일반토마토에 비해 4~10일이 짧다.

(3) 수량과 품질을 좌우하는 요인

방울토마토의 수량은 수확 화방 수, 착과 수 및 과중에 의해서 결정된다. 화방 수는 재식밀도, 유인방법, 재배기간 등에 의해 다르다. 착과 수나 과중은 품종, 재배시기, 재배관리의 방법, 화방의 착생절위 등에 의해서 다르게 된다. 방울토마토는 일반토마토에 비해 과중은 1/10~1/30, 과수는 5~10배 정도 되므로 화방 수를 같게 하면 평균 수량은 일반토마토의 절반 정도가 된다.

방울토마토는 품종에 따라서 수량 및 품질의 차이가 크게 나타난다. 수량을 많게 하기 위해서는 일반토마토에서는 착과 수의 확보와 과실의 비대를 도모하는 것이 중요하지만, 착과율 및 과실의 크기에서는 비교적 안정적이므로 화방 수를 많게 할 필요가 있다. 화방 수를 많게 하기 위해서 단위면적당 재식 본수를 늘리거나 측지를 이용하는 것도 생각할 수 있다. 그러나 무리한 재배는 반대로 감수하게 되므로 유의해야 한다. 방울토마토의 수량 및 품질 저하의 요인으로서는 생리적 장해에 의한 낙과, 열과 및 병해충 등이 있다.

나. 육묘

육묘는 작물재배에서 매우 중요한 작업 단계로 토마토에서는 육묘기간 중 영양생장과 생식생장이 동시에 진행된다. 방울토마토는 일반토마토에 비해서 내한성과 내서성이 비교적 좋은 편이며 고온에 의한 착과절위의 상승이나 기형화의 발생이 적다. 그러나 30℃ 이상의 고온에서는 뿌리의 발달이 불량하고 지상부는 도장하기 쉬우므로 환경관리에 주의한다. 겨울철 육묘에서는 본엽이 5~6매까지는 야간 온도를 최저 6~7℃ 이상 확보하는 것이 중요하다. 방울토마토는 잎이 가늘고 첫 번째 화방의 꽃이 비교적 빨리 피기 때문에 육묘전문회사의 플러그 묘를 이용하면 육묘의 어려움을 피할 수 있다.

자가육묘 시 종자를 구입하면 겉표지에 종자소독이 되었다고 쓰여 있다. 종자를 살펴보면 약간 붉은색으로 되어 있는 것을 볼 수 있는데, 이것은 종자소독이 되어 있다는 의미이다. 겨울재배에서 묘 기르는 기간은 대략 50~60일 전후이고 고온기에는 육묘 일수가 25~30일, 봄가을에는 30~40일이다. 묘를 정식하고자 하는 시기를 정했다면 역으로 계산하여 파종해야 한다. 육묘 시에 한 번 가식하게 되면 계속 그대로 관리하는 경우가 많은데 잎이 서로 맞닿으면 햇빛 받는 양이 적어 웃자라게 되므로 잎이 서로 맞닿지 않도록 간격을 충분히 넓혀 줘야 하는 등 세심한 관리가 필요하다.

다. 정식

(1) 묘 굳히기

촉성재배 작형에서 정식 시기는 10월부터 11월 사이이다. 이때의 외기온은 낮에는 비교적 높지만 밤은 상당히 낮다. 온도를 높게 그리고 세심하게 관리하다 갑자기 정식하여 밤과 낮의 온도 등 급격한 환경변화로 몸살을 앓아 활착이 지연된다. 이로 인해 생육에 영향을 미치고 가끔 저온으로 냉해를 입는다. 이러한 것들을 사전에 방지하기 위해서 외기 환경에 맞게 묘의 순화작업을 해야 한다. 정식 2주 전부터 온도를 서서히 낮추고 관수량도 줄여 관리하다 정식 1~2일 전에는 보온 덮개 등을 실시하지 않고 물만 충분히 주어 정식 예정지의 온도에 쉽게 적응할 수 있도록 한다.

(2) 정식포 준비

촉성재배 시기에는 온도가 매우 낮다. 특히 지온이 낮은 상태에서 정식하게 되면 활착이 매우 더디게 된다. 따라서 정식하기 전에 두둑을 설치하고 비닐을 씌워 땅온도를 15℃ 이상 되게 하여 활착이 잘되게 한다. 정식하기 2~3시간 전에는 심을 구멍이를 파고 물을 충분히 준다. 정식 시 너무 깊게 심으면 뿌리의 자람이 나쁘고 토마토 줄기 부분이 썩어 병에 걸리기 쉽다.

비료 주는 방법은 (표 4-13)에서 보는 바와 같이 퇴비와 인산질 비료(용성인비)는 전량 밑거름으로 주고 질소질 비료(요소) 50%와 칼리질 비료(염화칼리) 30% 정도는 밑거름으로 주고 나머지는 추비로 준다. (표 4-14)를 참고로 시비 전에 토양검정을 실시해 부족한 비료성분은 보충해준다. 비료의 기본은 밑거름은 적게 주고 웃거름으로 생육상황을 보아가며 준다고 생각해야 한다. 몇 년 전만 해도 정식하기 전에 계분을 300평당 5~6톤 정도, 복합 비료를 4~5포 주고, 정식 후에 웃거름을 주는 등 비교적 질소질 비료를 많이 주었다. 하지만 그럴 경우 토양이 악화되어 영양 불균형 등으로 인한 각종 생리장해 및 병해충의 피해를 받게 된다.

(표 4-13) 방울토마토 추천 시비량(kg/10a)

비료명	총량	밑거름	웃거름	비고
질소	22.6	11.3	11.3	·웃거름 주는 횟수
인산	10.6	10.6	0	– 질소 : 3회
칼리	11.9	3.6	8.3	– 칼리 : 3회
퇴구비	2,000	2,000	0	·퇴구비, 석회는 실량임
석회	200	200	0	

(표 4-14) 토양 화학성에 따른 기비 사용량

EC(dS/m)	NO_3-N(mg/100g)	기비 시용량(kg/10a)	이용률
0.8 이하	20 미만	표준 시비량	질소 : 70%
0.9~1.5	20~50	표준의 반량	인산 : 20%
1.6 이상	50 이상	무시비	칼리 : 100%

하천부지 등과 같이 토양이 사질토양인 경우에는 밑거름으로 주는 양을 줄이고 웃거름 주는 횟수와 양을 늘려야 한다. 웃거름은 제1화방의 열매가 착과되어 비대기에 접어들면서 주기 시작한다. 토마토의 잎과 줄기의 상태를 보아가며 주는데 잎 색이 검게 되었다면 질소과다로 생각하고 질소질 비료를 적게 줘야 하며, 잎이 누렇게 변했으면 질소질 비료 양을 더 주어야 한다. 처음에는 뿌리 근처에 주어 뿌리가 쉽게 흡수할 수 있도록 하고, 후기에 가서는 뿌리가 넓게 분포되어 이랑에 주어도 된다.

(3) 정식 및 재식밀도

정식은 묘의 본엽이 8~9매 전개되고 제1화방의 꽃이 전체 묘판의 10% 정도가 피었을 때 하는 것이 좋다. 어린 묘를 정식하면 활착은 잘되나 줄기가 굵어져 1단 착과가 늦다. 반대로 너무 늦은 묘를 심으면 활착이 늦고 착과는 되어도 비대가 잘되지 않아 과가 작게 된다. 또한 늦게 심어 과가 작을까봐 1화방을 따주게 되면 열매 맺는 것이 더욱 늦어져 좋지 않으므로 과가 달린 후에 따주더라도 꽃이 피어 있는 상태로 정식하는 게 좋다. 방울토마토의 재식 주수는 3.3m²에 8~10주를 기본으로 하여 밀식할수록 평균 과중은 떨어진다. 총 수확량은 일부 증가할 수 있으나 지나친 밀식은 착색이 지연되고, 병해충의 발생이 많아지므로 작업성과 과실품질을 고려해야 한다(표 4-15). 토마토 재배는 1조식이 원칙이나 재배기간이 짧은 저단재배에서는 2조식이 적당하다. 1조식 재배는 조간을 넓게 하는 것이 중요하며 특히 겨울철에는 채광량을 높이는 데 관심을 가져야 한다.

(표 4-15) 재식 거리별 수량(원예시험장, 1991~1992)

재식 거리	90×50cm	90×40cm	90×30cm	90×20cm
수량(kg/10a)	6,016	7,092	8,614	11,616
과중(g/개)	25.0	22.8	22.8	18.9

라. 본포 재배관리

(1) 초세관리

방울토마토의 생육은 일반토마토에 비하여 빠르고 과일의 생육 일수도 일주일 정도 빠르기 때문에 보통 1화방 수확기에 7화방 정도가 개화하게 된다. 화방은 1~4화방에서는 단화방이 많고, 5화방 이상에서는 복화방이 많이 출현한다. 저온이나 고온 일조량이 부족하면 줄기가 가늘어지고, 과실의 비대가 잘되지 않는다. 또한 토마토 줄기가 너무 굵어지면 이상줄기가 발생하고 착과 수가 적어지며 과실이 작아지므로 관수를 줄이고 질소 흡수를 억제하여 초세 조절을 해야 한다. 생육 초기에는 생장점의 빛깔로 가능하지만 생육이 진전되면 생장점의 전개엽수, 생장점 부위의 황색엽수, 개화 화방에서 생장점까지의 길이, 잎의 크기와 전 식물체의 잎색, 아침 일찍 잎 가장자리에서 물방울 맺힘 정도로 판단한다.

(2) 온도관리

온도관리는 광합성에 의해 생성된 물질이 효과적으로 이행할 수 있도록 하되 가온 비용의 절감을 고려하여 온도관리 목표를 수립하고 시행한다. 방울토마토는 열과가 발생하기 쉬우므로 열과가 발생되는 시기에는 일반토마토보다 1~2℃ 높게 야간온도를 관리한다. 일반적인 관리는 주간에는 오전 중에 25~28℃로 관리하고 환기는 적시에 하여 30℃ 이상이 되지 않도록 유의한다. 오후에는 약간 더 낮은 온도(23~25℃)로 관리하여 광합성을 유지시키되 밤의 저온피해에 대비하여야 한다. 일몰 후 4~5시간 동안은 12~13℃ 정도로 맞춰 잎에 축적된 광합성 물질의 이동을 촉진시키고 호흡에 의한 소모를 줄여 주며, 그 이후에는 8~10℃로 유지한다. 그러나 5℃ 이하에서 장시간 경과 시 저온장해를 받으므로 야온 유지에 유의하여야 한다. 새벽 3~4시경부터 해가 뜨기 직전까지는 다시 12~13℃로 유지해 주는 것이 좋다(그림 4-1).

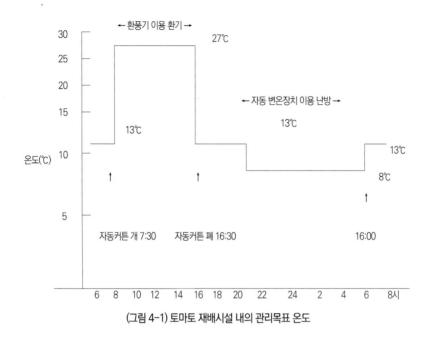

(그림 4-1) 토마토 재배시설 내의 관리목표 온도

지온관리는 최저지온을 대기 최저기온보다 4~5℃ 높게 유지되도록 하여야 하므로 생육관리상 13~20℃가 되어야 양호한 생육과 양질의 과실생산을 할 수 있다.

(3) 광관리

촉성 및 반촉성재배에서는 특히 결실기의 일조 부족이 문제가 된다. 광도가 줄어듦에 따라서 낙화·낙과도 증가한다. 과도한 영양생장(과번무)에 의하여 하위 엽이 있는 곳에서 광도가 떨어지므로 세심한 관리가 필요하다.

(4) 관수

정식 직후에는 한 번에 관수량을 많게 하되 자주 주지 않는 편이 뿌리를 깊게 뻗게 하여 수분 및 양분 이용에 유리하다. 방울토마토는 관수량을 증가시켜 강한 초세를 유지하는 것이 증수의 핵심이지만 지나치면 이상줄기가 발생하고 과실은 열과가 많아지며 당도도 떨어진다. 정식 후 관수는 원칙적으로 오전 중에 행하여 저녁 무렵에는 토양 표면이 약간 마른 상태가 되는 것이 좋다. 억제재배 시에는 오전 관수가 오히려 지온상승을 초래하여 뿌리 발달이 불량해지므로 오후 관수가 유리하다. 겨울철 관수는 충분히 관수하고, 지온의 저하는 가온으로 보충하는 것이 좋다. 활착 후부터 제3화방 개화기까지는 너무 많이 관수하면 과번무 상태로 되기 쉽고, 지나치게 수분을 억제하면 초세가 약해지므로 토양수분 함량을 pF 2.3~2.5(-20kPa~-30kPa)로 관리하는 것이 적절하다. 제3화방 개화기 이후부터 수확이 시작될 때까지는 관수량을 조금씩 늘려(pF 2.0~2.3, -10kPa~-15kPa) 초세의 유지와 과실비대를 유도한다.

1화방 수확이 시작되면 과번무의 우려가 없으므로 배수가 좋은 토양에서는 3~4일 간격으로, 지하수위가 높은 토양에서는 6~7일 간격으로 관수하되, 일시에 많은 양의 관수는 열과를 유발시키므로 토양수분 함량이 pF 1.8~2.0 정도가 항상 유지되도록 한다. 고온기인 여름철 한낮의 시설 내 습도는 매우 낮으나(50% 미만) 야간에는 다습 상태(90% 이상)여서 주야간 습도변화에 의하여 열과 현상 등 품질 악화의 원인이 되며 생육에 큰 지장을 초래하게 되므로 온도관리 및 환기에 세심한 주의가 필요하다.

(5) 추비관리

토마토가 생장함에 따라 토양 중에 포함되어 있는 비료가 감소하게 되므로 식물체가 영양 부족이 되기 전에 비료를 보충해주어야 한다. 웃거름 위주로 재배하여야 초세관리가 용이하고 수량 증가와 고품질의 과일을 생산할 수 있다. 웃거름은 월 평균 2회 정도 시비하는데 화방이 2단 올라갈 때마다 해주며 주지를 적심할 때까지 관수와 동시에 시비한다. 웃거름 주는 시기는 입상 비료를 이용할 경우에 1회째에는 제3화방의 꽃이 피고 제1화방의 과일이 콩알만할 때 행하고, 제2회째는 제1회 웃거름을 준 후 20~25일경 제3화방의 과일이 비대하기 시작할 무렵에 실시하는 것이 좋다. 그 후에는 20~25일 간격으로 행하며, 수확 종료 30일 전에 시용을 끝낸다. 시용량은 작형, 토양 내 양분 함량 그리고 식물체의 초세 등에 따라 다르나 일반적으로 토마토의 초세와 잎 색을 관찰하여 결정하는 것이 좋다. 1회 시비량은 질소와 칼리의 성분량으로 2~3kg 정도가 적당하고 액비로 시용할 때는 1kg이 적당하다. 관수 시에 액비로 사용하는 것이 가스피해의 염려가 적고 편리하다. 1회의 시비량이 너무 많으면 이상줄기와 줄썩음과 발생이 많으므로 웃거름은 가능한 한 소량으로 여러 번 나누어 주는 것이 좋다(그림 4-2).

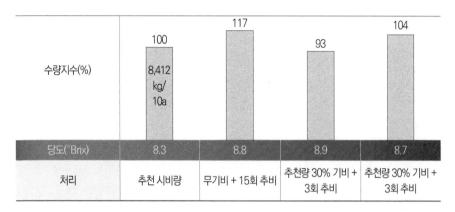

수량지수(%)	100 8,412 kg/ 10a	117	93	104
당도(˚Brix)	8.3	8.8	8.9	8.7
처리	추천 시비량	무기비 + 15회 추비	추천량 30% 기비 + 3회 추비	추천량 30% 기비 + 3회 추비

(그림 4-2) 방울토마토 시비 방법별 수량 및 당도 비교(부여토마토시험장, 1996)

(6) 정지 및 유인

토마토를 정식한 후는 묘가 땅에 눕지 않도록 시설 내 공간을 최대한 활용하고 작업능률을 향상시키며 채광성을 좋게 하기 위하여 줄기를 세워 유인해야 한다. 유인 시 토마토의 몸을 움직여 자세를 수정하면서 하는데, 체내 수분이 높은 오전에는 다른 잎이나 줄기를 꺾거나 상처 입히기 쉽다. 이 때문에 취급하기 쉬워지는 오후에 유인하면 좋다. 저단 단기재배에서는 길이 1.8m 정도의 대나무나 플라스틱 지주를 이용하여 원가지를 직립으로 유인하는데 직립유인방식이 식물체에 햇빛이 잘 쬐일 수 있어 유리하다. 장기재배의 경우에는 줄기의 길이가 10m 이상 자라므로 사선 방향으로 유인하는데 수확이 끝나고 적엽이 된 줄기는 지주 아래 부분에 위치시키고 착과부는 가운데 부분에 위치하도록 한다.

지주 세우기는 정식 후 1~2일 후에 주위의 토양이 가라앉고 나서 일찍 하면 좋다. 시간이 지나면 뿌리를 다치기 쉽다. 또 지주의 상부에서 종횡으로 철사나 파이프 등으로 연결하여 강도를 강하게 하여 바람이나 자기 무게의 힘을 견디도록 한다. 가장 일반적인 정지법은 주지 1본에 연속으로 착과시키는 주지 1본정지법이다. 이 정지법은 생육의 리듬을 파악하기 쉬워 초세 조절이 비교적 쉽다. 보통 7~8단 재배에서는 생장점이 지주의 정점에 달하면 마지막 2~3엽을 남기고 적심하는 직립 유인법을 많이 사용한다.

(7) 잎 따주기 및 적과

방울토마토는 제1화방 착색기에 제3화방 아래까지의 잎은 제거하고 이후 전개 잎을 항상 15매 정도로 관리해도 과중과 당도에 큰 영향을 미치지 않는다. 그러나 한꺼번에 과도한 적엽은 뿌리 발달과 생육 리듬을 저해하고 과일 비대를 나쁘게 하며 열과가 발생하기 쉬우므로 1회에 2~3매 이상 적엽하지 않도록 한다. 방울토마토는 보통 1~3화방에서 30~70개, 4단 이상에서는 100개 이상 꽃이 피므로 적화해 주면 상품 수량이 증가한다(그림 4-3). 3화방 이후부터 30~50개 정도가 착과되면 화방의 아랫부분을 절단하여 적과하고 생육이 왕성할 때는 착과 수를 많게 하고 부진할 때는 적게 한다.

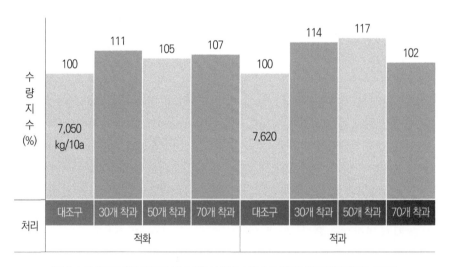

(그림 4-3) 방울토마토 적화 및 적과재배 시 착과 수별 수량 비교(부여토마토시험장, 1996)

(8) 곁순따기와 순지르기

제1화방이 꽃필 무렵부터 각 잎의 겨드랑이에서 곁순이 나오기 시작한다. 방울토마토는 화방 바로 밑의 액아뿐만 아니라 각 잎의 곁순도 일반토마토에 비하여 강하고 신장이 빠르므로 이 곁순을 그대로 두면 원가지와 구별하기 어려울 정도로 굵어져 식물의 영양생리상 불리하므로 될 수 있는 대로 빨리 따 준다. 초세가 약해졌을 때는 발생된 측지의 제거를 늦게 하고, 생장이 왕성할 때는 빨리 제거한다. 초세가 아주 좋지 않을 경우는 측지에서 2~3엽을 남겨놓고 제거하면 초세 회복에 도움이 된다. 순지르기는 수확 종료 예정 50일 전에 하는데 마지막으로 수확할 화방의 잎 2~3개를 남기고 잘라준다. 적심시기는 적심부 화방 바로 밑의 화방에 착과제 처리를 끝내면서 해준다. 적기에 적심하는 것은 착색과 과실비대를 촉진한다.

마. 열과 방지 대책

방울토마토는 일반토마토에 비해 공동과, 기형과, 배꼽썩음과 등과 같은 생리장해과 발생이 적으면서도 초세가 강하여 비교적 재배하기가 용이하나 열과 발생이 많아 생산성이 떨어지고 선별에 많은 노동력이 소요되는 문제가 있다. 방울토마토의 열과는 과일 측면에서 과일의 윗부분으로 향해 세로로 갈라지는 것이 대부분이고 일반토마토에서 볼 수 있는 동심원상이나 방사상 열과는 거의 없다. 열과 발생 기구의 재배적 요인으로서는 온도, 습도, 토양수분, 바람, 일사량 등이 있다. 식물체 내적 요인으로서는 뿌리의 활력, 지상부와 뿌리의 비율, 엽면적, 과일의 당 함량 및 경도 등이 관계되어 있다. 유전적 요인에 기인하는 품종 간 차이에 의해서도 열과가 많은데 과실의 당도가 높고 과피 및 과육이 부드러운 품종일수록 많이 발생한다.

(1) 수분

토양수분 함량이 많을수록 건조한 토양에 비해 총 수량 및 상품 수량이 많이 증가하지만 열과도 많이 발생한다. 토양수분 함량이 많을수록 열과 발생이 많아지는 이유는 토양수분 함량이 많아지면 식물체 내에 수분 흡수가 용이하게 되어 과일의 팽압이 높아지는 동시에 과피의 관입저항성(과피의 뚫림 저항성)이 약해지기 때문이다.

(표 4-16) 토양건습에 따른 열과 발생

토양수분변화(pF)	총 관수 횟수 (회)	총 관수량 (kg/10a)	총 수량 (kg/10a)	열과 수량 (kg/10a)	열과율 (%)
2.2→1.4→2.2→1.4	20	400	5,020	335	6.7
2.5→1.4→2.5→1.4	8	280	4,075	520	12.8

또한 토양건습의 변화가 심할 경우 열과 발생이 많은데 토양이 건조하다가 수분 함량이 갑자기 많아지면 근압이 높아져 수분 흡수가 증가하고 건조 시 수축되어 있던 과일 세포가 급격히 팽창하므로 열과가 발생한다(표 4-16). 건조하게 관리한 하우스에서 강우 직후 지하수위의 상승에 의해 열과 발생이 급격히 증가하는 경우도 많다. 방울토마토에서 열과 발생을 줄이기 위해서는 토양을 건조하게 관리하여야 한다. 그러나 토양수분 함량을 높게 유지할 경우 건조하게 관리하는 것에 비해 열과 발생률은 높은 반면 총 수량 및 상품 수량이 현저히 증가하여 경제성이 있다. 실제 재배 시에는 과일 비대기부터 토양수분 함량을 pF 1.8~2.2 정도로 다소 높게 관리하고, 토양건습의 변화가 크지 않게 지속적으로 수분을 공급하는 것이 중요하다. 그리고 토양수분과 당도의 상호관계에 있어서도 토양에 수분 함량이 많고 평균 과중이 무거울수록 총수량이 많아지고 당도는 총 수량이 많을수록, 평균 과중이 무거울수록, 토양수분 함량이 많을수록 낮아진다. 즉 토양수분 함량을 높게 유지하면 총 수량은 증가하나 당도가 떨어지고, 반대로 건조하게 관리하면 총 수량은 떨어지나 당도는 높아지는 것을 알 수 있다.

(2) 야간온도와 습도

습도가 높아지면 열과가 많아지는데 습도가 높아져 증산이 억제될 경우 식물체 내에 수분 함량이 많아지는 동시에 과실 표면의 코르크층을 통해 수분이 과일 내로 흡수됨으로써 과일의 팽압이 높아지기 때문이다. 따라서 과일을 송풍 처리하여 습도를 낮추어 줌으로써 열과 발생을 줄일 수 있다. 또한 야간온도가 낮으면 열과 발생률이 증가하는데 이는 낮은 온도가 직접적인 원인이 아니고 야간온도가 낮아짐에 따라 상대습도가 높아진 것이기 때문에 이 경우 야간온도와 습도가 열과 발생에 직접적인 영향을 미친다. 야간온도가 높아지면 상대습도가 떨어짐에도 불구하고 열과 발생률이 증가하는 것을 볼 때 온도가 습도보다 열과 발생에 더 큰 영향을 미친다. 야간온도가 높은 경우에도 생육이 왕성하여 열과 발생률이 증가하지만 수량이 현저하게 증가하므로 야간온도를 낮게 하는 것보다는 높게 관리하는 것이 유리하다. 야간 상대습도는 가능하면 높아지지 않도록 관리하는 게 중요하다 (표 4-17).

(표 4-17) 야간온도 및 상대습도에 따른 열과 발생

처리		총 수량 (kg/10a)	상품 수량 (kg/10a)	열과율 (%)	과중 (g)	당도 (°Brix)
야간온도	상대습도(%)					
14±1	가습(85~95)	3,368	3,016	10.5	9.8	8.7
14±1	무가습(75~85)	3,344	3,030	9.5	9.5	8.6
10±1	가습(90~100)	2,457	2,303	6.6	10.2	8.7
10±1	무가습(80~90)	2,274	2,151	5.4	9.8	8.7

(3) 수확시기

수확이 늦어지면 열과 발생이 많아지는데 이는 과일의 숙도가 진행됨에 따라 과피의 노화가 진행되어 과피의 신축성과 관입저항력이 저하되기 때문이다. 또한 과일의 당도가 열과 발생에 영향을 미치는데 과일 내의 당 및 산 함량이 증가함으로써 삼투압이 높아져 수분 흡수가 왕성하게 되어 열과 발생이 증가된다. 따라서 가능하면 착색이 완료되는 대로 수확하여 수확 간격 일수를 줄여주는 것, 즉 수확은 가능하면 자주 해주는 것이 열과 발생 억제에 매우 효과적이다(표 4-18).

(표 4-18) 수확 간격 일수에 따른 열과 발생률

수확 간격 (일)	열과 발생률(2월)											열과 발생률(3월)									
	5	7	10	12	14	17	19	21	24	26	28	3	5	7	10	12	14	17	19	21	평균
4~5	20	–	23	–	16	–	18	–	27	–	17	–	22	–	17	–	20	–	16	–	19.6
2~3	8	4	8	7	10	6	5	7	8	6	8	7	5	6	8	6	9	8	9	6	7.1

03

송이토마토

가. 아주심기

(1) 땅고르기

아주심기 전에 해야 할 중요한 작업은 토양소독과 땅속에 영양분의 균형조절이다. 토양소독은 태양열 소독 등 여러 가지 방법이 있으며 땅속 영양분 조절은 다음과 같이 한다. 땅속의 영양분은 각 성분 간에 균형이 있어야 송이토마토가 골고루 흡수하여 좋은 생육을 할 수 있다. (표 4-19)에서 볼 수 있는 것처럼 pH는 6.0~6.5, 유기물은 20~30g/kg, 유효인산, 칼륨, 칼슘, 마그네슘 등 적당량이 땅속에 있는 상태에서 아주심기를 해야 하고, 아주심기 후 추비는 질소와 칼륨만 공급하여 재배를 한다. 따라서 땅고르기를 위해서는 토양을 분석한 후 땅에 부족한 양분만 보충해준다.

(표 4-19) 토마토 재배에서 토양 양분의 적정 범위

pH (1:5)	유기물 (g/kg)	유효인산 (mg/kg)	치환성 양이온(cmol/kg)		
			칼륨	칼슘	마그네슘
6.0~6.5	20~30	400~500	0.70~0.80	5.0~6.0	1.5~2.0

(2) 묘 크기

아주심기할 때 묘의 크기는 육묘 용기 크기와 계절에 따라 달라야 한다. PE 포트에 개별 육묘를 할 경우에는 제1화방이 개화한 묘를 심어야 하지만, 플러그 묘는 잎 수가 5~7매 될 때 심어야 좋다. 72공과 50공보다는 32공에 육묘한 묘가 튼튼하고 도장되지 않아 활착도 빠르고 좋은 토마토를 생산할 수 있다.

(3) 아주심는 거리

아주심는 거리는 광량 및 장기재배와 단기재배 등 상황에 따라 달라야 한다. 송이 토마토를 20단 이상 장기재배와 광량이 적은 시기의 3~4월 수확을 목표로 하는 단기재배(8~10단)를 할 때는 2.7주/㎡를 심고, 광량이 많은 시기에 재배할 때는 3.5주/㎡를 심는다. 아주심는 거리를 지키지 않고 많이 심으면 광합성 부족, 과번무, 착색불량, 당도저하, 통기성 불량으로 병 발생이 증가하므로 욕심을 버리고 꼭 지켜야 한다.

(4) 아주심는 요령

아주심기 전에 묘의 뿌리 부분은 물이 충분하게 있어야 아주심기 후 땅과 접착이 잘 되어 활착이 원활하게 된다. 플러그 묘를 아주심기 할 경우 수경재배용 양액의 EC 1.5dS/m를 플라스틱 상자에 담고, 그 안에 플러그 트레이를 넣어 양액이 묘의 뿌리 전체에 스며들도록 3분 정도 침지를 시킨 후 아주심기를 한다. 플러그 묘의 상토에는 피트모스가 많이 들어 있는데 피트모스가 건조하면 수분 흡수가 잘되지 않아 활착이 어려워진다. 또 양액에 침지를 하면 활착이 빨라 초기 생육이 빠르고 강하게 자란다. 아주심기 후 물은 정식상 전면에 물이 충분하게 젖도록 하고, 아주심기 후 기온이 높아 묘가 시들면 오전 11시부터 오후 2시까지 하루나 이틀 정도 차광하여 활착이 잘되도록 한다.

나. 아주심기 후 초기관리

(1) 수분관리

아주심기에서 물을 충분히 공급하여 활착이 되면 3화방 개화까지 가급적 관수하지 않는다. 아주심기 후 땅속에 물이 많으면 토마토 뿌리는 양분과 물을 왕성하게 흡수하여 생육이 과도하게 된다. 생육 초기 과번무 증세는 잎이 크고, 잎이 아래로 처지며, 줄기가 두껍고, 이상줄기 발생, 과방장 길이가 길어진다. 송이토마토에서 1과중이 40~50g 정도 되는 품종의 잎 길이는 40cm 이하가 정상이며, 잎이 땅과 수평을 이루어야 한다. 줄기 두께는 1.1cm 정도이며 줄기가 갈라지거나 구멍이 뚫리지 않고 과방장 길이는 20cm 정도가 적절한 생육이다. 제3화방 개화 이후에는 재배목표에 따라 물을 공급한다. 생육이 강하고 수확을 많이 하고자 한다면 물을 많이 공급하고, 당도가 높은 토마토를 생산하고자 하면 물 공급을 다소 적게 한다.

(2) 웃거름

송이토마토 재배에서 유기물, 인산, 칼슘, 마그네슘은 밑거름으로 전량 공급하고, 질소와 칼륨은 밑거름으로 조금 주며 나머지는 웃거름으로 공급해 준다. 따라서 토마토 재배에서 웃거름은 질소와 칼륨만 공급해 주면 된다. (표 4-20)에서 토마토 1톤을 생산하는 데 가장 많이 흡수되는 양분은 칼리가 4.8kg으로 가장 많고 다음은 질소가 2.1kg이다. 칼리가 질소보다 2배 이상 과실에 흡수되므로, 웃거름을 줄 때는 칼리를 꼭 주어야 한다. 웃거름 양과 주는 시기는 관비재배 기술을 참고하면 된다.

(표 4-20) 토마토 생산물 1톤 수확에 필요한 양분 흡수량(kg)

N	P_2O_5	K_2O	CaO	MgO
2.1	2.0	4.8	2.0	0.7

(3) 유인 및 정지

아주심기 후 활착이 되면 곁가지가 나온다. 이는 영양생장이 잘되고 있다는 신호이며, 초기 생육이 강하면 곁가지도 강하게 나온다. 곁가지는 화방 바로 밑에 나오는 것이 세력이 강하여 나오는 즉시 제거하는 것이 좋다. 곁가지가 마디마다 있는 상태에서 늦게 제거하면 세력이 분산되어 줄기가 가늘어진다. 초기 생육이 강하여 초세를 떨어뜨리고자 할 때, 이상경이 발생되어 순멎이 증세가 보이면 화방 바로 아래 곁가지를 남겨두어 세력을 분산시키거나 주지로 활용하면 된다.

다. 초기 세력관리

송이토마토는 토경재배와 수경재배에서 생육 초기 생장관리가 중요한 요인이다. 초기 생육이 과번무하면 (그림 4-4)와 같이 송이토마토는 과방이 30~40cm 길어지고, 송이 내 과실 간의 간격도 균일하지 못하여 볼품이 없으며 상품성이 낮아진다. 송이당 8개 착과되는 품종은 송이 길이가 20cm 이하가 되어야 상품 포장작업이 용이하고 품질이 좋아 보인다. 토양재배에서 송이토마토의 과번무 조건은 땅속에 양분(특히 질소)이 많은 조건에서 물을 많이 자주 주었을 때, 어린 묘를 심고 물을 많이 자주 주었을 때, 제1화방 착과를 실패하여 영양생장이 계속될 때이다. 송이토마토의 생육 초기에 과도한 영양생장에 의한 과번무 때문에 나타나는 문제점은 (그림 4-4)뿐만 아니라 이상줄기 현상, 각 화방 제1번 과실의 이상비대와 과실꼭지 부분의 굴곡 등이 있다.

아주심기 후 균형생장이라 함은 제3화방이 개화하고 제1화방 과실의 비대가 왕성해지는 시기에 잎 길이가 40cm 이하이고 제2화방의 줄기 두께는 10mm 정도, 잎의 각도는 땅과 수평 되며, 잎의 마지막 부분이 주걱 모양이 되지 않고 편평하여 영양생장과 생식생장의 균형이 맞는 것을 이른다. 균형생장을 유지하기 위해서는 다음과 같은 사항에 주의해야 한다. ① 제1화방 착과는 반드시 시킨다. 제2화방은 제1화방이 나온 후 3잎 뒤에 나타나는데, 육묘가 잘못될 경우 4~6잎 뒤에 제2화방이 나타난다. 이때도 영양생장으로 치우쳐 초세관리가 쉽지 않으므로 우량묘를 얻도록 노력한다. ② 땅속 양분은 (표 4-20)과 같이 균형적으로 되게 하며, 특정 양분이 땅속에 많이 있지 않게 한다. 송이토마토의 뿌리는 생육 초기에 양수분 흡수 능력이 왕성하여 땅속에 양분이 많이 있다면 많이 있는 만큼 흡수를 한다. 질소가 많이 있다면 질소를 과도하게 흡수하여 다른 성분은 흡수 못하게 하므로 땅속에는 질소가 많이 남아 있지 않도록 한다. ③ 아주심기 후 활착부터 제3화방 개화(제1화방 비대기)까지 가급적 물을 주지 않는다. 송이토마토의 초기 생육기에는 과실이 달려 있지 않으므로 뿌리는 부담이 적고, 뿌리의 활발한 신진대사 활동으로 물이 있는 곳을 찾아다닌다. 땅속에 물이 많이 있다면 송이토마토는 과도하게 물을 흡수하여 잎과 줄기를 크게 하고, 송이의 과방 줄기를 길게 하며, 줄기에 구멍이 생기거나 순멎이 현상이 온다. ④ 장기재배에서 월동기에 초세가 약하면 수정이 되지 않아 꽃이 떨어지거나, 식물체당 1~3개 화방이 착과되지 않고 계속 영양생장만 한다. 월동기 초세 유지에는 여러 가지 방법이 있지만 가장 기초적인 것이 적과 기술이다. 8개 착과 품종을 재배할 경우 월동기에 초세를 강하게 유지한다면, 11월 하순부터 착과되는 송이부터 6개 화방 정도는 송이당 착과 수를 6개나 7개로 조절해 주고, 과방 적심시기는 송이당 7~8번 꽃이 피면 꽃을 8개 남기고 적심한다.

송이토마토의 활착이 순조롭게 되었다면 생육부진은 있을 수 없으며 오히려 과도한 생장이 우려된다. 초기 생육관리 실패로 과번무가 되었다면 다음과 같은 관리가 필요하다. ① 이상줄기 발생 : 이상줄기 발생은 품종 간에 차이가 있지만, 활착후 땅속에 질소와 물이 많이 있다면 발생 확률이 높아진다. 줄기가 갈라지는 경미한 이상줄기 발생은 땅속에 더 이상 물을 공급하지 않으면 되지만, 줄기에 구멍이 생기고 3화방쯤에서 순멎이 우려가 있다면 제1화방 바로 아래 곁가지를 키워 원줄기로 사용한다. ② 과번무 발생 : 생육에 있어서 과번무의 문제점은 잎이 너무 길고 무성해서 꽃이 피면 보이지 않고, 잎끼리 서로 겹쳐 바람도 잘 통하지 않으며, 물질생산에서도 좋지 않은 영향을 준다. 이때 보편적인 방법은 겹치는 잎을 잘라 주는 방법이 있다. 제1화방 아래 잎을 몇 개 잘라 주거나, 화방이 햇빛을 잘 받도록 화방 부근 잎을 잘라 주거나, 생장점 부근 10~15cm 정도 되는 잎 1개를 잘라 주거나 하여 영양생장이 억제되도록 한다.

| 과번무에 의한 과방 길이 | 과번무에 의한 착과간격 불균일 |

(그림 4-4) 생육 초기 과번무에 의한 송이토마토의 과방 길이와 착과간격 불균일

라. 과방의 적심시기

방울토마토는 대부분이 화방 정리를 하지 않고 꽃이 피는 대로 방치하는 경우가 많다. 과방 정리를 잘하는 일반토마토 농가에서는 과실이 착과된 후 기형과와 생리장해과를 적과하여 화방당 3~5개를 착과시킨다. 이것은 균일한 크기의 과실을 생산할 수 있고, 장기재배에서는 저온기 초세 유지를 위하여 매우 중요한 기술이기도 하다. 송이토마토에서는 기형과와 생리장해과가 거의 발생되지 않는 점을 고려한다면, 과방의 적심시기는 빠를수록 좋다. 과방의 적심시기는 송이당 8개 착과시키는 품종을 (그림 4-5)와 같이 화방당 6~7번 꽃이 필 때 8개 꽃을 남기고 적심하는 개화기 적심이 있다. 7~8번 과실이 비대를 계속하는 비대 후기에 적심하였을 때 특성(표 4-21)을 조사한 결과에 의하면 1과중은 개화기에 적심하면 비대 후기 적심보다 무겁고, 송이 무게도 무거워 수량도 많았다. 적심하는 노력은 개화기 적심이 비대 후기 적심에 비해 37% 절감되었다. 따라서 과방의 송이 정리는 일찍 하는 것이 좋다. 개화기에 작업을 하면 손으로 과방을 적심할 수 있고 또한 서서 작업이 가능하다. 그러나 비대 후기에 적심하면 적과가위를 사용하고 앉아서 적심하므로 작업성도 불편하며, 1과중과 송이 무게도 적어 수량이 감소하므로 작업을 미루지 말고 개화기에 과방 적심을 권한다. 과방 적심을 할 때 제1번과의 과실모양과 착과위치를 관찰한다. 개화기에 과방 적심을 하면 제1번과는 착과가 되어 비대를 시작하는 단계이다.

초세가 과번무하지 않고 영양생장과 생식생장이 균형이 맞는다면 제1번 과실은 정상 모양으로 비대하지만, 초세가 과번무하면 제1번과는 과실 꼭지 부분에 굴곡이 생기고 약간 편형의 과실이 되므로 이럴 때 제1번 과실은 제거를 한다. 제1번 과실과 제2번 과실 간의 간격이 다른 순번의 꽃의 간격보다 더 길고 과방 줄기의 옆에 있지 않고 위에 있다면 이때도 제1번과는 제거를 하고 9번 꽃에서 과방 적심을 한다. 이 경우 균일한 과실비대와 송이모양이 좋고, 상품 포장작업에 편리하다.

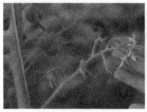  

개화기 적심 전 　　　　　 개화기 적심 후 　　　　　 비대 후기 적심

(그림 4-5) 송이토마토 과방 적심시기별 적심 상태

(표 4-21) 과방 적심시기별 수량구성요소 및 수량

품종	과방 적심시기	송이길이 (cm)	1과중 (g)	송이 무게 (g)	수량 (kg/10a)	지수
아랑카	개화기	18.9	46.0	367.7	6,501	100
	비대 후기	19.8	44.6	357.0	6,042	93
피콜리노	개화기	18.9	51.4	411.5	7,448	100
	비대 후기	18.5	46.3	370.2	6,697	90

마. 착과 수 조절

토마토 재배에서 착과 수 조절은 균일한 과실비대, 품질 향상, 초세 유지 등 품질과 수량향상에 중요한 기술이다. 송이토마토는 품종에 따라 송이당 4~14개 과실을 착과시켜 수확하므로 송이당 적정 착과 수를 조절하는 것은 균일한 착색과 균일한 비대에 도움이 된다.

(1) 단기재배

토마토의 단기재배는 일반토마토의 경우 4단 적심을 기준으로 하며, 방울토마토는 8단 정도에서 적심한다. 이는 1과중이 적어 수량 확보를 위한 것이다. 송이토마토도 단기재배를 하면 8단 내외에서 적심을 기준으로 한다. (표 4-22)의 송이토마토 단기재배는 수경재배로서 1월 상순에 정식하여 3월 하순부터 5월 말까지 수확한 것으로서 9단 재배를 하였다. 1과중은 착과 수가 작은 송이당 6개 착과에서 무겁고, 송이 무게는 착과 수가 많은 8개 착과에서 무거워 수량도 송이당 6개 착과에 비해 8개 착과에서 높았다. 1과중이 80g 내외인 캄파리 품종과 1과중이 55g 내외인 아랑카 품종 모두 같은 결과였다.

(표 4-22) 송이토마토 단기재배에서 착과 수별 수량 특성(수경재배, 9단 적심)

품종	착과 수 (개/송이)	1과중 (g)	송이 무게 (g)	상품 수량 (kg/10a)	수량지수
캄파리	6	85.6	513.6	11,074	100
	7	78.1	546.6	11,682	105
	8	72.7	581.9	12,181	110
피콜리노	6	58.5	350.8	7,536	100
	7	56.0	392.2	8,289	110
	8	54.9	439.0	9,039	120

착과 수에 따른 송이 내 착색균일도는 착과 수가 적을수록 좋다. 송이 내 1번 과실의 완숙기부터 마지막 과실의 완숙기까지 소요일수(표 4-23), 즉 송이 내 과실이 익는 데 걸리는 시간은 제1번 꽃이 1월 20일쯤 핀 화방을 수확할 때 6개 착과는 9일이 소요된다면, 8개 착과는 15일 정도 소요되었다. 제1번 꽃이 3월 하순에 핀 화방을 수확할 때면 6개 착과는 5.5일 정도 소요되었고, 8개 착과는 7.3일 정도 소요되었다. 이것은 송이 내 균일한 착색을 위해서 저온기에는 6~7개 착과, 온도조건이 좋을 때는 8개 착과가 좋은 것을 의미한다.

(표 4-23) 송이토마토 단기재배에서 화방별 개화일과 착색소요일

품종	착과 수 (개/송이)	제1화방		제5화방		제9화방	
		개화일 (월·일)	착색 소요일(일)	개화일 (월·일)	착색 소요일(일)	개화일 (월·일)	착색 소요일(일)
캄파리	6	1.21	8.9	2.28	6.9	3.29	5.8
	7	1.21	9.2	2.27	7.7	3.29	6.8
	8	1.20	14.7	2.27	11.5	3.30	7.0
피콜리노	6	1.19	9.2	2.27	6.2	3.28	5.1
	7	1.19	10.6	2.26	8.2	3.28	5.5
	8	1.19	15.1	2.26	9.7	3.29	7.6

* 착색소요일 : 1번 과실부터 마지막 과실의 완숙기까지 소요일 수

(그림 4-6)을 보면 착과 수가 여섯 개일 경우 송이 내 착색소요일수가 짧고 착색이 균일하며, 8개의 착과의 경우 7번과 8번 과실이 아직 착색되지 않은 것을 볼 수 있다. 송이당 8개 착과의 경우 착색소요일수가 길어지면 1번 과실이 열과될 우려가 있으며, 저온기에는 주야간 온도관리가 송이의 착색에 영향을 준다.

  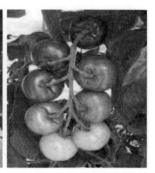

6개 착과   7개 착과   8개 착과

(그림 4-6) 송이토마토 착과 수별 착색 정도

(2) 장기재배

장기재배는 10월 상순에 아주심기 하여 다음해 5월 중순까지 수확하고, 재배 단수는 22~25단이었다. 1과중은 송이당 착과 수가 적은 6개 착과에서 무겁고, 송이 무게는 8개 착과에서 무거웠다. 수량은 1과중이 무거운 캄파리 품종이 송이당 착과 수에 관계없이 비슷하였고, 피콜리노 품종은 송이당 착과 수가 많은 8개 착과에서 많았다(표 4-24). 송이토마토의 송이당 착과 수는 품종의 특성에 의한 1과중의 크기에 따라 달라지는데, 재배작기에 따라서도 차이가 있음을 알 수 있다. 단기재배에서는 과실 착과에 따른 초세 부담이 적어 과실비대에 문제가 없으므로 캄파리와 피콜리노의 품종 특성이 잘 반영되어 송이당 8개 착과시키는 것이 수량에 유리하였다. 장기재배에서는 저온기 월동에 따른 초세의 부담으로 1과중이 무거운 품종은 초세와 뿌리가 약해져 송이당 8개 착과는 부담이 되었을 것이다. 피콜리노와 같이 1과중이 40g 내외인 품종은 재배작기에 관계없이 8개 착과가 좋고, 캄파리처럼 1과중이 40~60g 정도 되는 품종은 단기재배에서는 송이당 8개 착과가 무난하며, 장기재배에서는 송이당 6개 착과가 좋을 것이다.

(표 4-24) 송이토마토 장기재배에서 착과 수에 따른 수량 특성(수경재배, 2007)

품종	착과 수 (개/송이)	1과중 (g)	송이 무게 (g)	상품 수량 (kg/10a)	수량지수
캄파리	6	55.1	330.6	17,290	100
	7	48.4	338.9	17,306	101
	8	42.6	341.0	17,509	101
피콜리노	6	42.9	257.2	13,213	100
	7	41.6	291.4	14,909	112
	8	37.1	296.8	15,480	117

chapter 5

관비재배 기술

01

관비재배의 필요성

신선 채소류의 연중 수요가 증가되면서 주년안정생산이 가능한 시설재배면적이 급증하고 있다. 토마토를 포함한 수박, 참외, 딸기, 멜론, 풋고추 등의 2007년 재배면적현황을 보면 이들 과채류의 경우 시설재배면적이 전체 재배면적의 80% 정도를 차지하는 것으로 나타났다.

토마토의 경우에는 전체 재배면적의 97%에 해당하는 7,130ha가 시설재배면적인 것으로 집계되어 토마토는 거의 대부분이 시설재배를 통해 생산된다는 것을 알 수 있다. 시설토양은 노지토양과는 달리 피복재에 의한 강우 차단으로 지표에서 지하로의 염류용탈이 어렵고 시설 내 고온에 의한 수분증발 증가로 지표면에 염류집적이 일어나기 쉽다. 또한 시설재배에서는 연속·집약적인 작물 생산이 이루어지기 때문에 토양의 물리성 악화, 염류집적, 양분 불균형 등의 문제가 많이 발생한다. 이러한 상태의 시설토양에서 토마토를 재배하게 되면 생리장해과의 발생이 증가되어 생산량 감소는 물론 품질 저하를 야기하게 된다. 그러나 이제까지의 시비 방법, 즉 기비와 추비로 한번에 다량의 비료를 사용하는 방법으로는 시설토양의 염류집적이나 양분 과부족 등의 문제를 해결하기 어렵다.

따라서 시설재배에서는 노지재배에서의 시비체계와는 다른 시비관리가 이루어져야 한다. 토양검정에 의한 시비체계의 도입과 더불어 관비재배 기술의 도입을 통한 시비효율 향상으로 시설재배지 토양의 염류집적을 경감하고 양분 불균형을 완화시킬 필요가 있다.

02

관비재배의 정의 및 특징

관비재배(Fertigation)는 관개수에 비료를 녹여 시비하면서 작물을 재배하는 기술로서 관수(Irrigation)와 시비(Fertilization)를 동시에 실시하는 재배 방식이다. 관비재배의 장점은 첫째, 관수 및 시비의 생력화가 가능하다는 것이다. 관수와 시비를 자동화할 수 있기 때문에 노동력이 절감되어 생산비를 낮출 수 있고 멀칭재배 시 추비의 어려움을 해결하여 관행재배에 비하여 시비노력을 줄일 수 있다. 둘째, 시비량 절감이 가능하다는 것이다. 관행의 토양재배에 비하여 30% 정도 시비량 절감이 가능하다는 보고가 많으며, 과채류에서는 20~40%의 시비량 절감이 가능하다. 셋째, 생육촉진 및 수량증대가 가능하다는 것이다. 비료성분이 작물에 흡수되기 쉬운 형태인 액비로 공급되기 때문에, 30% 정도 시비량을 줄인 경우에도 각 양분의 흡수이용률이 증가하여 생육이 왕성해지고 수량이 증가된다. 넷째, 염류집적을 회피할 수 있다. 관비재배에서는 작물이 필요로 하는 시기에 필요한 만큼의 양분을 공급하기 때문에 염류집적을 경감시킬 수 있다. 황산이온이나 염소이온과 같은 부성분을 함유하지 않은 비료를 사용하게 되면 이러한 이온들이 토양에 집적되지 않는다. 또한 수확 종료 시점이 가까워지면서 액비의 공급을 중단하고 물만 공급하면 토양 중에 남아 있는 양분이 작물에 흡수되므로 염류집적을 더욱더 경감시킬 수 있다. 다섯째, 토양의 장점인 양분공급력, 양분유지력, 완충작용을 살릴 수 있고 각 작물에 대한 적용성이 넓어 관비재배 시스템 도입에 의한 실패의 우려가 적다. 반면에 관비재배의 단점은 비료를 정량 혼합할 수 있는 시스템과 자재의 설치 및 관리를 위한 추가비용이 소요된다는 것과 비료의 이용 효율이 높아 비료액이 고루 분산되지 않으면 부분적으로 양분과다 피해가 쉽게 나타나기 때문에 정확한 양수분 관리가 필요하다는 것이다. 또한 관비량이 과다할 경우 양분 축적과 수질오염의 우려가 있다.

(표 5-1) 오이 억제재배 시 재배 방식별 관수 및 시비작업 소요시간(단위 : 시간)

재배 방식	기비시용	관수	추비	합계
관비재배	1.0	0.0	5.0	6.0
관행재배	4.0	33.0	12.0	49.0

(표 5-2) 작물 및 재배 방식별 시비량 절감효과

재배작물	재배 방식	질소 시비량(kg/10a)	시비량 절감률(%)	수량(톤/10a)
오이	관비재배	55.3	39.1	19.7
	관행재배	90.8		19.1
가지	관비재배	104.9	25.9	14.4
	관행재배	141.5		14.2
토마토	관비재배	29.2	36.7	16.1
	관행재배	46.1		14.6

(표 5-3) 재배 방식별 비료성분의 흡수이용률

비료성분	흡수이용률(%)	
	관비재배	표층 시비(관행)
질소	95	50
인산	45	30
칼리	80	40

03

관비재배 시 고려사항

가. 재배토양

(1) 토양 물리성

토양의 투수성이 나쁘면 관비되는 비료액이 토양으로 침투하지 않고 이랑 옆으로 흘러내리는 경우가 발생하여 관비효과를 제대로 발휘할 수 없게 된다. 그러므로 관비재배를 하기 전에 토양 내에 유기물을 시용하여 토양 물리성을 개선해 주어야 한다. 토양 유기물은 식물과 동물의 유체가 분해되어 형성된 부식(Humus)으로 토양 내에서 여러 가지 기능을 담당하므로 토양 유기물의 함량이 적당히 유지되어야 작물은 정상적으로 생육할 수 있다. 토양 유기물은 ① 토양의 염기치환능력을 증가시키고 ② 토양 무기양분의 유효화를 증진시키고 ③ 토양미생물의 활동을 증진하고 ④ 입단형성과 보수성을 향상시키고 ⑤ 토양의 온도를 상승시키는 역할을 한다. 이처럼 유기물은 토양의 물리화학적 성질을 개선하여 작물 생육을 돕기 때문에 시설 내 토양의 환경개선에 효과적으로 이용할 수 있다.

토양에 시용하는 유기물은 양분 함량이 적은 볏짚, 팽연왕겨 등을 사용하는 것이 좋으며 양분 함량이 높은 계분이나 돈분이 섞인 유기물을 시용하면 시비량 조절이 어렵고 관비재배 시 시비량을 감량해야 한다. 배수가 불량한 시설 내 토양(주로 논을 이용하여 시설재배하는 경우)은 유기물을 다량 시용하고 가능한 한 암거배수를 하면 토양 물리성이 개선되어 작물 생육이 원활하게 된다. 또한 관수시설을 이용하여 염류집적을 예방할 수 있다.

(2) 토양 pH

적절한 토양 pH의 유지는 관비를 통해 유입되는 비료뿐만 아니라 토양이 갖고 있는 양분의 유효도에 상당히 큰 영향을 줄 수 있으므로 토양의 pH를 교정하는 데 특별히 주의해야 한다. 작물은 약산성과 중성 부근에서 생육이 정상적으로 이루어진다. 토양이 산성화되면 철(Fe), 알루미늄(Al), 망간(Mn) 등의 가용성이 높아지면서 이들의 과잉 흡수가 문제되며, 인산과 결합하여 불용성의 인산화합물을 만들기 때문에 인산 결핍증이 나타난다. 반면에 칼륨(K), 칼슘(Ca), 마그네슘(Mg), 몰리브덴(Mo) 등은 가용성이 낮아져 흡수가 억제되며, pH 4 이하가 되면 수소이온(H^+)이 직접 뿌리에 해작용을 나타낸다. 토양의 pH가 5 이하로 낮아지면 질소고정균의 활동이 나빠지고, 질산균과 아질산균의 활동도 둔해진다. 또한 토양의 pH가 낮을 경우 아질산태 질소의 휘산으로 질소 비료의 이용률이 낮아지게 된다. 반면에 토양이 알칼리성화되면 마그네슘, 붕소(B), 철의 흡수가 억제된다. 토양의 pH가 높을 경우 암모늄태 질소의 휘산으로 인한 질소기아 현상이 발생할 수 있다.

그러므로 관비재배를 하기 위해서는 토양의 pH가 6.0~6.5로 조정되어야 한다. 양액재배 시에는 양액의 pH를 조정하여 공급하지만 관비재배 시에는 토양의 pH에 의존하기 때문에 산성 토양의 경우 석회 등을 시용하여 pH를 조정한 후에 관비재배를 실시하여야 한다. 그러나 현재는 시설재배지 토양의 pH가 6.5를 넘는 경우가 대부분이므로 토양분석을 하여 적정 범위가 되면 석회 시용을 금해야 한다.

(표 5-4) 과채류의 재배가능 pH 범위

작물	pH 범위	작물	pH 범위
고추	5.4~6.7	참외	6.0~6.8
토마토	6.2~7.2	멜론	6.0~6.8
가지	6.8~7.3	수박	5.0~6.0
오이	5.7~7.2	호박	5.0~6.8

(3) 토양분석

작물을 재배하기 전에 토양분석을 실시하여 관비량을 결정하는 것이 필요하다. 아울러 작물 재배기간 동안 실시간 토양현장진단을 실시하여 작물의 생육상태를 진단하고 적절하게 처방할 수 있어야 작물에 필요한 양분을 적절하게 공급할 수 있다.

나. 관개수질

관비를 성공적으로 실행하기 위해서는 관개수의 수질에 대하여 세심한 주의가 필요하다. 칼슘이나 마그네슘이 많이 함유된 물은 비료탱크에서 침전을 일으킬 수 있으며 점적기나 여과기를 막히게 할 수 있다. 칼슘이나 중탄산염을 많이 함유한 물은 황산염 비료를 사용할 때 석고($CaSO_4$) 침전물이 생기고, 요소 비료를 사용할 때 탄산칼슘($CaCO_3$) 침전물이 생겨 점적기와 여과기를 막히게 할 수 있다. 또한 칼슘이나 마그네슘이 많이 함유되었거나 pH가 높은 물은 인산 비료를 사용할 때 인산칼슘이나 인산마그네슘으로 침전될 수 있다. 따라서 칼슘과 마그네슘 농도가 높은 물을 이용하여 인산을 관비하고자 하면 인산(H_3PO_4)이나 제일인산 암모늄($NH_4H_2PO_4$)과 같이 산성을 띤 인산 비료를 사용한다. 또한 부유물질이나 남조류 등이 많아도 점적기가 막힐 수 있으므로 여과기를 설치하여 관개수의 수질을 높여 관비재배를 해야 한다.

다. 비료특성

관비재배용 비료는 작물에 유효한 형태이거나 쉽게 유효한 형태로 전환될 수 있는 형태로, 필요한 양분을 함유해야 한다. 질소의 관비에는 질소변환을 거쳐 질산태 질소로 전환될 수 있는 요소, 질산암모늄, 유안 등과 같은 다양한 형태의 비료염이, 인산의 관비에는 인산, 인산암모늄, 제일인산칼륨 등이, 칼륨의 관비에는 염화칼륨, 황산칼륨, 질산칼륨, 제일인산칼륨 등이 사용된다.

(표 5-5) 관비재배용 비료의 화학식 및 성분 함량

비료 종류	화학식	성분 함량(%)			
		N	P_2O_5	K_2O	S
요소	$CO(NH_2)_2$	46			
질산암모늄	NH_4NO_3	34			
유안	$(NH_4)_2SO_4$	20			24
제일인산암모늄	$NH_4H_2PO_4$	12	61		
제이인산암모늄	$(NH_4)_2HPO_4$	19	52		
염화칼륨	KCl			60	
황산칼륨	K_2SO_4			50	18
질산칼륨	KNO_3	13		46	

관비재배에 사용되는 비료는 용해도가 중요하다. 질산암모늄, 염화칼륨, 질산칼륨, 요소, 제일인산암모늄, 제일인산칼륨 등은 용해도가 매우 높아 관비재배에 사용하기에 적합하다. 비료의 용해도는 물의 온도와 밀접한 관계가 있다. 여름철 동안 저장된 관비액(액비)은 가을철에 온도가 내려가면서 침전되는데 이것은 낮은 온도에서 용해도가 감소하기 때문이다. 비료의 용해도는 온도뿐만 아니라 다른 비료와의 혼합에 의해서도 영향을 받으므로 비료의 혼용 여부를 판단하여 혼합할 필요가 있다. 비료를 녹일 때는 비료 간의 화학작용에 의해 침전이 일어나지 않도록 주의해야 한다. 염화칼륨(KCl)과 유안($(NH_4)_2SO_4$)을 함께 물에 녹이면 황산칼륨(K_2SO_4)가 되어 용해도가 감소한다. 또한 질산칼슘과 인산염, 황산염, 황산마그네슘, 제1인산암모늄이나 제2인산암모늄, 인산과 황산철, 황산아연, 황산구리, 황산망간 등은 함께 녹이지 말아야 한다.

(표 5-6) 관비재배용 비료의 용해도 특성

비료 종류	화학식	용해도 (kg/물 100L, 20℃)	녹는 시간 (분)	용액 pH	불용해율 (%)
요소	$CO(NH_2)_2$	105	20	9.5	
질산암모늄	NH_4NO_3	195	20	5.62	
유안	$(NH_4)_2SO_4$	43	15	4.5	0.5
제일인산암모늄	$NH_4H_2PO_4$	40	20	4.5	11
제이인산암모늄	$(NH_4)_2HPO_4$	60	20	7.6	15
염화칼륨	KCl	34	5	7.0~9.0	0.5
황산칼륨	K_2SO_4	11	1	8.5~9.5	0.4~4
질산칼륨	KNO_3	31	3	10.8	0.1

(표 5-7) 관비재배용 비료의 온도별 용해도(Wolf 등, 1985, g/물 100L)

온도(℃)	요소($CO(NH_2)_2$)	질산암모늄 (NH_4NO_3)	염화칼륨(KCl)	황산칼륨 (K_2SO_4)	질산칼륨(KNO_3)
10	84	158	31	9	21
20	105	195	34	11	31
30	133	242	37	13	46

(표 5-8) 요소와 질산칼륨 혼합액의 용해도

요소(무게, %)	질산칼륨(무게, %)	용해도(g/물 100L)
100	0	114
80	20	161
60	40	99
40	60	63
20	80	50
0	100	39

(표 5-9) 관비재배용 비료의 혼용가부표

	요소	질산암모늄	황산암모늄	질산칼슘	질산칼륨	염화칼륨	황산칼륨	인산암모늄
요소	○							
질산암모늄	○	○						
황산암모늄	○	○	○					
질산칼슘	○	○	×	○				
질산칼륨	○	○	○	○	○			
염화칼륨	○	○	○	○	○	○		
황산칼륨	○	○	R	×	○	R	○	
인산암모늄	○	○	○	×	○	○	○	○

* ○ : 혼용가능, × : 혼용불가, R : 융화성 감소

라. 관수 및 관비계획

관비를 할 경우 공급하는 양분의 양은 관수 횟수와 관수량에 의해 결정된다. 따라서 작물에 따른 올바른 물 소모량 및 적정 관수개시점을 설정하는 것은 작물에 필요한 양분의 양 및 농도를 결정하는 데 선행되어야 하는 중요한 정보이다. 관수 시기와 관수 횟수는 작물의 수량 및 품질에 중요한 영향을 주기 때문에, 가능한 한 작물이 자라는 토양의 수분 상태를 측정하는 것이 바람직하다. 현재 토양수분 상태를 현장에서 직접 측정할 수 있는 기기로 토양수분 장력계(Tensiometer)와 토양수분 함량센서(TDR Sensor) 등이 있다. 최근에는 이들 센서로부터 읽어 들인 값을 전기적 신호로 변환하고 실시간 토양수분 상태를 파악하여 관비를 제어할 수 있는 기술이 발달해, 정밀하고 환경친화적인 관비가 가능해졌다.

04

관비재배용 자재

가. 폴리에틸렌 파이프

폴리에틸렌(PE) 파이프는 재질에 따라 경질과 연질로 구분된다. 경질 PE 파이프는 송수, 배수, 급수용으로 사용되며 상용압력은 $10.0kg/cm^2$까지 사용된다. 20~70mm 규격의 파이프는 롤관과 직관이 생산되며 100mm 이상 규격의 파이프는 직관만 생산된다. 직관은 길이가 6m로 펌프, 관비시스템, 물탱크 등에 접하여 짧거나 모양을 낼 때 사용되고 롤관은 길이가 40~120m로 주관, 부관, 지관 등 장거리를 배관할 때 사용된다. 연질 PE 파이프는 경질 PE 파이프에 비하여 부드러워 미니스프링클러, 점적단추를 설치할 때 구멍을 뚫기가 쉬워 설치시간을 단축할 수 있으며 구멍부위에 연결구가 잘 밀착되어 누수를 방지할 수 있다. 파이프는 직경에 따라 통과능력(유량)이 다른데, 관정이 멀리 있거나 펌프나 시스템으로부터 주관의 길이가 길 때는 이를 반드시 고려해야 한다. 주관 길이를 200m로 하여 시간당 15톤의 물을 공급하고자 할 경우, 펌프로부터 100m까지는 주관직경이 65mm, 그 이후의 100m는 주관직경이 50mm인 파이프로 배관하는 것이 가장 경제적인 배관 방법이다.

(표 5-10) 주관 설치 시 주관 길이와 유량(단위 : 톤/시간)

주관직경(mm)	주관 길이(m)					
	50	100	150	200	250	300
16	0.9	0.6	0.5	0.4	0.3	–
20	1.6	1.2	0.9	0.8	0.7	0.6
25	3.2	2.2	1.8	1.5	1.3	1.1
30	7.0	5.0	4.0	3.3	2.8	2.4
40	12.0	9.0	7.0	6.0	5.2	4.5
50	23.0	16.0	14.0	11.0	10.0	8.5
65	30.0	26.0	20.0	18.0	16.5	14.7

* 주관 길이 : $\triangle p$=5m인 경우임.

나. 점적호스와 점적버튼

압력보상형 점적호스는 점적기 내부에 고무판막을 부착하여 일정한 수압에 도달하기 전까지는 고무판막이 열리지 않다가 일정한 수압에 도달하면서부터 고무판이 휘어지면서 열리는 원리를 이용하여 만든 점적기이다. 압력보상형 점적기의 특징은 점적호스 내의 수압이 일정 압력 이상이 되면 점적기에서 동일한 물량이 관수된다는 것이다. 공급되는 수압이 높을수록 멀리까지 설치할 수 있으나 국내 실정으로 보아 1.5kg/cm² 정도의 수압으로 공급하면 적당하다. 경사지에서도 점적기 간에 물량 차이가 나지 않고 고르게 공급되므로 관수는 물론 관비에도 매우 유리하다. 압력보상형 점적단추는 일반 점적단추와 모양은 같으나 톱니형 수로 밑에 고무판막이 하나 더 있어 일정한 수압에 도달하여야만 고무판이 밀려나면서 그 틈새로 물이 나오는 원리를 이용하여 만든 점적기이다. 기능은 압력보상형 점적호스와 같고 현재 채소와 화훼 수경재배용으로 가장 많이 설치되어 있다. 수압이 최소한 1.5kg/cm² 이상 되면 어느 정도 작동되지만, 수압이 2.5kg/cm² 이상 되어야 지관에 양액이 빨리 채워져 양액공급의 균일성이 높아지고 고무판의 자체 세척기능이 정상적으로 작동한다.

다. 펌프

펌프는 관비재배 시 중요한 자재로서 그 성능을 잘 파악하여 관비시설을 할 때 활용하여야 한다. 펌프의 특성 중에서 흡상은 빨아들이는 능력을 말하며 압상은 밀어내는 능력을 말한다. 그리고 온양정은 흡상과 압상의 합을 말한다. 관정에서 물을 퍼올릴 때는 흡상이 큰 펌프를 사용하여야 하고 탱크에서 관수시설로 물을 공급할 때는 압상이 큰 펌프를 사용하여야 한다. 관수나 관비 시에는 물의 소요량만 계산하여 펌프용량을 결정하지 말고 펌프의 성능곡선을 참조하여 펌프용량을 결정해야 한다(그림 5-1).

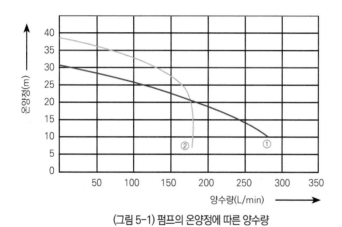

(그림 5-1) 펌프의 온양정에 따른 양수량

라. 전자밸브

원예작물의 관수 및 관비용으로 주로 사용되는 전자밸브는 일반적으로 사용되는 직동식이 아니라 전기신호가 주어지면 전자석이 작동하여 물을 통과시키고 그 수압으로 고무판을 밀어내어 밸브를 열어주면서 물을 통과시키는 수압식이다. 이러한 수압식 전자밸브는 수압이 $0.35kg/cm^2$ 정도 되어야 정상적으로 작동한다. AC 24V용과 DC 9V용이 있으며 최근에는 DC 9V용에는 프로그램식 타이머 및 TDR 수분센서를 부착하여 사용할 수 있는 제품도 시판되고 있다. AC용 전자밸브는 3~10구역의 대면적 컨트롤러에 의해 순차적인 제어로 관수할 때 주로 사용하고, DC용 전자밸브는 3구역 이하의 소면적을 관수할 때 프로그램 타이머를 부착하여 주로 사용한다.

마. 수분센서

관수시점을 정하는 데 실질적으로 사용할 수 있는 과학적 지표는 토양수분 조건이다. 토양수분 조건을 나타내는 방법으로 토양수분 장력(kPa)과 토양수분 함량(%)이 있다. 토양수분 장력은 식물이 토양에서 물을 흡수하는 데 드는 힘을 반영하므로 관수시점을 결정하기 위해 바로 사용할 수 있다. 토양수분 함량은 토양 내에 물이 있는 양을 나타내기 때문에 물관리에 활용하기 위해서는 토양수분 장력으로 환산하여야 한다.

(1) 토양수분 장력계

토양수분 장력을 측정하는 가장 일반적인 기기는 텐시오미터(Tensiometer)로서 정확하면서도 이용이 간편하다. 텐시오미터의 측정범위는 0~100kPa이며 100kPa 이상으로 토양이 건조해진 경우에는 이 기기를 사용할 수 없다. 물관리가 중요한 시설원예작물의 경우 당도 조절을 위해 물을 전혀 주지 않는 시기를 제외하면 유용하게 사용할 수 있다. 겨울에는 동파의 우려가 있어 재배지에서 철수하여야 하고 다시 사용할 때는 계기의 감도, 투기압, 감응성, 토양수분 장력의 유효한계 등을 재조정하여야 한다. 최근에는 압력계 대신 부압센서를 연결하여 디지털 방식으로 전환한 후 전자제어장치에 연결한 자동관수시스템이 개발되어 있다.

(2) 토양수분센서

토양수분 함량은 유전율 센서를 이용하면 편리하게 측정할 수 있다. 유전율식 센서는 TDR(Time Domain Reflectometry)과 FDR(Frequency Domain Reflectometry)의 두 종류로 나눌 수 있는데 두 유형 모두 용적수분 함량(%)으로 나타낸다. 토양에서 물의 유전상수는 다른 매질에 비해 월등히 높아 유전율을 측정하면 관계식을 통해 토양수분 함량을 산정할 수 있다(유전상수 : 물 78, 토양 무기입자 2~4, 토양 유기입자 10 내외, 토양 기상 1). 유기물 함량, 공극률, 무기입자 조성 등은 토양마다 다르기 때문에 정확한 값의 측정을 위해서는 각 토양마다 보정식을 만들어 환산해 주어야 한다. 유기물 함량이 높은 토양의 경우에는 필히 보정식을 만들어 사용해야 한다. 토양의 전기전도도 역시 토양 전체의 유전율에 영향을 미치기 때문에 EC가 높은 토양에서도 반드시 별도의 보정식을 만들어 사용하여야 한다.

토양수분 함량 측정값을 이용하여 관수개시점을 결정하기 위해서는 토양수분 함량을 장력으로 환산하여야 한다. 환산하는 방법에는 토성별 평균값을 이용하는 방법과 현장에서 토양수분 특성(토양수분 장력과 토양수분 함량의 관계)을 평가하는 방법이 있다. 현장에서 토양수분 특성을 평가하기 위해서는 토양수분 장력계와 토양수분센서를 함께 이용하여야 한다. 토양수분센서 주위에 토양수분 장력계를 매설한 후 충분히 관수를 하고 건조시키면서 토양수분 장력과 토양수분 함량의 관계를 매일 적은 후 정리하면 된다. 토양수분센서와 토양수분 장력계의 거리가 너무 가까우면 센서의 측정값에 오차가 발생하므로 15cm 이상 거리를 두어야 한다.

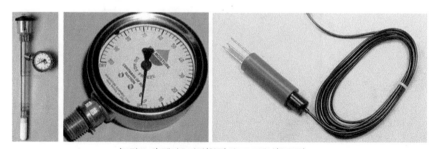

(그림 5-2) 텐시오미터(왼쪽)와 TDR센서(오른쪽)

(표 5-11) 토양수분 특성(토양수분 장력과 토양수분 함량의 관계, 단위 : 중량, %)

토성	토양수분 장력(-kPa)					
	10	20	30	40	50	100
사토	8.1	7.1	6.6	6.2	5.9	4.9
사양토	22.1	19.3	17.7	16.5	15.6	12.8
양토	29.1	25.5	23.3	21.8	20.7	17.0
식양토	32.6	29.1	27.1	25.7	24.5	21.1
식토	43.5	40.5	38.7	37.4	36.4	33.3

바. 비료공급장치

(1) 벤투리형(Venturi Type)

물이 넓은 관에서 좁은 곳을 통과하면 유량이 줄어들며 유속이 빨라지고 수압이 높아지므로 그 지점에 흡입관을 연결하여 비료액을 흡입시키는 방법이다. 장점은 장치가 매우 간단하여 설치와 관리가 용이하고 작동하기가 매우 쉽다. 흡입량이 비교적 적어 농축액을 흡입시켜야 하고 주입관에 밸브와 유량계를 부착하여 비료의 흡입량과 흡입률을 조정할 수 있다. 단점은 주관의 압력손실이 높기 때문에 가압시키거나 충분한 수압을 유지하여야 하며 흡입량 조절과 자동화가 어렵다는 것이다. 수압에 의하여 흡입량이 변하므로 수압이 2.0kg/cm^2 정도 되어야 비료액의 흡입이 잘된다. 비료 농도의 변화는 적은 편으로 관비재배 시 문제가 되지 않는다.

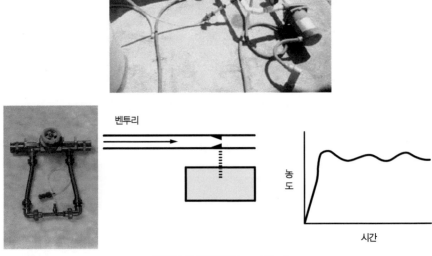

(그림 5-3) 벤투리형(Venturi Type)

120

(2) 비료탱크형(Fertilizer Tank Type, Pressure Differential Tank Type)

압력이 새지 않도록 기밀이 유지된 탱크에 비료액을 넣고 주관 사이에 탱크로 인입파이프와 배출파이프를 연결하여 비료를 주입하는 장치다. 인입관 앞부분 및 인입관과 배출관 사이에는 체크밸브를 부착하여야 한다. 장점은 조작이 간단하고 농축 비료액을 조제할 필요가 없고 설치가 손쉽다. 그리고 고형 비료를 사용하기에 적당하고 비료 종류의 교환이 용이하며 장치를 운용하는데 전기나 연료 등의 에너지가 들지 않는다. 단점으로는 비료 농도가 시간이 흐름에 따라 감소하고 주관의 압력이 손실되므로 경우에 따라서는 부스터펌프(Booster Pump)를 부착하여야 한다는 것이다. 또한 정확한 비료액 시용이나 비율에 문제가 있고 용량에 한계가 있으며 자동화가 어렵다. 탱크용량은 50~1,000L 정도이고 인입관과 출구의 압력차가 1~5 정도 되어야 한다.

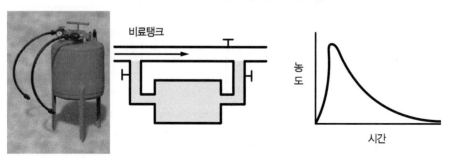

(그림 5-4) 비료 탱크형(Fertilizer Tank Type)

(3) 주입펌프형(Injection Pump Type)

주관의 수압으로 비료액을 흡입시키거나, 흡입라인과 배출라인에 주관보다 훨씬 작은 관으로 연결하고 그 사이에 비료액을 밀어 넣는 펌프를 연결하여 작동시키면서 관비하는 방법이다. 주관의 인입관과 출구 사이에 체크밸브를 부착하여야 하고 이때 수압펌프의 압력은 $1.0 \sim 1.5 \mathrm{kg/cm^2}$ 정도 되어야 한다. 장점은 정확한 양을 관비할 수 있고 주관의 압력손실이 없으며 자동화가 매우 용이하다는 것이다. 단점은 경비가 비싸고 배관이 많아 파손되기 쉽다는 것이다.

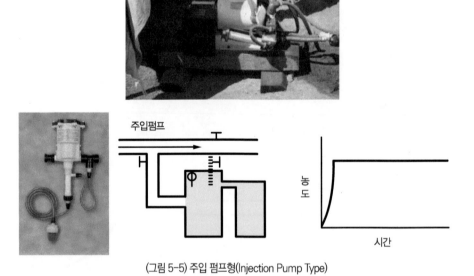

(그림 5-5) 주입 펌프형(Injection Pump Type)

(4) 자동관비장치

국내에 공급되는 자동관비장치는 0.3~1.0ha까지 관비가 가능하며 3ha 이상이
면 양액공급장치를 사용하는 것이 경제적이다. 자동관비장치는 자동으로 농축 비
료액과 물을 공급하는 컨트롤부와 물을 작물에 공급하는 배관부(점적호스, 점적
단추)로 구성되어 있다. 자동관비장치는 관수주기, 관수시각, 관수량이 자동으로
조절되어야 한다. 또한 주관에 남아 있는 비료액이 한 구역으로 편중되거나 농축
비료액이 토양으로 공급되어 염류피해를 일으키거나 점적기에 남아 점적기를 막
히게 하지 않도록 시비 전후에 관수하는 기능을 갖추어야 한다. 전원공급이 중단
되어도 72시간 정도 프로그램이 보호되어야 하고, 토양수분을 감지하여 관수하는
기능이 필요하다. 순간유량계를 부착하여 관비량을 조절할 수 있어야 하고, 압력
계를 여과기 전후에 부착하여 여과기의 막힘을 파악할 수 있어야 한다.

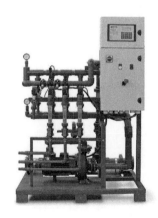

(그림 5-6) 자동관비장치

05

토마토 관비재배

관비재배는 토마토와 같이 장기간 재배하는 작물에 매우 유용한 양분관리 기술이다. 관비재배는 토마토 재배 시기별로 필요로 하는 비료성분을 물과 함께 공급하여 이용 효율을 높이고, 과다한 비료 투입을 예방하여 근권부의 토양에 양분이 집적되지 않도록 도움을 준다. 토마토 시설재배에 관비 기술을 도입하여 토마토의 수량과 품질을 향상시키고, 비료 비용도 절감하는 일석삼조의 효과를 거두어 보자.

가. 토마토 관비재배 시 물관리

관비재배에 있어 물관리는 첫째, 뿌리 생육에 최적의 수분과 산소를 공급하며 둘째, 양분을 적정 농도로 작물 뿌리에 공급한다는 측면에서 매우 중요하다. 관수시설이 되어 있는 경우 대부분 수분 부족은 문제가 되지 않는다. 오히려 수분과다에 의한 뿌리의 호흡장애 및 혐기적 조건에 의한 유해 미생물의 활성 등의 문제가 발생할 수 있으며 양분을 지하수나 하천수로 유입시켜 오염시킬 우려가 있다. 시설재배에서는 대부분의 토양이 염류가 다량 집적되어 있어 과다관수로 염류를 씻어내면서 관리하기 때문에 이러한 우려가 더욱 커지게 된다. 과다관수는 뿌리 부근의 양분을 밀어내기 때문에 양분 부족현상을 일으켜, 비료를 더 많이 시비하게 하는 원인이 될 수 있다. 토마토 관비재배 시 텐시오미터를 이용한 적정 관수개시점은 일반적으로 -20kPa이라고 알려져 있다. 토마토 관비재배 시 일본계 품종은 관수개시점을 -20~-25kPa로 설정하는 것이 바람직하고 유럽계 품종은 -30~-35kPa로 설정하여 관수량을 줄여도 생육과 수량에 큰 차이가 없는 것으로 나타났다.

(표 5-12) 관수개시점에 따른 품종별 과실 수량(농진청 원예원, 2008, 단위 : kg/10a)

화방	일본계(슈퍼도태랑 품종)				유럽계(라피토 품종)			
	-20kPa	-25kPa	-30kPa	-35kPa	-20kPa	-25kPa	-30kPa	-35kPa
1	2,531	2,434	2,424	2,251	2,933	3,058	3,022	2,957
2	2,591	2,496	2,316	2,144	3,261	3,118	3,141	3,202
3	2,604	2,537	2,305	2,057	3,902	3,914	3,746	3,339
4	2,580	2,389	2,327	2,022	3,746	3,662	3,734	3,572
합계	10,306	9,856	9,372	8,474	13,842	13,752	13,643	13,070

* 착과 수 : 슈퍼도태랑(4과/화방), 라피토(5과/화방)

텐시오미터는 식물체 사이 근권에 설치하며 점적기로부터 10~15cm 정도 떨어진 위치에 설치한다. 단 사질토나 사양토는 물의 이동속도가 빨라 텐시오미터 감지부에서의 반응이 빠르고, 식양토나 점질토는 물의 이동속도가 느려 텐시오미터 감지부에서의 반응이 느리므로 사질토보다 점적기 가까이에 텐시오미터를 설치하는 것이 좋다. 뿌리 깊이가 30cm 이내인 작물은 15~20cm 깊이에 텐시오미터를 하나만 설치하고, 이보다 깊은 작물은 보통 근권 깊이의 1/3 지점과 2/3 지점에 각각 1개씩 설치한다. 점적호스의 점적기 간격은 토성에 따라 사질토는 20cm, 사양토는 30~50cm, 점질토는 40~60cm가 추천되고 있다.

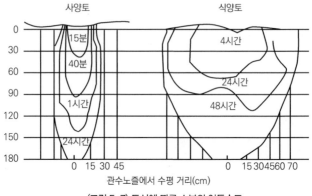

(그림 5-7) 토성에 따른 수분의 이동속도

나. 토마토 관비재배 시 시비관리

(1) 토마토의 양분 흡수 특성

재배면적 10a당 10톤의 토마토 과실을 생산하려면 대략 질소 24kg, 인산 7kg, 칼리 43kg, 석회 18kg, 고토 5kg을 흡수하는 것으로 알려져 있다. 토마토의 양분 흡수량은 품종이나 작형에 따라서도 차이가 있으나 과실 수량에 의해서도 달라진다. 질소 100에 대하여 인산 28, 칼리 179, 석회 76, 고토 20으로서, 질소에 비하여 칼리의 흡수량이 현저히 많은 것이 특징이다. 과실은 질소와 칼리를 많이 흡수하기 때문에 착과와 동시에 질소와 칼리의 흡수가 급격히 증가된다.

(표 5-13) 토마토 과실 수량과 양분 흡수량(추정치, 단위 : kg/10a)

과실 수량(톤/10a)	질소(N)	인산(P₂O₅)	칼리(K₂O)	석회(CaO)	고토(MgO)
10a당 1톤 생산을 위한 흡수량(지수)	2.4(100)	0.7(28)	4.3(179)	1.8(76)	0.5(20)
8	19.2	5.6	34.4	14.4	4.0
10	24.0	7.0	43.0	18.0	5.0
12	28.8	8.4	51.6	21.6	6.0
14	33.6	9.8	60.2	25.2	7.0
16	38.4	11.2	68.8	28.8	8.0
20	48.0	14.0	86.0	36.0	10.0

토마토의 생육단계별 양분 흡수는 정식 후 5~6주까지는 천천히 이루어지다가 6주 이후 급격하게 증가한다. 그리고 15~16주까지 흡수율이 증가하다가 점차적으로 낮아지는 경향을 나타낸다. 정식 6주 이후부터 양분 흡수율이 크게 증가되는 것은 이때 지상부 생육량이 급격히 증가되기 때문이다. 따라서 생육단계별 각 성분별 시비기준을 기초로 하여 관비량을 설정하고 재배토양의 양분상태나 토마토의 생육상태를 면밀히 관찰하면서 관비량을 적절히 가감하는 것이 바람직하다.

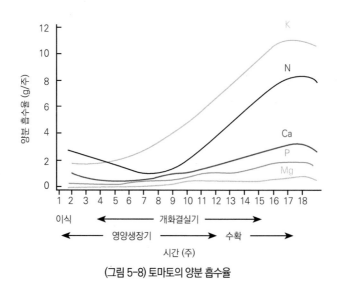

(그림 5-8) 토마토의 양분 흡수율

생육단계별 시비량에 대한 계획을 수립하기 위해서는 다수확·고품질의 목표를 달성하기 위한 생육기간 동안의 일일양분 흡수량을 알아야 한다. 토마토의 양분 흡수량은 토성, 토양 비옥도, 재배 방법, 품종, 재배환경 등 여러 가지 요인에 따라 매우 다르다. 또한 생육단계나 생육상태에 따라서도 양분 흡수량에 차이가 있다. 대부분 정식 후 2~3주 동안은 양분 흡수량이 매우 적다가, 생육이 왕성해지기 시작하면서 과실이 착과될 때까지 많은 양의 비료를 흡수하고 과실 수확기간 동안에는 일정하게 비료를 흡수한다.

(표 5-14) 토마토 양분 흡수량(이스라엘, Scaife와 Bar-Yosef, 1995, 단위 : kg/10a/일)

정식 후 일수	토마토(생식용)			토마토(가공용)		
	N	P	K	N	P	K
1~10	0.1	0.01	0.2	0.01	0.002	0.01
11~20	0.1	0.01	0.4	0.05	0.005	0.03
21~30	0.1	0.01	0.35	0.1	0.016	0.2
31~40	0.25	0.02	0.35	0.28	0.019	0.23
41~50	0.25	0.04	0.55	0.45	0.075	0.8
51~60	0.25	0.06	0.6	0.65	0.08	0.85
61~70	0.25	0.03	0.4	0.75	0.18	0.9
71~80	0.25	0.03	0.6	0.35	0.05	0.45
81~90	0.15	0.03	0.01	0.5	0.05	0.92
91~100	0.15	0.01	0.01	0.8	0.089	0.9
101~110	0.1	0.01	0.01	–	–	–
111~120	0.1	0.01	0.1	–	–	–
121~130	0.15	0.02	0.1	–	–	–
131~150	0.15	0.035	0.13	–	–	–
151~180	0.4	0.05	0.38	–	–	–
181~200	0.2	0.03	0.3	–	–	–
계	45.0	6.5	71.0	39.3	5.9	52.0

* 토마토(생식용) : 품종 F-144, 정식 9월 25일, 재식 주수 2,300주/10a, 사질토, 수량 19.5톤/10a, 토마토(가공용) : 품종 VFM82-1-2, 발아 3월 27일, 재식 주수 5,000주/10a, 점질토, 수량 16.0톤/10a

(표 5-15) 토마토 관비재배 시 양분관리 목표(미국 플로리다주, Hochmuch, 1992)

정식 방법	이랑폭(m)	총 시비량(kg/10a)		작물 생육		1일시용량(kg/10a/일)	
		질소	칼리	단계	일수	질소	칼리
모종	1.8	17.9	14.9	1	14	0.11	0.09
				2	21	0.17	0.15
				3	49	0.22	0.19
				4	7	0.17	0.15
				5	7	0.11	0.09

* 20%의 질소와 칼리를 기비로 시용한다면, 정식 후 1~2주 동안의 양분 공급은 생략 가능

토마토의 경우 착과가 이루어지는 정식 후 1개월까지 충분한 근군을 만들고 2화방 개화기부터 3화방 개화기에 걸쳐서 질소 비료를 늘려 초세를 유지한다. 토마토 관비재배에서는 이 시기의 시비 조절이 가장 중요하다. 수량성은 물론 상품성이 높은 토마토 과실을 생산하기 위해서는 이 시기에 과부족이 생기지 않도록 질소 영양을 조절하는 것이 매우 중요하다. 특히 하추토마토의 장기재배에서는 3~4화방 개화기에 질소가 부족하면 5~6화방까지 초세가 약해지고 그 후에 시비량을 증가시켜도 초세 회복이 쉽지 않다. 기비 중심의 관행재배에 비하여, 관비재배에서는 이 시기의 질소 부족이 현저한 초세 저하로 연결되므로 유의해야 한다. 하추 토마토 장기재배 시의 양분관리는 영양생장기에 N : P : K = 1 : 1 : 1이나 2 : 1 : 2, 과실비대기에는 3 : 1 : 5나 2 : 1 : 3의 조성으로 관비하면 좋다. 또한 붕소 등의 미량요소도 적정 농도로 관비하면 좋다.

(표 5-16) 하추토마토 관비재배 시 양수분 관리 목표(일본)

시기	일수	목표 관수량 (맑은 날) (l/10a)	1일 질소 시용량		시용량(kg/10a)			토양용액 목표
			(mg/주)	(g/10a)	N	P$_2$O$_5$	K$_2$O	EC(dS/m)
정식 전		5,000	200	300	0.30	0.30	0.30	0.4~0.7
1주	7		0	0	0	0	0	0.5~0.8
2주	7	750	70	105	1.47	1.47	1.47	0.6~1.0
1화방 개화	10	1,200	120	180	1.80	1.80	1.80	0.6~1.0
2화방 개화	10	1,350	160	240	2.40	0.96	3.96	0.6~1.2
3화방 개화	10	1,500	180	270	2.70	1.08	4.45	0.6~1.2
4화방 개화	10	1,950	200	300	3.00	1.20	4.95	1.1~1.6
7월 수확 개시	30	2,400	180	270	8.10	3.24	13.36	1.1~1.7
8월	30	2,700	160	240	7.20	2.88	11.88	1.1~1.7
9월 적심	30	2,250	140	210	6.30	2.52	10.39	1.1~1.7
10월	30	1,650	120	180	2.70	1.08	4.45	1.0~1.6
11월	30	900~0	0	0	0	0	0	0.6~1.0
계			–	–	39.0	16.6	57.0	

* 정식 5월 1일, 재식 주수 1,500주/10a, 수확기간 7~11월, 목표수량 16톤/10a, 관수량은 토성, 지하수위 높이 등의 재배지 조건에 따라, 시비량은 품종, 초세, 토양 내 유효성분량에 따라 다르므로, 관수량은 토양수분 장력(또는 토양수분 함량)을 참조하고 시용량은 실시간 현장진단을 실시하여 적정량을 시용함

(2) 토마토의 비료 사용량

일반 토경재배에서의 토마토의 비료 표준사용량은 노지재배의 경우 '질소-인산-칼리 = 24.0-16.4-23.8kg/10a'이고, 시설재배는 '질소-인산-칼리 = 20.0-10.3-12.2kg/10a'이다.

(표 5-17) 토마토 노지 및 시설재배 비료 표준 사용량(농과원, 2017)

구분	비종	밑거름	웃거름	계	사용방법
노지재배	질소	13.6	10.4	24.0	- 질소는 웃거름을 3회로 나누어 사용
	인산	16.4	0	16.4	
	칼리	7.9	15.9	23.8	
	석회	200	0	200	
시설재배	질소	11.6	8.8	20.4	- 칼리는 웃거름을 2회로 나누어 사용
	인산	10.3	0	10.3	
	칼리	4.1	8.1	12.2	
	석회	200	0	200	

토경재배는 토양의 양분 함량을 고려하여 비료를 주어야 작물이 토양 양분을 균형적으로 이용할 수 있기 때문에, 토양검정을 받고 필요한 만큼 비료를 주는 것을 권장한다. 토양시료를 토양 표면으로부터 10~15cm 깊이까지 균일하게 채취하고, 인근의 시·군 농업기술센터에 방문하여 비료사용처방서를 신청하면 토양검정에 따른 비료 추천량을 알 수 있다. 퇴비와 석회질 비료는 정식 전 최소 15~30일 전에 사용해야 한다.

(표 5-18) 토마토 노지 및 시설재배 토양검정 비료 사용량(농과원, 2017)

구분		비료 사용량 계산
질소	노지	– 토양 유기물(g/kg) 15 이하 : 질소 28.8kg/10a – 토양 유기물(g/kg) 16∼35 : 질소 24.0kg/10a – 토양 유기물(g/kg) 36 이상 : 질소 19.2kg/10a
	시설	– EC 기준 : → y = 30.000 − 5.000x(y : 질소 시비량, x : 토양 EC) – 토양 NO_3-N 기준 → y = 30.000 − 0.099x (y : 질소 시비량, x : 토양 NO_3 – N – 함량)
인산	노지·시설	– y = 25.421 − 0.029x(y : 인산 시비량, x : 토양 유효인산 함량)
칼리	노지·시설	– y = 44.510 − 80.823x (y : 칼리 시비량, x : 토양 치환성 $K/\sqrt{Ca + Mg}$)
퇴비	노지·시설	– 토양 유기물 20g/kg 이하 : 우분퇴구비 2,500 kg/10a (또는 혼합가축분퇴비* 902 kg/10a) – 토양 유기물 21∼30g/kg : 우분퇴구비 2,000 kg/10a (또는 혼합가축분퇴비* 721 kg/10a) – 토양 유기물 31g/kg 이상 : 사용 안함(돈분퇴비는 우분퇴구비의 22%, 계분퇴비는 우분퇴구비의 17% 해당량 사용)
석회질 비료	노지·시설	중화량 사용

* 혼합가축분 퇴비 : 시판 혼합가축분퇴비 평균 혼합비율(2017, 122점 평균: 우분 28%, 돈분 22%, 계분 19%) 적용.

시설 토경 관비로 토마토를 재배할 경우, 앞서 언급한 바와 같이 토양시료를 채취하여 농업기술센터에서 토양검정을 받아야 한다. 토양의 질산태 질소 함량에 따라 밑거름으로 퇴비를 시용하며, 그 양은 질산태 질소 100mg/kg 미만이면 전체 비료 필요량의 30% 해당량, 질산태 질소 100∼200mg/kg은 15%, 질산태 질소 200mg/kg 초과 시 퇴비를 시용하지 않는다. 토마토 재배기간에 따른 웃거름 관비 표준 공급량은 (표 5-19)와 같다.

(표 5-19) 시설토마토(토경) 재배기간별 주(週) 단위 관비 공급량 (농과원, 2018)

토마토		재배기간(9월~3월)		
생육단계(week)		(수량 1톤, 재식 주수 3,500주/10a)		
		질소(요소)	인산(0-52-34)	칼리(염화가리)
영양생장기	1~2	–	–	–
	3~6	30	30	–
	7~10	120	120	–
	11~14	130	120	–
생식·생장 및 과 수확기	15~18	200	190	–
	19~22	240	230	–
	23~24	160	160	–
계		3,200	2,680	–

토마토		재배기간(1월~7월)		
생육단계(week)		(수량 1톤, 재식 주수 2,500주/10a)		
		질소(요소)	인산(0-52-34)	칼리(염화가리)
영양생장기	1~2	–	–	–
	3~6	30	30	–
	7~10	110	110	–
	11~14	120	120	–
생식·생장 및 과 수확기	15~18	220	230	–
	19~22	180	190	–
	23~24	150	150	–
계		3,240	3,320	–

토마토	재배기간(5월~10월)		
생육단계(week)	(수량 1톤, 재식 주수 2,300주/10a)		
	질소(요소)	인산(0-52-34)	칼리(염화가리)
영양생장기 1~2	–	–	–
영양생장기 3~6	170	140	30
영양생장기 7~10	250	210	50
영양생장기 11~14	230	190	50
생식·생장 및 과 수확기 15~18	190	160	40
생식·생장 및 과 수확기 19~20	190	160	40
계	3,740	3,120	600

(3) 토마토 관비재배요령

비료 시용량이 결정되면 인산질 비료와 퇴비, 석회, 붕소 등은 정식 전에 기비로 주고 질소와 칼리질 비료만 물에 녹여 관비한다. 토마토는 뿌리가 깊게 뻗는 심근성 작물이기 때문에 관행재배와 마찬가지로 유기물이 많고 통기성이 좋은 토양을 만드는 것이 매우 중요하다. 비료성분이 많이 함유되어 있는 가축 분뇨 퇴비를 너무 많이 주면 생육 초기에 필요 이상의 질소성분이 흡수되어 잎만 무성하게 자라거나 이상줄기가 발생할 수 있으므로 주의해야 한다. 인산질 비료나 석회도 정식 20일 전에 재배지 전체에 살포하고 경운하여 기비로 사용한다.

관비재배와 수경재배의 가장 큰 차이점은 수경재배에서는 시비량이 과다하여도 배지에는 비료분이 남아 있지 않거나 소량만 남아 있어 별 문제가 되지 않는다는 것이다. 관비재배에서는 시비량이 과다하면 작물이 흡수하지 못한 양분들이 토양에 집적되어 염류장해를 일으키거나 토양 pH를 상승시켜 작물에 큰 피해를 일으킨다. 따라서 관비재배 시의 시비량은 비료액의 EC 개념이 아니라 총량 개념으로 파악하고 결정해야 한다. 특히 우리나라 시설재배지는 가축 분뇨 퇴비와 석회의 과다 시용으로 인하여 토양의 pH와 EC가 높고 유기물 함량도 높다. 반드시 토양분석을 실시한 후에 시비량을 결정하고 또 작물 재배기간 중에 토양현장진단 및 식물체진단을 실시하여 관비량을 적절히 가감할 필요가 있다.

chapter 6

수경재배 기술

수경재배의 특징 및 현황

가. 수경재배 특징

수경재배(Hydroponic Culture, Soilless Culture)는 토양 대신 물이나 고형배지에 생육에 필요한 무기양분을 골고루 녹인 배양액을 공급하면서 작물을 재배하는 방식이다. 토양을 사용하지 않기 때문에 연작장해를 회피할 수 있고 계절이나 기후, 토양조건에 구애되지 않아 다수확, 고품질 생산이 가능하다. 장치화와 생력화에 의해 규모 확대가 가능하고 생산물의 규격화로 노동생산성을 높일 수 있으며 시설의 고도이용에 의해 주년생산체계를 갖출 수 있다. 그러나 초기 시설투자비가 많이 들기 때문에 소규모로는 시설활용이나 노력 절감의 장점을 발휘하기 어렵고 배양액 조제, 재배 중의 배양액 조성이나 농도관리 등 정밀한 재배관리 기술이 요구된다. 따라서 수경재배를 도입하기 전에 영속적인 영농을 전제조건으로 수경재배의 특성을 충분히 파악해 두는 것이 무엇보다도 중요하다.

나. 수경재배 현황

우리나라의 수경재배 면적은 1992년부터 시작된 시설원예 산업에 대한 정부의 집중적인 지원과 생산성 및 품질 향상에 대한 농가의 요구 증대에 힘입어 1992년

17ha에서 약 1,000ha까지 급격히 증가한 후 정체 기간이 유지되었다가 최근 대형온실과 딸기 수경재배 증가로 2차 상승기에 접어들어 2017년 2,811ha에 달하였다.

(표 6-1) 수경재배 면적의 변화

재배연도	1992	1996	2000	2004	2008	2012	2017
재배호수(호)	-	-	1,944	2,176	2,241	2,502	6,560
재배면적(ha)	17	275	700	847	1,107	1,159	2,811
호당면적(ha)	-	-	0.36	0.39	0.49	0.46	0.43

수경재배용 배지는 펄라이트 319ha, 암면 183ha, 혼합배지 119ha로 혼합배지를 사용하는 농가가 많았으나 2000년 이후 암면의 사용이 증가하였다. 그러나 암면은 분해가 잘 안 되기 때문에 사용 후 처리가 문제점으로 대두되었고 환경 농업에 관심이 고조되면서 암면을 대체할 유기배지로 코이어(코코피트)를 이용하기 시작하여 최근에 토마토, 파프리카 수경재배에 많이 이용되고 있다.

(표 6-2) 수경재배용 배지의 변화(단위 : ha)

재배연도	펄라이트	암면	혼합배지	코이어	기타
2000	318.7	182.9	119.4	-	79.0
2004	304.8	301.6	96.1	-	144.4
2011	590.0	340.0	-	398.0	394.0
2016	754.0	291.0	-	1,145.0	1,164.0

수경재배 작물은 2000년대 초반까지 장미 등 화훼류가 일부 재배되었으나 최근에는 거의 명맥만 유지하고 있다. 최근에는 부가가치가 높은 과채류를 중심으로 재편되면서 딸기, 토마토, 파프리카가 전체 면적의 96% 이상을 차지하고 있다. 토마토, 파프리카가 2017년에는 각각 602, 536ha로 증가하였고 딸기는 2000년대 초반까지 큰 비중을 차지하지 못하였으나 고설벤치 재배가 보급되면서 급격히 증가하여 2017년 1,576ha로 증가하며 수경재배 면적이 가장 많은 작물이 되었다.

(표 6-3) 채소류 작목별 수경재배 현황(단위 : ha)

구분	파프리카	딸기	토마토	오이	가지
2004	76.2	26.2	253.0	33.5	2.0
2008	228.4	58.6	106.5	20.4	5.6
2012	371.2	316.9	198.0	16.8	14.1
2017	536.0	1,575.5	602.4	23.5	18.2

02 수경재배 방식

가. 배지사용에 따른 분류

수경재배는 배지사용 여부에 따라 크게 순수수경과 고형배지경으로 분류된다. 순수수경(Water Culture)은 배지를 사용하지 않고 배양액에 직접 뿌리를 노출시켜 재배하는 방식으로 담액수경, 박막수경, 분무경 등이 여기에 속한다. 고형배지경 (Substrate Culture)은 작물을 지지할 수 있는 소량의 배지에 필요량의 양수분을 배양액으로 공급하면서 작물을 재배하는 방식으로 배지종류에 따라 무기배지경과 유기배지경으로 분류된다. 무기배지경에는 천연무기배지와 인공무기배지, 유기합성배지 세 종류의 배지가 이용되며 유기배지경에는 피트모스, 코이어, 왕겨, 훈탄, 톱밥, 수피 등 천연유기배지가 이용된다. 단용배지의 물리화학성을 개선하기 위하여 몇 가지 배지를 혼합하여 사용하는 경우가 있는데 이를 혼합배지경이라고 한다. 현재 수경재배 방식은 주로 배지경인데 암면, 펄라이트 등의 무기배지가 이용되다가 암면 폐기 문제가 대두되면서 코이어 등 유기배지가 차츰 증가하여 최근에 가장 일반적인 배지재료로 이용되고 있다.

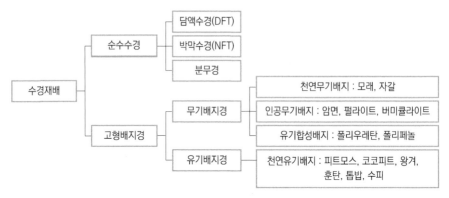

(그림 6-1) 수경재배 방식의 분류

나. 배양액 재사용에 따른 분류

수경재배 방식은 작물을 재배하면서 배출되는 배액을 버리느냐, 회수하여 재사용하느냐에 따라 비순환식 수경재배(Open Hydroponics, Run-to-waste Hydroponics)와 순환식 수경재배(Closed Hydroponics)로 구분된다. 재배작물이나 재배시기 등에 따라 다소 차이는 있으나 일반적으로 작물재배 후 버려지는 배액의 비율은 20~35% 정도 된다. 배액 내에는 질소 등 무기이온이 함유되어 있기 때문에 지속적으로 배액을 버릴 경우 하천이나 토양을 오염시킬 가능성이 있고 또한 버려지는 만큼의 수자원과 비료도 낭비될 수 있기 때문에 친환경적인 재배를 위하여 순환식 수경재배의 도입이 필요하다.

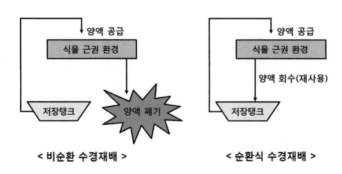

(그림 6-2) 배액 재사용에 따른 수경재배의 분류

순환식과 비순환식 수경재배의 장단점을 비교하면, 순환식 수경재배는 양수분 소비량이 적고 배액 배출량이 적어 친환경재배 시스템이라 할 수 있다. 그러나 재배 기간이 경과됨에 따라 배양액 조성의 균형이 깨지기 쉬우므로 철저한 배양액 관리가 필요하고, 배액에 의해 병원균이 전파되거나 확산될 위험이 높으므로 병원균을 제거할 수 있는 장치가 필요하다. 또한 기본시설 이외에 순환배관 및 소독·살균장치 등의 부대시설이 필요하므로 시설투자비가 증가한다. 이에 비해 비순환식수경재배는 양분관리가 용이하고 시설 설치가 간단하여 시설투자비가 저렴하며, 근권부에 병원균이 전파되거나 확산될 위험이 낮다. 그러나 배액을 배출하기 때문에 비료와 물의 사용량이 증가하고 토양 및 수질오염 등의 환경오염을 일으킬 가능성이 높아진다.

순환식 수경재배의 양액 순환 과정은 (그림 6-3)과 같다. 원수와 배액이 일정비율로 혼합되고, 설정 EC에 도달하지 못하는 만큼 양액제어기에 의해 농축배양액이 혼합되어 작물에 공급된다. 남은 배액은 집수와 살균 과정을 거쳐서 순환된다. 배액의 살균은 1차적으로 모래여과를 거치고 2차로 UV 살균을 하는 것이 일반적이다.

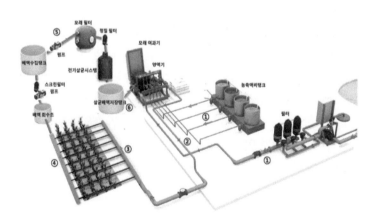

(그림 6-3) 순환식 수경재배 양액의 흐름도

03

배양액 관리 기술

가. 원수

수경재배를 위하여 가장 우선적으로 고려해야 하는 것이 원수의 수질이다. 수경재배에 사용하는 용수는 불순물이 함유되어 있지 않고, 무기양분의 함량이 적으며, pH가 중성이나 약산성에 가까운 것이 좋다. 수질이 나쁘면 배양액을 조제해도 각 성분의 농도를 원하는 대로 유지할 수 없다. 바닷가의 지하수는 염분의 함량이 높아서 경우에 따라서는 작물이 염류장해를 받을 수 있다. 석회암 지대에서는 지하수에 칼슘의 함량이 높아서 배양액의 조제가 어려운 경우도 있다. 특히 작물의 생육에 많은 양이 요구되지 않거나 불필요한 Na, Cl, SO_4 등이 많이 들어 있으면 배양액에 집적되어 양이온의 흡수를 억제한다.

(표 6-4) 수경재배용 원수의 수질 기준

항목	함유이온	한국	네덜란드	일본
EC(dS/m)		〈 0.5	〈 0.5	〈 0.3
pH		5.0~8.0	5.0~7.5	5.0~8.0
질소(mg/L)	N	〈 10		〈 60
인	P	〈 2		〈 30
칼륨	K	〈 10		〈 80
칼슘	Ca	〈 40	〈 80	〈 80
마그네슘	Mg	〈 15	〈 12	〈 40
황산	SO_4	〈 40	〈 16	
중탄산	HCO_3	〈 100	〈 40	
나트륨	Na	〈 30	〈 30	〈 80
염소	Cl	〈 30	〈 50	〈 200
철	Fe	〈 0.5	〈 1.0	〈 10
망간	Mn	〈 0.6	〈 0.5	〈 1
아연	Zn	〈 0.5	〈 0.5	〈 1
구리	Cu	〈 0.01	〈 0.06	
붕소	B	〈 0.1	〈 0.3	〈 0.7

* 자료 : 한국(서울시립대학교), 네덜란드(PBG), 일본(지바농시)

(1) 수돗물

한국에서는 지하수나 하천수의 수질이 매우 나쁜 경우를 제외하고 수돗물을 용수로 사용하는 경우는 거의 없다. 수돗물은 잔류 염소에 의해 뿌리에 장해를 유발할 수 있다. 수돗물을 용수로 사용하려면 잔류 염소를 제거해야 하는데, 물 1,000L에 티오황산나트륨($Na_2S_2O_3 \cdot 5H_2O$) 2.5g을 첨가하면 잔류 염소나 결합염소를 쉽게 분해할 수 있다. 그렇지 않으면 하루 정도 두었다가 사용하면 염소는 소실된다. 수돗물은 수도관의 보호를 위하여 pH를 높여 공급하므로 일반적으로 수돗물의 pH가 높은 경우가 많으므로 유의해야 한다.

(2) 빗물

빗물을 용수로 사용하려면 용량이 큰 집수조가 필요해서 토지와 집수시설이 필요하다는 것이 문제가 되지만, 빗물은 무기이온을 거의 함유하고 있지 않기 때문에 수경재배 용수로 가장 적당하다. 그러나 온실 설치에 사용되는 철골은 아연으로 도금한 것이 많은데, 이런 경우에는 저수된 빗물에 아연이 혼입될 가능성이 있다.

(3) 지하수

우리나라에서는 수경재배 용수로 지하수를 가장 많이 쓰고 있다. 칼슘이나 마그네슘은 작물의 생육에 필요한 성분이기 때문에 그 함량이 지나치게 높지 않으면 용수로 사용할 수 있다. 그러나 많은 지역의 지하수가 중탄산과 pH가 높아 배양액의 양분 흡수에 영향을 미치는 요인이 되고 있다. 황, 나트륨, 염소 등이 높은 지하수를 이용하는 경우에는 작물 요구도가 높지 않기 때문에 배지에 축적되거나 이온 간의 균형이 흐트러지기 쉽기 때문에 작물의 생리장해를 유발할 수 있다.

(4) 수질 개선

용수에 녹아 있는 염류 중 주로 문제가 되는 것은 나트륨과 염소이며, 그 외에 철분이 과다하거나 중탄산의 농도가 높아서 문제되는 경우도 있다. 우리나라의 경남 지방 일원에는 칼슘의 농도가 160mg/L에 달하는 지하수도 있는데, 지하수에 과다한 무기이온은 양액 조제를 불가능하게 하므로 이러한 물은 양액재배용으로 부적합하다. 용수에 과다하게 들어 있는 염류를 줄이는 방법에는 역삼투, 증류, 이온교환, 전기투석, 여과 등의 방법이 있으나 여과 이외의 방법은 비용이 많이 들어서 실용화가 어렵기 때문에 원수를 고려한 적지 선정이 필요하다.

나. 배양액 조성

작물 생육에 필요한 16가지 원소를 필수원소라고 하며, 이 중 수소(H)와 산소(O)
는 물에서, 탄소(C)와 산소(O)는 공기 중에서 흡수가 되고 나머지 질소(N) 등 13가
지 원소는 뿌리를 통하여 흡수된다.
질소(N), 인산(P), 칼륨(K), 칼슘(Ca), 마그네슘(Mg). 황(S)의 6가지 원소는 작물이
다량으로 필요로 하기 때문에 다량원소라고 한다. 이 외에 철(Fe), 염소(Cl), 붕소
(B), 망간(Mn), 아연(Zn), 구리(Cu), 몰리브덴(Mo) 등은 작물 생육에 극히 미량이
필요하기 때문에 미량원소라 한다.

(표 6-5) 양약재배와 관련된 원소의 성질

분류	원소명	원소	원자량	당량중	흡수 형태
원소	탄소	C	12.0	–	CO_2
	수소	H	1.0	1.0	H_2O
	산소	O	16.0	8.0	H_2O, O_2 등
다량원소	질소	N	14.0	14.0	NO_3^-, NH_4^+
	인	P	31.0	–	$H_2PO_4^-$, HPO_4^{2-}
	칼륨	K	39.1	39.1	K^+
	칼슘	Ca	40.1	20.0	Ca^{2+}
	마그네슘	Mg	24.3	12.2	Mg^{2+}
	황	S	32.1	–	SO_4^{2-}
미량원소	철	Fe	55.9	–	Fe^{2+}, Fe^{3+}
	망간	Mn	54.9	27.5	Mn^{2+}
	아연	Zn	65.4	32.7	Zn^{2+}
	구리	Cu	63.5	31.8	Cu^{2+}
	몰리브덴	Mo	95.9	–	MoO_4^{2-}
	붕소	B	10.8	–	BO_3^{3-}
	염소	Cl	35.5	35.5	Cl^-

배양액은 처음에 조제했을 때의 성분이 재배 중에도 변화되지 않으며 불필요한
성분이 축적되지 않는 것이 이상적이다. 따라서 배양액 조성은 작물의 양분 흡수

균형과 완전히 일치해야 하고 또 불필요한 성분을 함유하지 않아야 한다. 그러나 작물의 종류나 생육단계 등에 따라 양분의 흡수 양상이 달라지므로 성분조성을 항상 일정하게 유지하는 배양액 조성을 만든다는 것은 매우 어려운 일이다.

실제 재배에서는 작물의 양분 흡수 균형과 작물 고유의 각 성분에 대한 적응 폭을 모두 고려하여 만들어진 배양액 조성을 생육단계별로 조절해가면서 사용하고 있다. 비순환식 배양액 조성을 순환식 수경재배 시스템에 적용 시 생육기간이 경과됨에 따라 근권 내에 NO_3^-, Ca^{2+}, Mg^{2+}, SO_4^{2-} 등의 무기이온이 다량 집적되어 작물의 생육과 수량이 감소되므로 이를 고려한 순환식 수경재배용 배양액 조성도 개발되어 있다.

(표 6-6) 토마토 배양액 조성별 다량원소 농도

배양액 조성	성분 농도(me/L)					
	NO_3-N	NH_4-N	P	K	Ca	Mg
한국원예연	9	0.7	2	5	4	2
일본야마자키	7	0.7	2	4	3	2
네덜란드PBG(비순환)	16	1.2	4.5	9.5	10.8	4.8
네덜란드PBG(순환)	10.75	1.0	3.75	6.5	5.5	2.0

(표 6-7) 토마토 배양액 조성별 미량원소 농도

배양액 조성	성분 농도(mg/L)					
	Fe	B	Mn	Zn	Cu	Mo
한국원예연	3.0	0.5	0.5	0.05	0.01	0.008
일본야마자키	2.0	0.2	0.2	0.02	0.01	0.005
네덜란드PBG(비순환)	0.8	0.33	0.55	0.33	0.05	0.05
네덜란드PBG(순환)	0.8	0.22	0.55	0.26	0.05	0.05

사용할 배양액 조성이 결정되면 비료염을 선택하여 비료량을 계산하고 배양액을 조제해야 한다. 배양액을 조제하는 방법으로는 필요한 비료를 큰 용량의 배양액 탱크에 직접 녹이는 방법과 100~1,000배의 고농도 원액을 만들어 두고 필요할 때마다 배양액 탱크에 넣어 희석하는 방법이 있다. 직접 녹이는 방법은 배양액

농도가 낮으므로 침전은 크게 염려하지 않아도 되지만 실제로 농가에서는 널리 사용되지 않고, 고농도 원액을 조제하여 사용하는 방법이 일반적이다. 고농도 원액 조제 시 비료량은 순도 100%의 비료염을 사용할 경우의 값이므로 순도를 계산해야 하고, 질산칼슘은 공기와 접촉하면 수분을 흡수하여 무게가 달라지므로 항상 밀봉하여 보관해야 한다. 배양액 조제 방법은 아래와 같다.

① 비료를 준비한 다음, 각각의 무게를 ±5%까지 정확하게 측정한다. 이때 주의해야 할 것은 비료의 처방량은 순도가 100%인 경우의 값이므로 순도를 계산에 넣어야 하며, 조해성이 강한 질산칼슘과 같은 비료는 공기와 접촉하면 수분을 흡수하여 무게가 달라지므로 항상 밀봉하여 보관하여야 한다.
② 원수탱크는 하나면 되지만 배양액 농축탱크는 최소한 A, B 두 개를 준비한다.
③ 탱크에 소요량보다 10% 정도 적게 물을 넣는다.
④ 배양액 통에 적당량의 물을 넣고 비료를 한 종류씩 녹인다. 잘 녹지 않을 경우 휘저어 주거나 온도를 올려 주면 잘 녹는다.
⑤ 칼슘염을 황산염이나 인산염과 같이 녹이면 침전인 석고($CaSO_4$)나 인산2수소칼슘$[Ca(H_2PO_4)_2]$이 생기기 쉬우므로 서로 다른 배양액 통에 넣는다. 즉 배양액 A탱크에는 KNO_3, $Ca(NO_3)_2 4H_2O$와 Fe-EDTA(킬레이트 철)를 넣고, 배양액 B탱크에는 나머지 비료와 녹인 미량원소를 넣는다. 질산칼륨은 두 가지 액에 나누어 녹이면 잘 녹는다.
⑥ 배양액 통에 다 녹인 후, 양액공급기의 EC 설정을 통해 희석하여 공급한다.
⑦ 배양약의 pH를 측정하여 적정 pH보다 높으면 HNO_3, H_2SO_4를 이용해 낮추고 낮으면 KOH로 높여 준다. pH가 높으면 Fe^{2+}, Mn^{2+}, PO_4^{3+}, Ca^{2+}, Mg^{2+} 등이 불용화되어 식물이 흡수할 수 없게 된다.

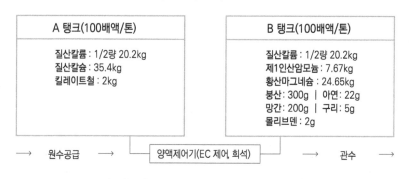

(그림 6-4) 야마자키 배양액에 대한 원액 조제 및 액비혼입 개략도

야마자키 토마토 배양액의 조성을 비료량으로 계산한 것은 아래의 표와 같다. 사용하는 비료에 따라서 투입량이 달라질 수 있는데 질산칼슘을 4수염(표 6-8)을 사용할 때와 10수염(표 6-9)을 사용할 때 다른 비료의 투입량도 달라진다.

(표 6-8) 야마자키 토마토 배양액의 다량원소 비료량 계산(4수염 질산칼슘)

| 비료염 | N | | P | K | Ca | Mg | S | 당량중 (mg/me) | 비료량 (g/1,000L) |
	NO_3	NH_4							
성분 농도(me/L)	7	0.7	2	4	3	2	2		
KNO_3	4			4				101	404
$Ca(NO_3)_2 \cdot 4H_2O$	3				3			118	354
$MgSO_4 \cdot 7H_2O$						2	2	123	246
$NH_4H_2PO_4$		0.7	2					38	76
합계	7	0.7	2	4	3	2	2		

(표 6-9) 야마자키 토마토 배양액의 다량원소 비료량 계산(10수염 질산칼슘)

| 비료염 | N | | P | K | Ca | Mg | S | 당량중 (mg/me) | 비료량 (g/1,000L) |
	NO_3	NH_4							
성분 농도(me/L)	7	0.7	2	4	3	2	2		
KNO_3	3.3			3.3				101	333
$5(Ca(NO_3)_2 \cdot 2H_2O)NH_4NO_3$	3.3	0.3			3			108	324
$MgSO_4 \cdot 7H_2O$						2	2	123	246
KH_2PO_4			2	0.7				45	90
NH_4NO_3	0.4	0.4						80	32
합계	7	0.7	2	4	3	2	2		

(표 6-10) 야마자키 토마토 배양액의 미량원소 비료량 계산

원소	비료염	비료량(g/1,000L)
Fe	Fe-EDTA	$2.0 \times 430/55.9 = 15.38$
B	H_3BO_3	$0.2 \times 62/10.8 = 1.14$
Mn	$MnSO_4 \cdot 4H_2O$	$0.2 \times 223/4.9 = 0.81$
Zn	$ZnSO_4 \cdot 7H_2O$	$0.02 \times 288/65.4 = 0.09$
Cu	$CuSO_4 \cdot 5H_2O$	$0.01 \times 250/3.5 = 0.04$
Mo	$Na_2MoO_4 \cdot 2H_2O$	$0.005 \times 242/96.0 = 0.01$
	$(NH_4)_6Mo_7O_{24} \cdot 4H_2O$	$0.005 \times 1236/(95.9 \times 7) = 0.01$

(표 6-11) 야마자키 토마토 배양액 고농도 원액 조제(100배 농축액)

탱크	비료염		비료량(g/1,000L)
A	질산칼륨(KNO_3)		20.2kg
	질산칼슘($Ca(NO_3)_2 \cdot 4H_2O$)		35.4kg
	킬레이트철(Fe-EDTA)		1.5kg
B	질산칼륨(KNO_3)		20.2kg
	제일인산암모늄($NH_4H_2PO_4$)		7.6kg
	황산마그네슘($MgSO_4 \cdot 7H_2O$)		24.6kg
	미량원소	붕산(H_3BO_3)	114g
		황산망간($MnSO_4 \cdot 4H_2O$)	81g
		황산아연($ZnSO_4 \cdot 7H_2O$)	9g
		황산구리($CuSO_4 \cdot 5H_2O$)	4g
		몰리브덴산나트륨($Na_2MoO_4 \cdot 2H_2O$)	1g

다. 배양액 EC

배양액의 전이온 농도(EC)와 개별 무기양분 농도는 작물의 생육, 수량 및 품질에 큰 영향을 미치므로 배양액 농도를 어떻게 관리할 것인지를 결정하는 것은 실제 재배에서 매우 중요한 문제이다. 지금까지의 연구결과에 따르면, 작물의 종류에 따라 적정 농도가 존재하기는 하나 생육단계나 환경조건에 따라 다르다.

작물별 적정 농도 범위를 기본으로 품종, 생육단계, 환경조건에 따른 영향을 고려하여 배양액 농도를 관리한다. 일반적으로 생육 초기에는 작물의 양수분 흡수량이 적고 생육이 진전됨에 따라 많아지기 때문에 저농도로 관리하고 생육이 진전됨에 따라 농도를 높여간다. 과채류에서는 과실의 비대·수확기, 즉 생식생장기에 접어들면 양분 흡수량이 현저히 많아지므로 배양액 농도를 높게 관리한다. 잎과 줄기의 생육을 촉진시키기 위해서는 질소를, 과실생산을 위해서는 인, 칼륨, 칼슘 농도를 높이는 등 재배목적에 맞는 성분 농도의 조절도 필요하다. 또한 배양액 농도는 겨울철에는 높게, 여름철에는 낮게 관리하는데 이것은 계절에 따른 수분요구량의 차이에 따른 것이다.

수분 흡수량은 기온과 근권온도가 높고 일사량이 많을 때 촉진되므로 이러한 조건에서는 배양액 농도는 낮게, 그리고 반대의 경우인 겨울철에는 높게 관리한다. 순환식의 경우 비순환식보다 낮게 관리하고 피트모스나 코이어 등의 유기배지는 낮게, 암면과 펄라이트 등의 무기배지는 다소 높게 관리하는 것이 일반적인 배양액 농도관리 방법이다.

토마토의 경우 생육단계별로 3화방 개화기부터 5화방 착과기에 비료 흡수량이 가장 많아진다. 그러므로 토마토 수경재배 시 항상 동일한 농도로 급액하게 되면 3화방 개화 때까지 배지 내 양분 농도가 저하되고, 반대로 5화방 착과(또는 적심) 이후는 배지 내 양분 농도가 상승하게 된다. 육묘기를 포함하여 정식 시에는 급액 농도를 낮게, 정식 후부터 서서히 급액 농도를 올리고, 3화방 개화기부터 5화방 착과기에는 급액 농도를 높게, 그 후에는 서서히 급액 농도를 낮춘다. 이러한 생육단계에 따른 급액 농도의 조절은 토마토의 양분 흡수 특성에 맞추어 행하는 것이며, 동시에 배지 내 양분 농도의 변동을 적게 하여 안정적으로 관리하기 위해서도 필요하다.

동양계 토마토 품종은 초세가 강한 것이 많아서 정식 후 3화방 개화기까지 농도를 높여 관리하면 기형과가 많아지는 경향이 있으므로 급액 농도를 1.6~1.8dS/m 내외로 관리하는 것이 바람직하다.

라. 배양액 pH

pH는 용액 내에 존재하는 수소이온(H^+)의 농도를 나타내는 지표이며 $0\sim14$까지의 수치를 가진다. 배양액의 pH는 양분의 용해도와 작물의 양분 흡수에 직접적으로 영향을 미친다. 대부분의 작물은 토양재배와 수경재배에서 모두 일반적으로 pH $5.5\sim6.5$ 범위에서 생육이 왕성한데 그 이유는 이 범위에서 대부분의 무기양분의 흡수가 원활히 이루어지기 때문이다.

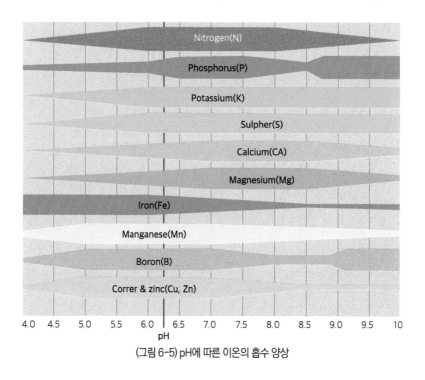

(그림 6-5) pH에 따른 이온의 흡수 양상

작물의 이온흡수 특성에 따른 근권부 배양액의 pH 변화를 보면 작물이 양이온(K^+, NH_4^+, Ca^{2+}, Mg^{2+})을 흡수하면 뿌리에서 배양액으로 수소이온이 방출되어 근권의 pH가 낮아지고 음이온(NO_3^-, SO_4^{2-}, $H_2PO_4^-$)을 흡수하면 수산이온(OH^-)이 방출되어 근권의 pH가 높아진다. pH 변화는 작물적 요인(작물의 종류, 품종), 생리적 요인(생식생장기, 영양생장기), 환경요인(지상부의 온습도와 광도, 근권온도)에 따라 배양액 내에 존재하는 양이온과 음이온의 흡수비율이 달라지기 때문에 나타나게 된다. 근권의 pH를 적정 수준으로 유지하는 것은 수경재배에서 가장 중요한 배양액 관리 요인 중의 하나이다.

배양액의 pH는 5.5~6.5로 유지하는 것이 좋으나 5.0~7.0의 범위에서도 작물 생육에는 지장이 없는 것으로 알려져 있다. 그러나 pH가 4.5 이하로 떨어지면 칼륨, 칼슘, 마그네슘 등의 알칼리성 염류가 불용화된다. pH가 7.0 이상일 경우에는 철이 침전되어 작물이 이용하기 어렵게 되고 8.0 이상이면 망간과 인이 불용화되기 쉽다. 일반적으로 pH가 낮을 때는 음이온의 흡수가, 높을 때는 양이온의 흡수가 원활히 이루어진다.

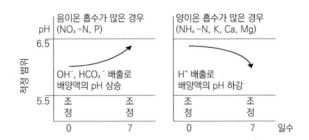

(그림 6-6) 작물의 이온흡수에 따른 근권 배양액의 pH 변화

(표 6-12) 근권 pH에 따른 무기양분 흡수 양상

	pH가 낮을 때	pH가 높을 때
흡수 증가	철, 망간, 아연, 구리	몰리브덴
흡수 감소	몰리브덴, 칼슘, 마그네슘	철, 망간, 아연, 구리, 붕소

배양액 내 질산태 질소(NO_3-N)와 암모늄태 질소(NH_4-N)의 비율도 pH에 영향을 준다. 암모늄태 질소가 우선적으로 흡수될 경우 pH가 낮아지고 반대로 배양액의 pH에 따라 원예작물의 질소 흡수특성이 변화하기도 한다. 식물에 있어서 필수원소인 철은 킬레이트의 형태로 공급하지 않으면 pH가 높아짐에 따라 산화철($Fe(OH)_3$)의 형태로 침전된다. 킬레이트 철의 종류에 따라 Fe-EDTA는 pH 7까지, Fe-DTPA는 pH 8까지, Fe-EDDHA는 전 영역에서 사용가능하므로 상황에 맞는 철 급원을 적절히 선택해야 한다.

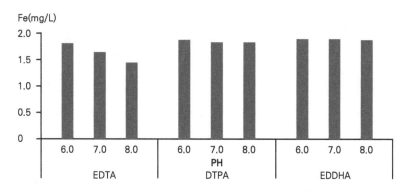

(그림 6-7) 배양액 pH에 따른 킬레이트 Fe의 종류별 불용화 비교(2009, 경남기술원)

높아진 pH를 낮추기 위해서는 황산(H_2SO_4), 인산(H_3PO_4), 질산(HNO_3) 등이 사용되며 낮아진 pH를 높이기 위해서는 수산화칼륨(KOH)이나 수산화나트륨($NaOH$)이 사용된다. 또한 적절한 비료염을 사용하여 pH를 조절하기도 하는데, 질산암모늄(NH_4NO_3), 인산암모늄($NH_4H_2PO_4$), 황산암모늄(($NH_4)_2SO_4$) 등이 대표적인 비료염이다. 이들 비료의 공통점은 암모늄태 질소(NH_4-N)를 함유하고 있다는 것이다. 영양생장기 동안 근권의 pH는 계속적으로 상승되는데, 식물이 질산태 질소(NO_3-N)를 중점적으로 흡수하여 수산이온(OH^-)을 방출하기 때문이다. 따라서 질산태 질소의 흡수를 억제할 수 있는 암모늄태 질소를 공급해줌으로써 근권의 pH 상승을 억제할 수 있다. 그러나 생식생장기 동안에는 식물이 칼륨을 중심으로 한 양이온을 많이 흡수하여 근권의 pH가 낮아지기 때문에 암모늄태 질소가 함유된 비료염을 사용할 경우 근권의 pH가 더욱 낮아지게 된다. 이를 방지하기 위해서 중탄산칼륨($KHCO_3$)과 같은 비료를 사용한다. 중탄산칼륨은 칼륨 공급원이 될 뿐만 아니라 동시에 pH가 낮아지는 것을 막는 중탄산이온(HCO_3^-)을 근권에 공급하여 근권의 pH를 안정적으로 유지하도록 도와준다.

(표 6-13) 고형배지경에서 근권 pH 조절방법

근권 pH가 높을 때	근권 pH가 낮을 때
· 급액 pH를 낮춤(pH 5.0 이상) · NH$_4$-N 추가공급(10~20% 범위 내)	· 급액 pH를 높임(pH 6.2 이하) · NH$_4$-N 공급량을 줄임 · KHCO$_3$ 추가공급(농축액과 별도)

(표 6-14) 원수 내 중탄산이온(HCO$_3^-$) 중화 시 산 첨가량

중탄산이온(ppm)		산 첨가량(kg/100배액 1톤)	
원수 내 농도	중화목표량	A 탱크 (60% 질산)	B 탱크 (85% 인산)
75	25	2.150	2.364
100	50	4.305	4.727
125	75	6.458	7.091
150	100	8.610	9.454
175	125	10.763	11.818
200	150	12.915	14.181

04

토마토 수경재배 기술

가. 토마토 수경재배 현황

(표 6-15) 1990년대의 토마토 수경재배(단위 : ha)

품목	1992	1993	1994	1995	1996	1997	1998	1999
일반토마토	5	10	17	27	60	95	110	161
방울토마토	2	4	13	17	53	54	93	122
소계	7	14	30	44	113	149	203	283
전 작목	17	34	69	107	274	374	540	648

토마토는 초창기(1990년대)부터 전체 수경재배면적의 30% 이상을 차지하며 중요한 수경재배 작물로 자리잡기 시작하였으며, 일반토마토와 방울토마토의 비율이 각각 절반 정도였다. 2000년대 이후에도 토마토 수경재배는 지속적으로 증가하여 2017년에는 602ha로 딸기(1,575ha)를 제외하고 수경재배로 가장 많이 재배되는 작물이 되었다. 토마토의 지역별 재배면적은 경남, 전남, 전북이 가장 많으며 그 외에 전국적으로 조금씩 재배되었다.

(표 6-16) 2000년 이후 토마토 수경재배(단위 : ha)

연도	2000	2004	2008	2010	2012	2014	2016	2017
재배면적	258.6	253	181	334	383	467	575	602

(표 6-17) 지역별 토마토 수경재배 면적(2017, 단위 : ha)

구분	전남	경남	전북	충남	강원	경북	경기	기타
일반토마토	58.1	66.9	72.3	17.2	58.8	34.3	20.4	26.4
방울토마토	90.0	31.2	10.6	60.3	12.5	0.7	6.6	36.2
계	148.1	98.1	82.9	77.5	71.3	35.0	27.0	62.6

나. 토마토 수경재배 기술

(1) 작형 및 재배 품종

토마토 토경재배는 5~7단으로 단기재배를 하지만 수경재배에서는 장기재배가 일반적이다. 장기재배 작형은 대부분 전년 8~9월에 정식하여 익년 6~7월까지 재배하는데 이 경우 30단 이상 수확할 수 있다. 장기재배용 품종은 저온이나 고온 등 불량한 환경에서 초세와 착과가 안정적인 품종이 요구되므로 유럽계 품종이 주로 이용되고 있다.

수경재배는 재배 작형이 뚜렷이 구분되어 있지는 않으나, 8~9월에 정식하여 이듬해 6월까지 수확하는 장기재배와 4월에서 6월까지 수확하는 촉성재배, 10월에서 12월까지 수확하는 억제재배 작형으로 크게 구분할 수 있다.

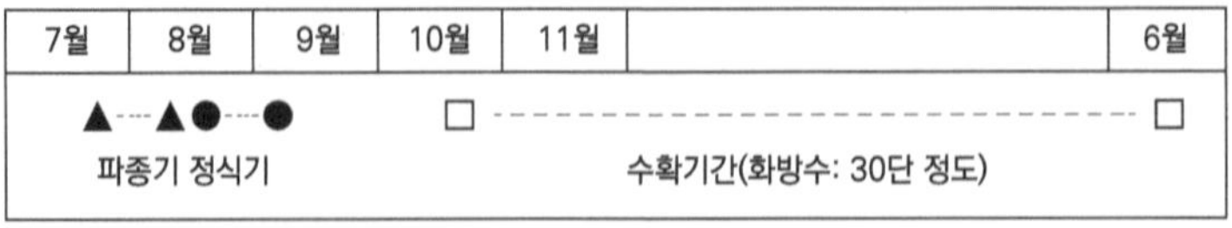

(그림 6-8) 토마토 장기재배 작형 모식도

(2) 육묘

수경재배 육묘에는 암면플러그와 암면블록을 이용한 육묘가 일반적이다. 파종용 암면플러그(240공)에 파종하여 떡잎이 전개되고 본엽이 1~2매 전개되었을 때, 육묘용 암면 큐브에 이식한다. 육묘용으로는 7.5cm 크기의 정육면체 블록이 일반적으로 많이 사용된다. 블록은 이식 하루 전에 야마자키 표준액의 1/2 농도의 배양액으로 충분히 젖게 한다. 이식 후 배양액 공급은 두상관수보다는 저면관수가 양액이 균일하게 공급되고 잎에 물이 묻지 않기 때문에 병발생도 억제된다.
암면블록을 이용한 육묘의 경우 육묘기간은 암면블록의 아랫부분으로 뿌리가 자라 나오는 시기를 정식 적기로 결정하는데 온도가 낮고 난방이 필요한 봄이나 겨울철에는 45~60일 정도, 여름철 육묘는 35~40일 정도가 알맞다.

파종(240공 암면플러그)　　　　　암면블록 이식 육묘　　　　　어린 묘 직접 정식

(그림 6-9) 토마토 육묘방법 비교(2016, 경남기술원)

경남농업기술원의 어린 묘 육묘 연구 결과, 어린 묘(파종 후 22일 이내)를 직접 정식하면 개화와 착과가 빨라지고 수량이 증가하지만, 육묘기간이 길어지면 착과가 불량해지고 정식 후 수량이 감소하므로 묘가 노화되지 않도록 하는 것이 중요하다. 기상환경이 불량한 해에는 고온기 정식 후에 1화방의 개화가 늦고 착과가 불량해지는 경우가 발생하기도 하는데 이 경우 영양생장과 생식생장의 균형이 깨지면서 착과조절이 어려운 경우가 발생하기도 하므로 정식 후에도 세심한 관리가 필요하다.

(표 6-18) 화방별 출현 소요 엽수 및 1번화 개화일(2016, 경남기술원)

구분		1화방		2화방	
		엽수(매)	개화(월.일)	엽수(매)	개화(월.일)
직접 정식 (육묘 일수)	12일	7.1	1.11	3	1.19
	17일	8.0	1.13	3	1.23
	22일	8.1	1.14	3	1.24
	27일	8.1	1.16	3	1.27
	32일	8.3	1.18	3	1.30
대조(블록이식)		8.3	1.14	3	1.22

(표 6-19) 육묘방법별 토마토 수량(5화방까지, 2016. 3. 17 ~ 4. 25)

구분		착과 수 (개/주)	평균 과중 (g)	수량(kg/10a)			상품과율 (%)
				총 수량	상품	비상품	
직접 정식 (육묘 일수)	12일	7.8	207.4	4,178	4,017 az	161	93.1
	17일	7.5	210.4	4,223	3,944 a	279	87.6
	22일	7.0	208.9	3,928	3,644 a	284	84.7
	27일	5.5	208.9	3,133	2,856 b	277	84.7
	32일	6.6	202.4	3,729	3,351 ab	378	80.1
대조(블록이식)		7.6	203.2	4,054	3,840 a	214	89.4

과채류 재배에서 접목묘를 이용하여 온도, 수분, 염 등 불량한 환경을 타파하거나 병해충을 회피한다. 우리나라 토마토 재배에서는 주로 병저항성 대목을 사용하고 있기 때문에 수경재배에는 토양전염성 병에 노출될 위험이 적어 접목묘를 거의 사용하지 않고 있다. 그런데 최근 수경재배는 장기재배를 하기 때문에 지속적으로 초세를 유지하고 불량한 환경 극복을 목적으로 대목을 이용하려는 농가가 증가하고 있다.

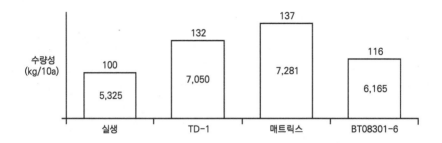

(그림 6-10) 토마토 장기수경재배 시 대목 이용에 따른 수량성(2014, 충남기술원)

접목묘의 경우 대목의 특성과 도입하려는 특성(세력, 환경저항성, 병저항성)을 고려하여 품종을 선정해야 한다. 일부 농가에서는 대목에 대한 이해가 없이 접목묘를 사용하는 경우가 있어 오히려 세력 저하, 양수분 흡수 능력 저하로 생산성 감소를 초래하기도 한다.

(3) 정식, 정지 및 유인

정식은 제1화방의 개화 직전부터 개화가 시작되는 시기에 하는데 고온기나 초세가약한 경우에는 약간 어린 묘(5~6엽기)로 하는 것이 뿌리의 활착이 좋다. 암면이나코이어 배지재배의 정식은 육묘블록을 일정한 간격으로, 즉 재식 거리에 맞게 슬라브 위에 올려놓으면 된다. 재식 거리는 슬라브를 2줄로 배치할 때는 슬라브(90~100cm)당 3~4주를 심고, 슬라브를 1줄로 배치할 때는 슬라브당 4~5주가 일반적이지만 수확하고자 하는 재배 단수에 따라 밀도를 조절하는 것이 바람직하다.
유인하는 방법도 영향을 미치는데, 토마토는 발생하는 측지를 전부 제거하고 1줄기만 키우는 것이 일반적이다. 최근 종자비용, 육묘노력 절감과 더불어 생산량 증대를 위하여 2줄기 유인재배를 하는 경우도 있다. 이 경우 재식 주수를 기존의 절반으로 줄여야 한다.
어린 묘 2줄기 유인은 본엽 2~3매 시기에 떡잎만 남기고 생장점 부위를 적심한다. 적심 후 7~10일이 경과되면 양 떡잎 사이에서 측아가 발생한다. 새로 발생된2개의 측아를 가진 토마토를 육묘하여 정식 재배한다.

| 적심시기 : 본엽 2~2.5매 | 적심 | 신초 발생 |

(그림 6-11) 어린 묘 2줄기 유인재배 방법

(표 6-20) 토마토 유인방법별 수량(2011, 원예원)

품종	수량(kg/10a)		
	유묘적심 2줄기	개화 후 2줄기	외줄기
텐텐	6,977	6,110	4,878
알리	6,864	5,670	4,228

* 수확기간 : 6/19 ~ 7/28

(4) 배양액 종류 및 농도관리

(가) 배양액 종류와 조성

배양액 조성은 각 나라별 양액 조성과 재배 방법에 따른 조성 등 여러 가지가 있다. 순수수경의 경우 원예원 처방이나 야마자키의 토마토용 배양액을 사용할 수도 있으며, 유럽의 다른 배양액을 사용하여도 된다.

(표 6-21) 한국 및 일본에서 사용되고 있는 배양액(me/L)

종류	N	P	K	Ca	Mg
한국원예원표준액	9.0	2.0	5.0	4.0	2.0
일본원시표준액	16.0	4.0	8.0	8.0	4.0
야마자키액	7.0	2.0	4.0	3.0	2.0

(표 6-22) 재배조건에 따른 배양액(me/L)

구분	NO₃-N	NH₄-N	P	K	Ca	Mg	S
토마토 I ↵	10.5	0.5	4.5	7.0	7.5	2.0	5.0
II	9.0	〈0.5	3.0	5.0	10.0	4.0	6.0
III	TN10.7	-	3.51	5.9	6.0	2.46	1.9
IV	TN17.9	-	3.51	9.7	6~9	3.30	1.9
V	TN20.0	-	3.51	11.5	6~10	3.30	1.9
VI	TN12.1	-	5.01	6.65	5.0	2.46	1.6

I ↵ : 네덜란드 온실 작물 연구소 (암면재배 표준), II : 네덜란드 온실 작물 연구소 (암면 내의 배양액 분석 기준),
III ~ VI : 덴마크의 그로단사

(표 6-23) 수경재배 방식에 따른 배양액(벨기에 유럽채소연구소, me/L)

식물	NO₃	H₂PO₄	K	Ca	Mg	SO₄
NFT용	14.7	2.3	9.2	5.2	1.7	1.8
배지경	15.3	2.1	9.2	5.2	1.7	1.7

양액 조성은 유럽계 품종은 유럽의 양액 처방, 동양계 품종은 우리나라 및 일본의 양액 처방을 사용하는 것이 일반적이며, 사용하는 배지에 맞게 처방된 것을 사용하면 좋다. 방울토마토도 일반토마토의 조성을 기준으로 처방하면 무난하다.

(나) 배양액 농도관리

양액 농도관리는 품종, 생육단계, 계절의 변화 등에 따라 달라야 한다. 유럽 품종은 일본 품종에 비하여 다비성이며, 고농도에서도 난형과 및 배꼽썩음이 적은 특성을 지닌다. 생육단계는 유묘기, 육묘기, 정식기, 개화기, 과실비대기, 착색기, 완숙기에 따라 흡수량이 달라진다. 대체로 생육함에 따라 농도를 높이다가 후기에는 낮추는 것을 기본으로 한다. 계절의 변화는 빛의 세기, 일장, 온도, 습도 등의 요소를 가지고 있다. 저온기에는 고농도로 급액하고, 증산량이 많은 고온기에는 저농도로 한다.

재배 방식은 장기재배와 단기재배에 따라 달라진다. 장기재배에서는 재배기간 중 초세 유지를 위하여(뿌리 활력 유지) 저농도 시기가 존재하는 특성을 지닌다. 일반적으로 배지경은 장기재배를 하기 때문에 순수수경보다 양액 농도를 높게 관리하지만 최근에 유기배지로 대체되면서 염류집적에 의한 생산성 저하가 나타날 수 있어 배지 특성을 고려한 양액관리가 필요하다. 유럽 품종의 암면재배의 경우 양액 농도를 EC 3.0dS/m로 관리하고, 여름에는 EC 2.0~2.5dS/m 수준으로 조절한다. 우리나라에서는 토마토 생육 초기에 EC 1.0~2.0dS/m, 생육 최성기 EC 2.0~2.5dS/m, 생육 말기에 EC 2.0dS/m를 추천하고 있다.

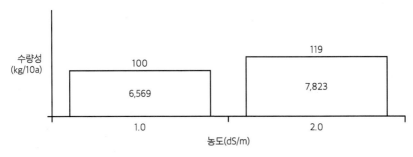

(그림 6-12) 초기 급액 농도에 따른 수량성(2015, 충남)

* 정식 시 1.0dS/m, 2일격 0.3dS/m씩 농도를 높인 후, 정식 후 7일 부터 2.0dS/m 관리

(다) 배양액 공급량 관리

수경재배는 양수분 공급이 동시에 이루어지므로 양액 공급량 관리가 매우 중요하다. 베드 내 수분 함량은 용량비에서 50~80%가 적당하다. 베드 내 과잉으로 양액 공급되면 배수가 불량하여 베드의 아랫부분이 과습의 피해를 입기가 쉽고, 반대로 수분량이 40% 이하이면 베드의 윗부분이 건조하여 수분 부족으로 뿌리가 상하기 쉽다. 양액을 공급해도 물길이 생겨서 슬라브 전체에 수분이 확산되지 않는 현상이 일어나기 때문에, 배액이 나오는 양을 여러 번으로 조절하여 급액한다. 적온기부터 고온기까지의 작형에서는 양액공급 횟수가 적으면 슬라브 내 양액 농도가 상승하고, 배꼽썩음과가 많이 발생한다. 비순환식에서는 슬라브의 양수분 흡수에 맞추어 공급량의 20~30%가 배액되도록 공급하는 것이 기본이다. 이 경우 재배 중의 공급량과 배액량을 측정해서 배액율을 계산하면서 공급하지만, 이것이 불가능할 경우에는 (표 6-24)의 토마토 생육 성기에 있어서 월별 양액 공급량을 참고한다.

	1월	2월	3월	4월	5월	6월	7월	8월	9월	10월	11월	12월
공급량(L/주)	0.79	0.74	0.84	1.14	1.52	1.33	1.64	1.85	1.48	1.05	0.81	0.67
표준편차	0.28	0.25	0.25	0.27	0.46	0.38	0.41	0.33	0.14	0.23	0.22	0.23

1주당 1회 공급을 주당 100mL씩 한다면 1일 공급횟수는 겨울철에는 대략 7~8회, 여름철에는 10~20회이다.

정확한 양액공급을 위하여 여러 가지 방법이 사용되고 있는데 타이머 제어는 실험적인 결과치를 이용하기 때문에 시설의 환경변화와 작물의 생육 상황을 고려할 수 없다는 문제가 있다. 타이머와 일사센서, 수분센서, 배액량 센서를 동시에 사용하여야 훨씬 더 정밀한 양액관리가 가능하다. 최근에는 ICT를 이용하여 시설 내 환경과 급액 및 배액의 정보를 분석하고 실시간으로 양액을 제어하여 생산성 향상에 기여하는 기술이 개발되고 있다.

9월 정식의 토마토 장기재배에서 작물의 생장을 고려하여 일사센서를 이용해 양액공급할 때, 배액률이 20~30%가 되는 월별 적산일사량 설정 기준은 (표 6-25)와 같다.

(표 6-25) 토마토 장기재배에서 월별 적산일사량 설정 기준(2016, 원예원)

구분	11~1월	2월	3월	4월 이후	5월 이후
일사량 기준(J/cm²)	120	110	100	80	70

일사량센서

배지수분 함량 센서

배지중량 및 배액정보 활용

(그림 6-13) 수경재배 시 급액량 조절에 사용되는 센서

잘못된 양액공급으로 배지 내 수분 함량이 높아 과습하게 되면 배지 내 산소공급이 원활하지 않아 생리장해를 일으킨다. 특히 일사량이 적고 기온이 낮은 겨울철에는 뿌리 활력이 낮아서 개화와 착과가 불량해지므로 생산성을 떨어뜨리는 요소가 된다(그림 6-14).

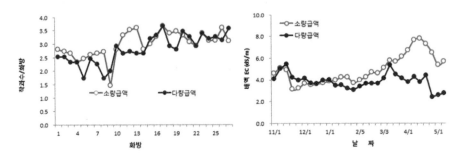

(그림 6-14) 토마토 장기재배에서 관수량에 따른 화방별 착과 수(좌) 및 배액 EC(우), (2015, 원예원)

급액이 적은 경우에 배액의 EC가 급격히 상승하게 되는데 최근에는 코이어 배지를 이용하게 되면서 배액량 감소에 의한 배지 내 EC 변화가 더 심하게 나타나고 있어 세심한 관리가 필요하다.

chapter 7

착과증진 및
품질 향상

01

토마토 착과관리

가. 토마토의 개화 결실생리

일정 기간의 영양생장을 통해 유묘기를 경과하고 성숙하게 되면 줄기 선단의 생장점 조직이 질적인 변화를 일으켜 꽃눈을 형성한다. 꽃눈은 장차 꽃으로 발전할 세포조직으로서 이 꽃눈분화를 분기점으로 대부분의 작물도 생식생장이 시작된다. 개화란 꽃눈이 발달하여 꽃의 각 기관을 형성하고 꽃받침과 꽃잎이 벌어지는 것을 말한다. 즉 꽃눈의 형성은 개화에 이르는 생식생장의 첫 단계이다. 개화는 여러 가지 요인이 관여하여 이루어지는데 내적으로는 C-N율, 화성호르몬, 지베렐린, 오옥신 등이 관여하며 외적으로는 광, 온도, 토양 등의 환경에 관여한다. 결실은 수분과 수정과정을 통해 종자와 과실이 형성됨으로서 이루어지는데 꽃의 구성요소 중 결실에 가담하는 중요기관으로 수술과 암술이 있다. 토마토의 암술은 통으로 된 수개의 꽃밥으로 둘러싸여 있는데 개화 시에 꽃밥이 내측에서 세로로 갈라져 꽃가루가 나오고 동시에 암술대가 자라 나오는 과정에서 암술머리에 꽃가루가 묻어 수분이 이루어진다. 수분이 되면 50여 시간 뒤에 수정이 완료된다고 하지만 당시의 온도 등의 조건에 따라 상당한 시간차가 생긴다. 수정이 가능한 기간은 개화 전 2일부터 개화 후 4일 정도다.

수분 후 조건이 좋아서 꽃가루의 발아와 화분관의 신장이 순조로우면 수정이 빨리 이루어지지만 저온기에는 밤의 온도가 낮아서 화분관의 신장이 중단된다. 다음날 낮에 적온을 만나면 다시 신장을 계속하는 과정을 되풀이하다가 화분관의 전 길이가 배주에 이르지 못하면 결국 불수정이 되고 만다. 저온기에는 온도 부족이 불수정의 원인이 되는 수가 많지만 꽃가루 자체의 능력이 수정에 필요한 화분관의 길이까지 미치지 못하거나 적온이 될 때까지 지탱하지 못하는 경우도 있다. 저온의 경우에는 화분관의 신장이 중단되었다가 적온이 되면 신장을 다시 하지만 고온에 의해 화분관의 신장이 중단되면 에너지 소모가 많았기 때문에 그 뒤 적온이 되어도 정상적인 신장을 하지 못한다.

대체로 평균기온이 25℃, 최고기온이 30℃를 넘는 날이 계속되면 젊고 초세가 좋은 개체가 아니면 착과는 매우 어렵다. 강우는 낙과의 직접적인 원인이 되지는 않지만, 비가 수일간 계속 올 때는 일조 부족이 화기의 기능을 약화시켜서 낙화를 초래한다. 토양수분의 과다가 낙과의 원인은 되지 않고 오히려 건조에 의한 꽃의 발육불량, 개화의 불완전으로 낙화되는 수가 있다. 이 밖에 특히 질소과다에 의한 웃자람, 과번무, 초세 빈약, 하단의 결과 과다, 잎에 병이 많이 발생하여 꽃의 발육이 나빠졌을 때 낙화가 많이 생긴다.

과실비대에 관여하는 식물호르몬은 오옥신, 지베렐린, 사이토카이닌이다. 처음에는 다른 부위로부터 이들 호르몬을 공급받지만 수정이 된 후부터는 화분, 수정접합체, 발육 중인 종자로부터 공급받는다. 식물호르몬 중 오옥신이 특히 많이 생성되어 과실비대를 촉진한다. 수분이 되지 않고 종자가 형성되지 않으면 오옥신의 함량이 적어 이층형성이 촉진되고 낙과가 많아지며 기형과, 난형과가 많이 생긴다. 과실의 비대는 세포의 수와 크기가 확장되면서 그곳에 양분과 수분이 축적되는 과정이다. 과실의 비대과정에서 다량의 탄수화물, 수분, 무기양분 등이 잎, 뿌리, 줄기로부터 전류된다. 즉 과실은 양분과 수분 흡수의 중심이 되는데 이때 과실과 과실, 과실과 다른 영양기관 사이에는 양분과 수분의 경합이 일어나게 된다.

나. 착과증진방법

(1) 재배관리

낙화, 낙과를 방지하기 위해서는 암술과 수술이 충실한 꽃을 개화시켜 수분, 수정이 잘되도록 한다. 이를 위해서는 꽃 쪽으로 양분 공급이 원활하게 이루어지도록 해야 하고 개화한 꽃이 물리, 화학적인 피해를 받지 않도록 주의해야 한다.

(가) 온도관리

주간 최고온도가 30℃를 넘지 않도록 해주고 야간 최저온도는 품종에 따라서 다소 차이는 있으나 8℃ 이하로 내려가지 않도록 해준다. 특히 개화 8~10일 전쯤의 감수 분열기에는 수술이 고온에 약하므로 주의해야 한다. 고온이나 저온에 오랫동안 놓이게 되면 꽃으로의 양분 공급이 원활하지 못하여 꽃가루 발육이나 자방 비대가 심하게 억제된다. 따라서 온도는 가능한 한 생육에 알맞은 범위에서 관리해 주는 것이 좋다. 땅 온도(지온)도 기온 못지않게 중요한데 특히 겨울철 재배 시는 지온 중심의 온도관리를 해주어야 한다. 가장 알맞은 지온은 20℃ 전후이지만 15~16℃ 정도만 유지시켜도 실제 재배에는 큰 문제가 없으므로 햇빛이 잘 들도록 하고 멀칭을 철저히 해준다. 찬물을 일시에 다량관수하면 지온이 심하게 떨어지므로 하우스 내에 저수조 등을 설치하여 수온을 높여주는 것이 좋다.

(나) 광관리

광이 부족하면 동화작용이 충분히 이루어지지 않아 체내 양분이 부족하게 되고 자연히 화방 쪽으로 공급되는 동화물의 전류량도 적어지므로 낙화, 낙과하게 된다. 특히 토마토는 광포화도가 매우 높은 작물이므로 겨울철 저온 환경이나 과일이 열린 초기에는 광이 절대적으로 부족한 경우가 많다. 따라서 보온피복재의 조기제거, 외피복재의 세척, 재식밀도 조절, 노화엽의 적엽 등을 철저히 하여 광을 최대한 많이 받을 수 있도록 해주어야 한다.

(다) 물주기, 비료 주기 및 기타관리

물주기와 비료 주기를 잘못하여 영양생장으로 치우치게 되면 동화된 양분이 화방으로 가지 않고 경엽의 신장 쪽으로 편중되어 식물체가 과번무하게 된다. 이렇게 되면 낙화되거나 착과되었다 하더라도 과일비대가 좋지 않으므로 다시 경엽 쪽으로 동화양분이 집중되는 악순환이 계속된다. 어린 묘를 정식하거나, 정식 직후 과습하게 관리하여 뿌리 활력이 지나치게 강해질 경우 이 같은 현상이 나타나기 쉽다. 기비 비료량은 반드시 토양분석을 한 후에 결정하고 웃거름은 생육상태를 보아가면서 주는 시기와 양을 조절해 주어야 한다. 그리고 측지 제거, 적과, 적엽, 적심, 유인작업 등을 적기에 행하여 식물체의 생육 리듬이 흐트러지지 않도록 한다. 방울토마토는 초세가 왕성하여 액아신장이 강하므로 측지는 조기에 제거해 주고, 개화 수가 많은 품종은 화방별로 적화, 적과를 적절히 행하여야만 다음 화방의 착과나 비대가 정상적으로 된다.

(2) 인공수분이나 식물생장조절제(착과제) 처리

토마토는 수분, 수정이 되면 자방 내에 오옥신의 농도가 높아지고 양분의 흡인력이 강해지므로 낙과가 잘되지 않는다. 하우스 내와 같이 바람이 거의 없고 습도가 높은 환경에서는 자가수분이 잘되지 않으므로 인공수분이나 착과제 처리를 해주어 자방 내에 호르몬(주로 오옥신) 농도를 높여주도록 한다.

(가) 인공수분

인공수분은 인위적으로 꽃가루를 암술머리(주두)에 붙여주는 방법인데 진동수분과 수정벌을 많이 이용하고 있다. 진동수분은 수술을 흔들어 꽃가루가 날려서 암술머리에 붙도록 하는 방법이다. 꽃에 따라서는 꽃가루가 충분하지 않은 것이 많고 하우스 내는 습도가 높아 꽃가루가 잘 날리지 않는 경우가 많으므로 잘 이용하고 있지 않다. 수정벌을 이용하는 방법은 네덜란드 등에서는 100% 실용화되어 있다. 하지만 생력적이고 수정효과도 좋지만 가격이 비싸고 잔류 농약에 의한 피해 우려가 있다. 또 일부에서는 과일의 저장성이 떨어진다는 보고도 있다.

(나) 식물생장조절제 이용

식물생장조절제로는 주로 토마토톤을 많이 이용하고 있다. 주성분은 호르몬(오옥신)인데 화방부에 살포하여 화방부의 호르몬 농도를 경엽부 쪽보다 높게 해주는 것이다. 이렇게 하면 단위결실(종자가 만들어지지 않고도 과일이 달리는 현상)이 유발되어 과일발육에 필요한 양분을 스스로 끌어들여 비대하게 된다. 그러나 호르몬제 처리에 의해 단위결과시키는 경우에는 공동과 등의 기형과가 발생하는 문제가 있고 빈번한 처리에 의해 식물체 내에 축적되어 경엽이나 생장점으로 이행되어 축엽, 심지현상 등이 나타나게 된다. 따라서 사용 농도와 사용방법을 반드시 준수하여야 한다. 무엇보다도 중요한 것은 개화·결실의 시기에는 자가수분, 수정률을 가능한 한 높여 종자가 생기도록 하고 호르몬제는 어디까지나 결실, 과일비대 촉진의 보조적 수단으로 사용하여야 한다는 것이다.

토마토톤 액제(P-chlorophenoxy Acetic Acid 0.15%, PCPA)는 우리나라에서 착과 촉진제로서 가장 널리 이용되고 있는 오옥신 종류에 속하는 약제이다. 식물체에 침투하여 세포의 활력을 증진시키고 지베렐린과의 상호작용으로 줄기와 잎 또는 과실 간의 이층형성을 지연시켜 낙과를 방지하며 에틸렌이나 사이토키닌과의 공조로 측면생장을 유기하여 과실비대를 촉진시키는 약제이다. 토마토를 촉성 또는 반촉성 작형으로 재배할 때 저온으로 인해 수정이 불량해서 낙과되거나 착과되어도 과실발육이 나빠지게 되는데 이때 본 약제를 처리하면 단위결과를 유도하고 양분전류도 좋아서 과실 착과 및 비대를 촉진함으로써 품질과 수량을 높일 수 있다. 본 약제는 기온에 따라서 약효가 다르므로 재배시기나 관리방법을 고려하여 적당히 처리량을 조절할 필요가 있다. 저온기에 저농도로 처리하면 효과가 떨어지며 고온기에 고농도로 처리하면 생리적으로 농도 장해를 받기 쉽고 공동과 발생이 많아진다.

일반토마토에서는 평균기온 20℃를 기준으로 하여 그 이하일 때에는 물 1리터당 약액 20mL(50배액)를 녹이고 20℃ 이상일 때는 물 1리터당 10mL(100배액)를 희석하여 사용한다. 처리 방법은 각 화방당 꽃이 3~5개 피었을 때 꽃잎이 젖을 정도로 분무하거나 약액에 1회 담근다. 착과제 살포 간격은 저온기에는 4~5일에 1회 살포하고, 고온기에는 2~3일에 1회 살포한다. 방울토마토는 1단에서 30개 이상, 2단에서 50개, 3단에서는 100개 이상 꽃이 피므로 착과제를 처리할 때는 화방당 3회 정도 처리한다. 토마토톤의 적당한 농도는 저온기(12~2월)에는 100배 정도,

그 이후에는 120~150배 정도로 해준다. 토마토톤 농도가 다소 높아도 공동과 발생 우려는 적으나 호르몬이 생장점 부로 이동하여 축엽 현상이 나타나기도 하고, 뿌리로 이행하여 뿌리의 활력을 감퇴시켜 양수분 흡수장해가 발생하므로 주의해야 한다. 고온기에 기준 농도 이상으로 사용하거나 두 번씩 살포하게 되면 공동과가 많이 발생하므로 사용에 주의해야 한다. 특히 소형분무기로 살포할 때 생장점 부위에 묻게 되면 기형현상의 장해를 일으키며 생육이 불량해진다. 저온기에 공동과 발생이 우려될 때는 지베렐린 5~10ppm(3.1% GA3 1.6g : 1개/5L→10ppm, 1개/10L→5ppm)을 혼용하는 것이 안전하다. 송이토마토의 1과중이 40~50g인 품종은 화방당 꽃이 10~14개 피며, 방울토마토처럼 화방당 2회 착과제를 처리한다. 착과제는 토마토톤 등을 이용하는데, 지베렐린 수용제는 사용하지 않는다. 지베렐린 수용제를 첨가하면 과방의 길이가 길어지고, 과방 내 과실 간에 간격이 넓어져 과실이 듬성듬성 달리므로 상품성이 좋지 않다. 착과제 농도는 〈표 7-1〉과 같이 온도(계절)에 따라 달라지는데 겨울에는 80배액, 여름에는 150배액, 늦가을과 이른 봄에는 100배액, 늦봄과 이른 가을에는 120배액으로 희석하여 사용한다.

〈표 7-1〉 토마토 착과제 희석 방법

착과제 농도	희석 방법
80배액	물 4되(8L) : 1병(토마토톤 100mL)
100배액	물 5되(10L) : 1병(토마토톤 100mL)
120배액	물 6되(12L) : 1병(토마토톤 100mL)
150배액	물 7되 반(15L) : 1병(토마토톤 100mL)

(3) 수정벌의 이용

(가) 벌의 도입과 수명

최근 친환경농업의 확대와 수분노동력의 부족으로 수정용 벌의 사용이 늘어나고 있다. 상자 내에는 여왕벌 한 마리와 일벌 50여 마리 그리고 번데기, 유충, 알이 들어 있으며 상자는 솜 등으로 보호되어 있다. 여왕벌의 수명은 최초의 산란기로부터 18주 정도이고 일벌은 최초로 외부에 출입하는 날로부터 약 3주간이라고 한다. 여왕벌은 1개의 방에 4~10개의 알을 낳고 알은 3~6일 후에 부화하며 유충은 화분을 먹으면서 크게 된다. 4령 유충이 되면 하나의 방에 한 마리씩 들어가게 되고 그 후 번데기 과정을 거쳐 일벌이 된다. 알로부터 성충이 되기까지의 기간은 약 3~4주간이다. 일벌이 가져오는 화분은 주로 유충의 먹이와 집을 짓는 데 사용된다. 농가가 들여오는 상자 내의 일벌 수는 도입 당시보다 증가하는 경우는 거의 없고 점차 감소한다. 토마토 재배의 사용 가능 기간은 화분의 양에 따라 다르지만 수정벌의 수명은 여름에는 1개월, 봄과 가을은 1.5개월, 겨울은 2개월 정도라 생각하고 관리해야 한다.

(나) 환경조건과 벌의 활동
수정벌의 활동 적온은 17~27℃이지만 6~8℃에서도 활동한다. 고온의 영향이 커서 35℃ 이상이 되면 화분을 채취하지 않고 꽃에 머무는 시간이 길어지며 활동 벌의 수가 격감하므로 최고온도는 30℃ 이하가 좋다. 야간관리 온도가 지나치게 낮으면 벌의 활력이 강해도 수정이 되지 않는다. 토마토의 야간관리온도는 15℃ 이상 유지되어야 정상이다. 10℃ 정도로 유지된다면 꽃가루가 저온장해를 받아 수정벌의 활동에 관계없이 토마토 자체의 문제에 의해 수정이 되지 않는다. 자외선차단 필름이나 낡은 피복자재에서는 자외선 투과율이 낮아서 벌이 꽃을 충분히 인식할 수 없고 집으로부터 비래 수가 줄어든다. 온실 내에서의 이용은 문제가 없다. 이랑 위에 반사율이 높은 자재를 멀칭하면 상자로 돌아오기 어렵게 되는 일도 있다. 습도에 의한 직접적인 영향은 적으나 습도가 높으면 개약이 억제되기 때문에 화분이 적어 비래 수가 줄어든다. 벌은 신문이 보이지 않을 정도의 어두움에서도 비래하므로 상자를 옮길 때는 완전히 어두운 밤에 하는 것이 좋다. 벌 1마리가 1일 2,000화 정도를 수분하므로 보통 일반토마토는 10a당 1통, 방울토마토는 10a당 2통을 넣어주는 것이 좋다.

(다) 수정벌을 이용한 착과관리
수정벌의 활력이 강하면 낙화가 되는 경우가 많다. 제1화방이나 제2화방을 착과 시킬 때 꽃 수가 적거나, 하우스 면적이 적어 꽃 수가 적을 경우 금방 출하한 수정 벌은 세력이 강하여 꽃 1개에만 계속 방문해 꽃의 자방까지 상처를 주어 꽃이 낙화되는 경우가 많다. 과방 내 낙화되는 꽃이 있다면 송이 내 과실의 배치가 균일하지 못하여 상품성이 낮아진다. 새로운 수정벌을 하우스에 넣는다면 벌이 꽃 1개에 수정마크를 얼마나 많이 찍었는지 관찰하고, 벌의 세력이 강하다고 판단되면 수정벌통의 문을 2~3일에 1회 열어 활동하게 하고, 벌통에는 꽃가루를 주어 관리한다.

(라) 착과 및 품질에 미치는 영향

하우스 반촉성재배에서 벌을 이용할 때 80% 이상의 착과율을 나타내기 때문에 10a(300평)당 1상자 정도로 충분하다. 벌을 이용할 때 과실 내 종자의 수는 154개 정도였으나 호르몬을 병행하면 대부분 종자가 들지 않으므로 호르몬의 처리시기를 조정할 필요가 있다. 벌의 이용에 의해 공동과 발생을 현저히 줄일 수 있었는데 이는 심실 내 종자가 조직의 발달을 촉진하는 것으로 보인다. 과실의 경도는 호르몬 처리한 것에 비해 높았고 저장 후에도 높았다. 과실의 당도는 과육부의 3, 4단 과실에서 벌을 이용한 것이 높았으나 5, 6단에서는 차이가 없었다. 심실에서는 상단에서 호르몬 처리한 것이 약간 높은 경향을 보였다. 산도는 5단 과실까지 과육부 및 심실부 모두 벌을 이용한 것이 높았다. 비타민 C의 함량은 벌을 이용할 때가 다소 높게 나타났다. 그 외 벌이 수정한 과실은 꽃자리가 약간 굴곡되고 속의 격벽 간에 심실의 발달에 따라 외측부로 약간 나온다. 또 꽃자리가 호르몬 처리 시보다 약간 커지는 경향이 있다.

(표 7-2) 수분용 벌을 이용한 토마토의 품질 비교(일본 스즈오카현, 1992)

수확일 (월. 일)	수확 화방 수	착과방법	당도(°Brix)		적정 산도(%)		비타민 C (mg/100g)
			과육부	심실부	과육부	심실부	
11. 12	3	호르몬 처리	4.7	5.1	0.27	0.72	17.2
		벌 수분	4.9	5.1	0.31	0.86	17.4
11. 19	4	호르몬 처리	4.6	5.2	0.27	0.69	15.0
		벌 수분	5.3	5.3	0.33	0.89	17.7
12. 4	5	호르몬 처리	5.0	5.6	0.23	0.78	18.2
		벌 수정	5.1	5.4	0.30	0.87	21.9
12. 15	6	호르몬 처리	4.9	5.7	0.32	0.80	17.9
		벌 수정	4.8	5.2	0.29	0.79	24.4

(마) 벌의 관리방법

상대적으로 독성이 약한 농약의 사용은 꿀벌의 이용 시와 마찬가지로 주의를 요한다. 농약을 사용한 후 일벌이 죽는 경우를 예방하기 위해서는 저녁이나 이른 아침에 농약을 살포하거나 입구를 막아둔 후에 살포한다. 약해가 적은 농약의 선택이 필요하고 꽃에는 가급적 약을 뿌리지 않도록 한다. 겨울철 하우스를 밀폐하여 두면 하우스 내 습도가 높아져서 꽃가루의 개약이 불량하게 되고 벌이 비산하여도 교배가 되지 않는 경우가 많다. 수정벌의 수명을 연장하기 위해서는 꽃가루가 충분하여야 하나 10a당 한 상자의 벌을 넣으면 화분이 부족하므로 화분을 별도로 공급할 필요가 있다. 특히 수입하여 입사한 초기의 약 2주간은 화분을 충분히 공급하여 수명을 연장해야 한다. 이를 위해서 동백나무 꽃, 소국 등을 물에 꽂아 하우스 내에 둘 수도 있다. 하우스 내 온도가 35℃ 이상이거나 15℃ 이하가 되면 꽃의 임성이 저하하여 착과율이 떨어질 수 있으므로 재배지 관리에 주의가 필요하다.

(표 7-3) 벌에 대한 독성과 농약의 종류

구분	독성이 아주 강한 농약	독성이 강한 농약	상대적으로 독성이 약한 농약
농약 종류	후라단, 파라치온, 다이아지논, 구치온, 마리치온, 모니타, 세빈, 올센	메타시스톡스, 치오단, 디시스톤, 옥사밀	에치온, 마레이트, 로테논, 피레치람

(4) 진동수분기의 이용

진동수분은 진동수분기 등을 이용하여 각 화방당 꽃이 3~4개 피었을 때 화방을 흔들어 꽃가루가 날리게 하여 수분시키는 방법이다. 호르몬 처리에 비해 공동과 발생률이 줄어들어 상품 수량이 다소 증가하나, 반드시 개약되어 화분이 나오는 것을 확인해야 하고 습도가 높을 경우 꽃가루의 비산이 나빠 효율이 떨어진다. 대개 아침 10시 이후 꽃이 완전히 개화한 것을 확인하고 소형 진동기를 이용하여 화방이 달린 줄기에 접촉하여 화방 전체가 떨리도록 하여 준다. 이 경우 한 화방에 대하여 여러 번 실시하여야 하므로 호르몬 처리하는 것에 비하여 인력을 절감할 수는 없다. 외국에서는 오래전부터 시설 내 자동으로 토마토 줄기를 전체적으로 매일 아침 몇 차례 떨리게 하는 장치를 이용하는 경우도 있다.

다. 당도증진 기술

(1) 당도의 중요성과 의미

토마토의 당도를 향상시킨다는 것은 여러 가지 조건을 복합적으로 생각하여야 한다는 데 어려움이 있다. 품종 고유의 당도가 높은 것이라면 최상의 조건이 될 수 있겠지만 재배되고 있는 대부분의 품종이 4~7°Brix 범위이고 소비자의 기호도나 식용 방법에 따라서 당도의 중요성이 다르게 평가되고 있으므로 이를 고려하지 않을 수 없다. 동양계 품종을 이용한 동양권에서의 토마토 재배는 품질 특성 중 당도가 가장 중요한데 이는 과실소비의 대부분이 생식으로 먹기 때문일 것이다. 유럽이나 서양권에서는 햄버거 속에 곁들이거나 마요네즈를 발라 먹고 가공용으로도 이용하기 때문에 당도가 제일 중요하다고는 할 수 없다. 따라서 당도의 중요성이나 의미는 과실의 이용 방법에 따라서 달라지며, 우리나라에서의 토마토 품질은 당도를 가장 중요하게 여긴다.

(2) 당도향상 기술

양액재배에서 과실의 당도를 증진시키기 위한 기술로 과실 내의 수분 함량을 낮게 하는 방법과 질소 비율을 낮추고 탄수화물의 비율을 증가시키기 위한 배양액의 성분 조절 기술이 적용되고 있다. 그중 한 가지 방법으로 칼륨 성분의 증가를 통하여 당도를 증진시키려는 시도가 많다. 그리고 과실 내 수분 함량을 줄여 과실의 당도를 증진시키는 방법으로는 근권 배양액 농도를 증가시켜 흡수되는 수분 절대량을 감소시키는 방법과 급액되는 배양액량 자체를 줄이는 방법이 있다. 그러나 이들 방법은 모두 과실 과중의 감소를 피할 수 없게 되므로 그에 따른 수확량의 감소율을 검토하여 근권의 EC 수준과 생산성과의 상호 관련성을 파악한 뒤에 행하여야 한다.

(가) 근권 EC를 높이는 방법

암면처럼 보수력과 수분확산이 우수한 배지에서는 급액량을 줄임으로써 상대적으로 근권 EC가 급격히 증가하게 되는데 이때 뿌리의 생장 또한 급격히 제한되므로 2차적인 생리장해 위험성에 대한 대책을 세우지 않으면 안 된다. 암면재배의 경우 근권 EC, pH, 온도 및 산소 문제의 해결을 위해 급액되는 배양액의 배액률을 20~30% 내외로 관리하여야 하며 근권 EC는 배액률을 증감시켜 조절할 수 있다. 보통 근권 EC는 2.0~3.0mS/cm 내외로 관리하지만 필요에 따라 2.9~3.6mS/cm 범위로 증가시켜 과실의 당도를 증진시킬 수도 있다. 펄라이트 배지재배 시 수확기 급액량 감소로 과실 내 삼투압 증가에 의한 당도증진을 도모하는 경우가 많다.

(나) 배양액에 염류를 첨가시키는 방법

급액되는 배양액의 EC를 늘리기 위한 방법으로 KCl, K_2SO_4, $CaCl_2$, $NaCl$(염화칼리, 황산칼리, 염화칼슘, 염화나트륨) 등을 단일 또는 혼합하여 공급한다. 배양액 중 $NaCl$ 농도가 증가하면 화방당 화수는 증가하나 생산성은 낮아지는데 $NaCl$ 첨가에 의해서 배꼽썩이 과실의 발생도 다소 낮아지므로 생산성에 크게 영향을 받지는 않는다. 또한 과실의 당도도 1~3% 증가하며 산도는 약간 높아지는 경향을 보인다. 이러한 결과는 방울토마토의 품질 향상에 중요한 의미를 갖지만 실제 염류처리에 의하여 과실의 개체중은 낮아지게 된다. 따라서 전체적인 생산성을 높일 수 있는 환경관리, 생육조절, 정지법 등을 명확하게 대처하면서 응용하는 것이 바람직하다. 국내에서는 방울토마토의 크기에 따른 선호도가 바뀌고 앞으로도 소비자를 충분히 고려하여 결정해야 할 것으로 보인다. $NaCl$의 처리를 통하여 과실의 당도와 산도를 향상시킬 수 있는 가능성을 보이지만 과중이 다소 적어지는 것이 문제가 된다. 과중 감소율도 품종에 따라 편차가 심하다.

라. 착색증진 기술

시비관리에서 칼리는 착색을 증진하는 중요한 비료이다. 칼리는 생장이 왕성한 부분인 생장점, 형성층 및 곁뿌리가 발생하는 조직과 과실 등에 많이 함유되어 있으며 동화산물의 이동을 촉진시켜 과실의 발육을 촉진하고 당도를 높일 뿐만 아니라 과실의 저장성을 높이는 역할도 한다. 칼리성분이 부족하면 생장이 불량해지고 잎과 줄기 선단이 위축되며 과실의 발육이 불량해져 수량도 적어진다. 칼리성분이 많을 경우는 질소 비료처럼 과번무와 같은 외관상 장해증상을 발견하기는 어렵다. 근본적으로 과실이 잘 착색되려면 적정 온도와 햇빛, 수체 내에 질소성분이 일정 수준 이하로 줄어야만 가능하다.

02

뒤영벌을 이용한 토마토 수분법

21세기 초반인 현재의 세계 인구는 57억 명으로 집계되고 있으며, 2050년에는 100억 명에 달할 것으로 추산되고 있다. 이러한 폭발적 인구증가와 더불어 환경보전에 대한 관심이 날로 증가하는 가운데, 농업분야에서도 환경을 훼손시키지 않으면서 식량을 생산하려는 소위 환경농업의 필요성이 주창되고 있다. 최근 들어 환경농업의 하나로 화분매개곤충으로 시설채소와 과수에 화분매개시키는 방법이 활발히 이용되고 있다. 살아 있는 곤충으로 꽃가루 수분을 시키자면 농약을 살포하는 행위를 최소화하여야 하기 때문에 화분매개곤충의 이용은 곧 환경농업에 직결된다고 할 수 있다. 근래 들어 토마토, 가지, 호박, 고추 등 신선한 채소를 일 년 중 언제나 섭취할 수 있게 된 것은 시설채소 농법의 발달 덕분이다. 그러나 폐쇄계인 시설 내에서는 노지와 달리 꽃가루를 날라주는 곤충이 들어갈 수 없고, 또한 시설채소가 활발히 재배되는 시기는 겨울을 중심으로 하는 추운 계절이어서 곤충을 찾아 볼 수도 없다. 이 때문에 농업인이 수작업으로 직접 인공수분을 하여야 하는데 요즈음은 인건비도 비싸졌을 뿐 아니라 농촌 노동력이 고령화되어 있고, 그나마 원하는 시기에 원하는 노동력을 구하는 일도 만만치 않다. 이러한 이유로 국내의 시설재배 농가는 대부분 뒤영벌이나 꿀벌을 이용하여 화분매개를 시키고 있다. 유럽이나 한국에서는 시설토마토 재배면적이 늘어나면서 유럽은 95~100%, 한국에서는 약 40%가 토마토 수정에 뒤영벌을 사용하고 있다.

가. 뒤영벌이란?

뒤영벌은 벌목(Hymenoptera), 꿀벌과(Apidae), 뒤영벌아과(Bombidae), 뒤영벌족(Bombini)에 속한다. 북반구의 온대와 아한대를 중심으로 분포하며 한랭, 다습한 기후에 적응해온 사회성 곤충이다. 전 세계적으로 약 239종이 분포하며, 국내에는 25종이 보고되고 있다. 꿀벌과 마찬가지로 여왕벌, 일벌, 수벌로 이루어진 기본단위로 봉군을 형성한다. 1년에 1세대를 거치는데 여왕벌은 가을에 교미한 후 월동하여 이듬해 봄 땅속에 산란하고 꽃밀, 꽃가루 채취 등 스스로 육아임무를 담당한다. 그러나 첫배의 일벌이 출현하면 여왕벌은 방화활동을 중단하고 산란에 전념하며, 우화한 일벌이 육아를 담당하기 시작하면서 빠른 속도로 봉세가 확장되어 2~3개월 내에 최성기에 달한다. 가을철이 되면서 수벌과 새로운 여왕벌이 출현하여 생식기에 접어든다. 이 시기를 전후하여 창설여왕벌을 포함하여 일벌, 수벌이 차례로 죽고 교미를 끝낸 새로운 여왕벌만이 땅속에 잠입하여 휴면에 들어가는 생활사를 가지고 있다.

나. 뒤영벌의 장점

뒤영벌은 무밀식물(꿀이 없는 가짓과 식물)에 효과적이며, 비닐하우스 등 좁은 공간에 대한 적응성이 높은 특징이 있다. 꿀벌 등에 비하여 저온 및 악천후에 활동성이 높아 방화활동이 우수하며 공격성이 약한 장점을 가지고 있다.

다. 뒤영벌의 화분매개 행동

호박벌을 포함한 뒤영벌류는 집단생활을 하기 때문에 단독성의 벌에 비하면 활동기간이 길다. 또한 차고 습기가 많은 곳에서도 활동성이 있어, 바깥기온 5℃의 저온에서도 가슴부위의 근육을 진동하여 체온을 35℃로 유지하고 방화하는 능력을 가지고 있다. 꿀벌에 비하여 비가 내리거나 흐린 날 또는 해 뜨는 시각과 해 지는 시각까지도 활동성이 강하다. 방화활동 거리는 주로 수백 m 이내로서 집에서 비교적 가까운 장소에서 꽃을 방문하기 때문에 한정된 농작물이나 좁은 지역에서도 이용이 가능하다. 경우에 따라서는 수 km까지 비행하기도 한다. 뒤영벌 일벌 중

몸이 큰 개체는 집 밖으로 나가서 꽃가루와 꽃꿀을 채취하지만 아주 작은 개체는 일생 동안 집 안에 틀어박혀서 새끼를 기르거나 집짓기만 한다. 중간 크기의 개체는 밖에서 수분활동과 안에서 육아 등을 같이하는 경우와 한쪽만을 하는 경우도 있다. 토마토는 원래 풍매화로서 노지재배의 경우 방화곤충이 거의 필요가 없다. 그러나 최근 시설토마토 재배면적이 늘어나면서 토마토 수정을 위해 뒤영벌을 사용하고 있다. 뒤영벌은 꽃가루가 성숙한 꽃들만을 선택적으로 방문하고, 꽃가루가 성숙되지 않은 개화 직후의 꽃은 방문하지 않는다. 그 이유는 벌이 날아다니면서 더듬이와 겹눈을 통하여 꽃의 상태와 성숙한 꽃가루의 냄새를 감지하기 때문이다.

(그림 7-1) 토마토 꽃에 방화하는 호박벌과 서양뒤영벌

뒤영벌 일벌은 토마토의 꽃을 방문하면서 약(수술 끝에 붙어서 꽃가루를 만드는 주머니 모양의 부분)의 끝부분을 큰 턱 사이에 끼어 물고 위를 쳐다보면서 고정한 후 가슴의 근육과 앞뒤날개를 아주 빠르게 진동시켜서 꽃가루를 체모에 붙여 모으는 능력을 가졌기 때문에 '진동수분형' 꽃벌이라고도 한다. 뒤영벌의 진동작용에 의하여 꽃가루가 주두에 떨어지면 수분이 완료된다. 그때 일벌은 배 위에 떨어지는 꽃가루를 앞다리와 가운데 다리를 사용하여 뒷다리의 양쪽 넓적다리에 있는 꽃가루바구니에 모아서 직경 2~3mm의 꽃가루단자를 만들어 집 안으로 운반한다. 이 꽃가루단자 1개의 무게는 약 10~35mg이 된다. 이때 양쪽에 동일한 꽃가루단자를 부착하기 때문에 양 다리에서 거의 배의 꽃가루를 운반한다. 꽃가루의 크기는 일벌 개체의 크기, 토마토의 품종에 의한 꽃의 크기(꽃가루양의 차이), 동일 꽃의 방화횟수 등에 따라서 다르다. 토마토의 경우 일벌은 꽃가루를 채집하기

위하여 하루에 5~12회나 밖으로 나가고, 1개의 꽃에 약 2~10초 정지하면서 1회의 채집활동에는 50~220개의 꽃을 방문한다. 방울토마토에서는 꽃에 머무는 시간이 완숙토마토보다 짧은 편이어서 방화횟수는 많아진다. 뒤영벌의 방화활동에 의해 꽃에는 파상의 씹혀진 상처가 나서 몇 시간 또는 며칠 후에는 그 부분이 갈색으로 변하는 특유의 씹은 흔적(Bite Mark)을 만든다. 이것은 벌이 방문한 증거로서 과실의 발육에는 아무런 영향이 없다. 이 흔적이 저온기에는 갈색으로 천천히 변화되기 때문에 눈에 거의 띄지 않은 채 과실이 커지는 경우가 많다.

라. 뒤영벌 일벌의 재배지 내 방화 특성

뒤영벌은 낮은 온도에서도 활동성이 강하다. 활동은 5~7℃부터 시작하여 10℃ 이상이 되면 해가 뜨기 전이나 진후의 약간 어두운 상태에서도 활발하다. 활동 적온은 10~25℃로 30℃ 이상의 고온에서는 활동이 뚜렷하게 약해지고 35℃ 이상이 되면 방화활동도 거의 하지 않는다. 그러나 꿀벌과 달리 비 오는 날이나 흐린 날 또는 자외선제거 필름을 피복한 상태에서도 활동을 한다. 집으로부터 활동하는 거리는 노지의 경우 50~300m로서 비교적 좁은 범위에서 먹이를 채집하고, 50m²(약 15평) 정도의 좁은 폐쇄공간의 하우스에서도 활동한다. 우리나라에서는 시설재배 토마토의 개화시기에 식물 성장호르몬제(4-CPA: 4-Chlorophe-noxy Acetic Acid, 토마토톤제)를 살포하여 착과와 과실비대를 촉진시키는 것이 필수작업으로 되어 있다. 토마토는 개화기간이 4~10월로 길고, 재배관리 후반에는 호르몬제를 처리하는 작업이 수확하는 작업과 동시에 진행된다. 이 때문에 호르몬제 처리작업은 약 300시간(평균 173시간)으로 전체 노동시간의 11%에 해당하고 피로도도 높다. 뒤영벌을 사용하면 노동력의 감소와 경비의 절감을 가져올 수 있다.

호르몬제를 처리하면 미숙화 및 저온기와 꽃가루의 여물임이 낮은 시기에는 종자가 거의 없는 과실이 되고 종자 주변에 제리(Jerry) 물질 등의 내용물이 충실하지 않게 된다. 따라서 바깥쪽의 과육부는 비대해도 내부에는 텅 빈 부분(空洞)이 형성되며 그 결과 공동과(空洞果)가 많아진다.

마. 재배지 내에서 설치 및 유의사항

벌들이 외부로 빠져나가지 않도록 하우스에 측창망을 설치한 후 뒤영벌 벌통은 문쪽이나 안쪽에 약 1m 높이의 선반을 설치한다. 가능한 한 소문(벌통문) 방향을 남쪽으로 오도록 하여 선반 위에 놓는다. 운반 후에는 적어도 4시간 이상 안정을 시킨 후 오후에 소문을 개방하여 다음날 아침에 활동을 하도록 하는 것이 좋다. 농약을 살포해야 할 경우에는 농약 살포 전날 오후에 벌이 소문을 나오지는 못하고 들어만 가도록 조절한다. 다음날 벌이 들어온 벌통을 농약 살포 전에 그늘지고 안전한 곳에 옮긴 후 2일에 1회씩 꽃가루를 공급하여 봉군의 세력을 유지토록 해야 한다. 농약 안전사용기간이 경과한 후 벌통을 하우스 내에 옮겨 안정시킨 후 다시 소문을 열어 방화활동을 하도록 한다. 토마토 하우스는 뒤영벌의 방화활동 마릿수를 조사한다. 또한 피었다가 시든 꽃을 30개 정도 일정한 간격으로 수확하여 씹은 흔적을 조사하고 70~80%의 비율이 되면 다음 벌통을 넣도록 시기를 결정해야 한다.

(그림 7-2) 방울토마토 하우스 내 뒤영벌 설치

바. 완숙토마토에서 뒤영벌의 화분매개 효과

완숙토마토에서 착과율을 비교 조사한 결과, 호르몬 처리가 약 90%, 호박벌 방사가 86%로 비슷하였으나, 과실의 총 과중은 호박벌 방사가 호르몬 처리에 비해 약 38% 무거웠다. 상품 과중도 호박벌 방사가 호르몬 처리에 비해 약 43% 무거웠다. 기형과 발생비율도 호박벌구가 9.4%로 적었다. 속 빈 과실은 호박벌 방사가 전체 과실 중 3.1%만 발생한 반면 호르몬 처리는 85.7% 발생하여 호박벌 방사에 의한 화분매개 효과가 가장 크게 나타났다. 10a당 농가소득은 호박벌 방사구가 호르몬 처리구보다 2.3배나 높았다.

(표 7-4) 완숙토마토에서 호박벌 방사와 호르몬 처리의 과중 비교

처리내용	총 과중(A)	상품 과중(B)	B/A×100
호박벌	1,641.8	1,484.1	90.4
호르몬(토마토톤)	1,193.3	1,041.1	87.2

* 처리구당 10주 조사

(표 7-5) 호박벌 방사에 따른 완숙토마토 10a당 소득 효과

착과방법	수량(kg/10a)	조수입(천 원)	경영비(천 원)	소득(천 원)	지수(%)
호박벌	2,671	3,205	1,530	1,875	228
호르몬	1,874	2,249	1,513	736	100
무처리	781	937	1,410	-473	-

사. 방울토마토에서 뒤영벌의 화분매개 효과

방울토마토 하우스(1통/200평)에서 착과율은 호르몬 처리구가 87%인 데 비해 호박벌과 서양뒤영벌 방사가 98%로 약 10% 높았다. 과실의 직경, 무게, 당도는 비슷한 수준이었으며, 상품과율은 호박벌과 서양뒤영벌 방사 그리고 호르몬 처리가 60~67% 수준으로 비슷한 수준이었다. 10a당 생산량 및 농가수입은 호박벌 및

서양뒤영벌 방사구가 호르몬 처리구보다 약 8~10% 높았으며, 호르몬(토마토톤) 처리시간을 절약(전체 노동력의 11%)할 수 있었다.

(표 7-6) 뒤영벌 방사에 따른 방울토마토 10a당 소득 증대 효과

착과 방법	수량(kg/10a)	조수입(천 원)	경영비(천 원)	소득(천 원)	지수(%)
호박벌	4,981	9,764	4,174	5,590	110
서양뒤영벌	4,932	9,667	4,174	5,493	108
호르몬	4,488	8,796	3,694	5,102	100

* 재배기간 : 2000.8~2001.2(7개월), 재배기간 중 토마토가격 : 2001.1~2, 20,000원/10kg

chapter 8

영양장애 및
생리장해

01
영양장애

가. 질소

(1) 생리적 기능

토마토는 뿌리에서 주로 질산(NO_3^-)의 형태로 질소를 흡수한다. 질소는 식물체 중 단백질이나 핵산 그리고 엽록소의 주요성분이기 때문에 결핍되면 생장이 위축되고 엽록소의 생성이 저해되어 잎이 황화한다. 생육 초기에 질소가 지나치게 많이 공급되면 줄기와 잎이 과번무하게 되어 과실의 비대가 늦어진다.

(2) 질소 부족

(가) 증상
식물의 생장이 매우 나쁘고 잎이 소형으로 되는데 특히 상위 엽이 극단적으로 아주 작아진다. 식물체에 엽록체 생성이 잘 안 되어 하위 잎에서부터 상위 잎으로 점차 황백화(Chlorosis)되며 엽맥을 포함한 잎 전체가 황변한다. 착과 수는 적어지지만 빨리 비대한다. 볏짚을 다량으로 사용한 경우에는 질소 결핍이 심하게 발생할 수 있다.

질소 부족 증상은 하위 잎부터 담녹색 내지는 황록색을 띠며 전체적으로 생장이 느리다.

질소 부족의 경우 어린 식물은 하엽이 황화되고 생장이 저해되어 작아지지만 뿌리 신장은 오히려 양호하다.

(그림 8-1) 질소 부족에 따른 장애

(나) 대책

응급 대책으로는 요소 0.5%를 일주일 간격으로 몇 차례 살포하거나 알맞은 양의 질소 비료를 물에 녹여 관비한다. 모래땅과 같이 질소가 유실되기 쉬운 경우는 시비 횟수를 늘려 여러 번 나누어 시용함으로써 비료 이용률을 높인다. 토양에 줄 경우 암모니아태 질소는 토양 표면에 흡착되어 뿌리로는 바로 흡수되지 않으므로 질산태 질소가 바람직하다. 특히 저온기에는 질산태 질소 비료의 시용이 유효하다. 신선유기물 시용이나 볏짚을 다량 시용할 경우는 질소기아(窒素飢餓)를 막기 위해 질소 비료를 증시하여 준다. 유박을 비롯한 유기물은 흡수될 때까지 상당한 시간을 요하며 가스에 의해 휘산되는 양도 많아지므로 시용할 때 다량으로 주지 않는 것이 좋다. 완숙 퇴비 등을 시용해서 지력을 높이는 것이 필요하다.

(3) 질소 과잉

(가) 증상

질소를 과잉 흡수하면 잎 색은 대개 암녹색으로 되고 잎의 크기가 커져 과번무하며 줄기도 가늘어져 연약 도장된다. 하위 잎부터 잎이 아래로 말리는 현상이 심하게 나타나고 일부는 잎맥 사이에 황화현상이 보인다. 질소가 많으면 칼슘 흡수가 억제되어 과실비대가 현저하게 나쁘게 되거나 배꼽썩음 증상이 나타난다. 질소 과잉은 질소 비료를 다량 사용하거나 하우스 등에서 토양 중에 다량 잔류하고 있는 경우에 발생한다. 이 밖에 관개수의 질소 농도가 높은 경우에 발생하기 쉽다.

(나) 대책
물 빠짐이 좋은 곳에서는 관수량을 많게 하여 질소의 유실을 꾀하며 질소성분의 웃거름을 억제한다. 또한 야간온도를 낮추어서 지나치게 무성해지는 것을 방지한다. 배꼽썩음과의 발생이 많을 경우에는 관수량을 많게 한다. 재배 중에 질산태 질소($NO_3^- N$)가 집적하여 염류 농도 장해가 되면 대책을 강구할 수 없으나, 관수를 빈번히 하여 염류 농도의 상승을 저해함과 동시에 당분액 엽면살포로 뿌리의 즙액 농도를 높이는 방법 등이 행해지고 있다.

나. 인산

(1) 생리적 기능

질소와 마찬가지로 인은 생체 내에서 중요한 역할을 하며 핵산, 핵단백, 인지질의 구성 성분이 된다. 생체 내에서는 이동이 쉬워 생장이 왕성한 부위에 집중된다. 생육 초기일수록 그 필요성이 높아지고, 식물체의 신장, 개화, 결실에 있어서 큰 역할을 한다. 인산의 흡수는 온도에 의해 좌우되는데 저온에서는 그 흡수가 극도로 낮지만, 시용량을 늘리면 흡수 저하를 방지할 수 있다.

(2) 인산 결핍

(가) 증상
생육 초기(특히 육묘기)에 저온일 때 발생하기 쉽다. 생육이 불량하고 생육속도가 늦어지며 식물 전체가 뻣뻣해진 것을 느끼게 된다. 비교적 어린 시기에 아래 잎이 녹자색으로 변하고 심하면 상위 어린잎까지 진전된다. 잎은 소형에 광택이 없어지고 농녹색을 나타내며, 심하면 적자색이 된다. 만져보면 가랑잎과 같이 바스락거린다. 과실은 작아지고 성숙이 지연되고 수량이 떨어진다. 늙은 잎의 잎맥과 잎맥 사이의 조직 양쪽에 큰 수침상의 반점이 생겼다가 갈색으로 변한다.

인산이 부족한 잎은 잎의 가장자리가 암갈색으로
변하면서 결국 고사된다(가운데는 정상엽).

인산 부족은 분지 발생이 잘 안 되고
잎이 작으며 아래 잎은 암갈색 또는
자주색을 띠며 짙어진다.

(그림 8-2) 인산 부족에 따른 증상

(나) 대책

저온기의 온도 변화에 유의하며 특히 지온이 내려가지 않도록 관리한다. 응급 대책으로는 제1인산칼리 0.3%를 몇 차례 엽면살포한다. 배양액에 인산칼슘(Ca(H$_2$PO$_4$)$_2$) 또는 제1인산암모늄(NH$_4$H$_2$PO$_4$)으로 보충해 준다. 기본적으로는 산성 토양 개량 및 인산 함량을 높이는 등 토양 개선을 꾀한다. 인산 부족 토양(인산 20mg 이하/건토 100g)에서는 토양 개량을 겸해서 인산질 비료를 충분히 시용한다. 20~150mg의 범위에서는 인산 비료의 시용 효과가 크다.

(3) 인산 과잉

(가) 증상

현저하게 과잉일 때는 초장이 짧고 잎이 비후하며 생육이 나빠진다. 성숙도 빨라지고 수량 역시 감소한다. 일반적으로 인산 과잉장애는 거의 발생하지 않았으나, 최근 시설토양 중 인산 함유량이 높아짐에 따라 채소에서 인산 과잉 문제가 지적되고 있다. 유효태 인산 함량이 높은 곳에서는 길항작용에 의하여 고토(Mg)나 철(Fe) 결핍증이 발생하는 경우가 있다.

(나) 대책

현재 과잉된 인산을 감소시키는 방법은 없으나, 작물이 없을 때에 심경을 하거나 논으로 되돌리기 또는 옥수수 같은 녹비 작물을 윤작하여 토양 중 인산을 줄인다.

다. 칼리

(1) 생리적 기능

칼리는 식물체에 K^+이온의 형태로 흡수되어, 광합성과 탄수화물의 합성에 도움을 준다. 식물체 내에서 주로 이온 상태로 존재하며 세포의 삼투압, 단백질 합성, 당의 전류에 관여한다. 체내에서는 이동하기 쉬운 원소이며 생장이 왕성한 뿌리나 줄기의 생장점에 많이 축적되어 있고 오래된 잎에는 적다.

(2) 칼리 결핍

(가) 증상

질소, 인 결핍 증상과 마찬가지로 아래 잎에서부터 증상이 나타난다. 줄기가 연약하고 잎이 작아지며 생육이 불량해진다. 생육이 비교적 빠른 시기에는 잎 표면으로부터 엽육부까지 황갈색으로 변하고 쭈글쭈글해지며 잎 전면에 걸쳐 클로로시스 현상이 발생한다. 생육최성기에는 중간 부근에 있는 잎이 선단에서부터 갈변하여 잎 색이 흑색으로 변하면서 경화, 고사하게 된다. 심한 경우에는 아래 잎이 고사하고 낙엽이 된다. 과실의 비대기에 발생하기 쉽고, 비대가 불량해지고 형태가 둥글지 않아 약간 각을 띠게 되며 색깔이 불균일하게 된다. 생육 초기의 발생은 칼리성분이 극히 결핍되어 있는 경우이며 생육 초기부터 결핍되면 잎이 밖으로 말리고 생육이 나빠진다.

칼리 결핍 증상은 아래 잎 끝이 먼저 황화 갈변 고사되며 잎이 아래로 처진다.　　칼리 결핍이 심하면 잎이 암갈색으로 변하고 작으며 줄기도 암갈색으로 변한다.

(그림 8-3) 칼리 결핍에 따른 증상

(나) 대책

토마토의 칼리 흡수량은 질소보다 50% 정도 더 많으므로 시비량 결정 시 고려한다. 생육 중·후기, 특히 과일 비대기에 부족하지 않도록 반드시 웃거름을 주기적으로 준다. 본밭을 만들 때 퇴비 등 유기질 비료를 충분히 시용한다. 겨울에는 지중가온을 하여 토양온도를 18~20℃ 정도로 유지하고 칼륨 흡수가 잘되도록 한다. 산성 토양일 경우 웃거름으로 염화칼리를 주고 중성에 가까우면 황산칼리를 약하게 자주 시용한다. 응급 대책으로는 나르겐 600~800배액이나 하이포넥스 800배액을 적당한 양으로 3~4일 간격으로 3~4회 엽면시비하면 회복이 가능하다. 황산칼리(K_2SO_4) 2% 용액을 엽면살포하거나 배양액에 황산칼리를 보충해 준다. 용수가 나트륨(Na^+)이온을 함유하고 있지 않을 때에는 염화칼리(KCl)를 보충해 주어도 좋다.

(3) 칼리 과잉

(가) 증상

식물에 직접적인 칼리의 과잉증상은 거의 발생하지 않지만, 퇴비 등의 유기자재를 다량 투입할 경우 칼리가 축적되어 발생한다. 칼리의 과잉 흡수는 칼슘이나 마그네슘의 흡수를 억제하여 이들의 결핍을 유발시킨다. 잎 색이 이상하게 진한 녹색으로 되면서 광택이 나고, 잎 가장자리가 말린다. 잎 중앙의 잎맥이 위쪽으로 튀어나오면서 잎면이 편평하게 되지 않고 울퉁불퉁하게 된다. 잎맥 사이에 일부 백화현상이 발생하고, 잎 전체가 약간 딱딱해진다. 잎맥 사이의 황화가 중~상위 잎까지 진전되는 경우는 마그네슘 결핍이 주 원인이 되는 경우가 많다. 퇴비 등의 유기자재를 다량 투입하여 칼리가 축적되어 발생한다.

(나) 대책

관수량을 증가시키고 토양 중의 칼리 농도를 낮춘다. 가축 분뇨를 시용할 때는 칼리 비료의 시용량을 줄인다.

라. 칼슘

(1) 생리적 기능

칼슘은 식물체 내 이동이 잘 안 되고, 오래된 잎에 많이 흡수되어 있어도 뿌리에서 공급이 충분하지 않으면 새잎에 결핍증이 나타난다. 칼슘 결핍이 되면 뿌리의 발육은 불량하게 되어 맨 끝부분이 말라 죽는 경우가 있다. 이것이 토양병해의 침입을 조장하는 하나의 원인으로 작용하기도 한다. 칼슘의 흡수 및 이동은 수동적이다. 물관부 수액에 있는 칼슘은 증산류를 따라서 물과 함께 상향 이동하므로 증산 작용 강도에 따라 흡수량이 달라서 대기 중 습도가 높을 때는 칼슘 흡수력이 감소한다. 식물체 조직 안에 존재하는 대부분의 칼슘은 세포의 바깥 부분과 액포 중에 함유되어 있으며 식물세포의 신장과 분열에 필요하고 또 막 구조를 유지하며 세포 내 물질을 보존한다.

(2) 칼슘 결핍

(가) 증상

토마토 과실에서 석회 부족 증상이 나타나면 배꼽썩음과나 열과 등이 발생한다. 작물 전체가 위축되고 어린잎이 소형으로 되며 노랗게 변한다. 생장점 부근 어린잎의 가장자리부터 황화되기 시작하여 안쪽으로 진행되며 잎이 작아진다. 과실의 꽃이 붙어 있는 배꼽 부위가 갈색으로 흑변한다. 생장점의 생육이 정지되고 하위엽은 정상이나 상위 엽이 이상하게 되거나 식물체 전체가 경화 혹은 배꼽썩음과가 발생한다. 후기에 발생하는 경우 경엽은 건전하나 과실 배꼽이 썩는 배꼽썩음과가 발생한다. 장기간 일조 부족이나 저온이 계속된 후 맑은 날씨로 고온이 되었을 때 줄기 끝 생장점 부근의 잎 가장자리가 황화되고 갈변 및 고사한다. 뿌리가 갈변되는 경우도 있다.

토마토의 배꼽썩음과는 칼슘이 부족할
경우에 발생하는 예가 많다.

칼슘 부족은 생장점 신장 정지 및
갈변 고사, 잎은 위로 꼬여 뒷면이 보인다.

(그림 8-4) 칼슘 부족에 따른 증상

(나) 대책

흙갈이(경운)를 하기 전에 석회 비료를 주고(산성 토양이라면 고토석회 시용) 깊게 갈아엎어서 뿌리가 깊고 넓게 분포되도록 한다. 토양이 건조하거나 온도가 높으면 석회 흡수가 잘 안 되기 때문에 합리적인 적량 비료 주기와 물주기를 하여 건조하지 않게 하고 고온이 되지 않도록 한다. 암모니아태 질소나 칼리질 비료를 너무 많이 주면 길항작용(서로 반대되는 두 가지 요인이 동시에 작용하여 그 효과를 서로 상쇄시키는 일)에 의해 석회 흡수가 방해되므로 균형시비를 해야 한다. 습한 경우에는 물 빠짐을 좋게 하여 습해로 인한 뿌리기능이 약해지는 것을 막아야한다. 응급 대책으로는 염화칼슘이나 제1인산칼슘 0.3%액을 2~3회 살포한다. 피해가 심한 경우 0.75~1.0%의 질산칼슘($Ca(No_3)_2 \cdot 4H_2O$) 용액을 잎에 살포하거나 0.4%의 염화칼슘($CaCl_2 \cdot 6H_2O$) 용액을 살포해도 좋다. 배양액에 질산칼슘을 보충하되 질소의 양을 추가해 주고 싶지 않을 때에는 염화칼슘이 좋다.

(3) 석회 과잉

(가) 증상

다량의 칼슘 흡수로 인하여 칼리나 마그네슘 결핍증이 유발되는 경우는 많지만 칼슘 자체의 과잉장해는 거의 발생하지 않는다. 토양에 다량의 석회가 있으면 일반적으로 토양의 pH가 상승하고 붕소, 철, 망간, 아연 등의 미량요소가 불용화하기 때문에 이들 미량요소 결핍증이 발생한다.

(나) 대책
균형시비를 한다.

마. 마그네슘

(1) 생리적 기능

마그네슘은 비교적 체내 이행성이 매우 큰 원소이다. 그 때문에 결핍증은 오래된 잎에 나타나는데 오래된 잎이 기능을 잃어버렸을 때는 중위 잎에 나타나는 경우가 많다. 엽록소의 구성성분으로, 잎의 녹색을 유지하기 위해 매우 중요하다. 마그네슘은 광합성 작용과 인산화 과정을 활성화함에 있어서 모든 효소에 보조인자로 작용한다. 탄산가스 고정효소를 활성화시켜 탄산가스 고정량을 증가시킨다. 또 단백질 합성에도 관여하며 그 외도 광합성 작용, 해당작용, 구연산회로, 호흡작용 등을 활성화시킨다.

(2) 마그네슘 결핍

(가) 증상
과일에는 증상이 나타나지 않고 잎에만 발생한다. 일반적으로 오래된 하위 잎부터 발생되지만 과실비대 최성기에는 과실에서 가까운 잎에 나타난다. 마그네슘 결핍은 잎의 내측에서 칼리 결핍은 잎 선단에서 증상이 먼저 발생한다. 잎의 주맥에서 가까운 잎맥 사이가 탈색되기 시작하여 점차 가장자리로 탈색 부분이 확대된다. 심하면 잎맥 사이가 완전히 탈색되어 황화 또는 백화된다. 황화현상은 대부분 규칙적으로 나타난다. 황화가 불규칙적으로 점이 생기고 황반이 나타나는 경우에는 잎곰팡이병일 가능성이 있기 때문에 전문가의 진단이 필요하다. 잎 뒷면에 곰팡이가 있는 경우에는 잎곰팡이병이라 판단해도 좋다. 엽맥으로부터의 황화는 칼리 결핍일 가능성이 크다.

마그네슘의 부족 증상이 일어나면
아래 잎의 잎맥 사이가
먼저 황화되고 잎맥은 녹색을 띤다.

마그네슘이 부족하면 분지 발생이 나쁘고
먼저 아래 잎 끝이 뒤틀리며 황갈색으로
변해서 고사되며 과실비대기 때는 잎맥 사이가
완전히 황화되어 갈색으로 변함.

(그림 8-5) 마그네슘 부족에 따른 증상

(나) 대책

토양 진단 결과 토양의 마그네슘 함량이 부족한 경우는 작물을 고정시키기 전에 고토석회, 수산화마그네슘, 황산마그네슘을 토양조건에 맞게 충분히 시용한다. 토양온도를 높여 뿌리로부터 마그네슘 흡수를 증대시키는 것이 중요하다. 칼리, 암모니아 비료 등 마그네슘의 흡수를 저해하는 비료를 일시에 많이 주지 않도록 한다. 응급 대책으로서는 1~2%의 황산마그네슘 수용액을 1주간 걸러 5회 잎에 액체 비료를 뿌려준다.

바. 황

(1) 생리적 기능

황은 몇 가지 아미노산의 중요 구성 성분이며 단백질이나 폴리펩타이드 중에서 디설파이드 결합을 형성한다. 황은 CoA, 비타민 중 바이오틴, 지아민, 비타민 B1 등의 주요성분이고 양파와 마늘 같은 작물의 휘발성 향 성분이기도 하다. SO_4^{2-} 형태로 능동적 흡수로 추정되는데 식물체 내에서는 주로 상향적으로 이동하고 하단부위로 이동시키는 능력은 약하다. SO_4^{2-} 공급이 방해될 때 뿌리와 잎자루의 황은 어린잎으로 전류되지만 늙은 잎으로는 공급원으로서 역할을 하지 못한다. 질소 결핍과의 차이점은 황은 어린잎에서 초기에 황화하며 늙은 잎은 어린잎에 황을 공급하지 못한다.

(2) 황 부족

(가) 증상
식물 전체의 생육에는 특별한 이상이 보이지 않지만 중~상위의 잎 색이 담녹색으로 변한다. 황이 없는 비료를 사용하여 훈탄과 같은 소재로 된 상토에서 육묘하게 되면 상위 엽의 잎 색이 황화되는데 이 경우는 잎맥의 엽록소도 남지 않는다. 유황 결핍 증상은 질소 결핍과 비슷하지만 체내 이행이 적은 요소이기 때문에 비교적 상위 엽에 나타나는 것이 특징이고 전체 엽으로 진전된다.

황 결핍 증상이 일어나면 잎 뒷면은 잎맥이
암적색으로 뚜렷하며 잎이 담녹색으로 변한다.

황이 부족하면 잎이 담녹색 내지는
황록색으로 변하고 생장이 느리며
작고 뿌리는 정상적임.

(그림 8-6) 황 결핍에 따른 증상

(나) 대책

유안, 과석, 황산가리 등의 유황 함유 비료를 시용하고 배양액에 황산칼리(K_2SO_4)를 보충해 준다. 일반적으로 배양액 중에는 다량의 유황이 함유되어 있기 때문에 유황의 결핍 증상은 좀처럼 발생하지 않는다.

(3) 황 과잉

뿌리에서의 과잉 흡수에 대해서는 아직 알려지지 않았다. SO_2 가스의 급성장애는 잎 가장자리나 엽맥 사이에 백색, 갈색, 적갈색 등 반점 모양의 괴사가 생기고, 만성장애에서는 증상이 서서히 진행한다. 발현 부위는 일반적으로 생육이 왕성한 중간 잎에 많이 나타난다. 개발 농경지나 간척지 등에서는 파이라이트(FeS_2)와 같이 이산화성 황을 다량으로 함유한 점토가 출현한다. 이것이 공기와 접촉하여 산화하면 쉽게 황산을 만들기 때문에 토양은 아주 강한 산성을 나타내고 작물에 피해를 준다.

사. 철

(1) 생리적 기능

엽록체에 존재하는 철 형태는 페레독신(Ferredxin)으로서 이것은 비핵성 단백질이며 전자를 전달하는 작용을 하고 산화환원 과정에도 관여한다. 또 광합성작용, 아질산염의 환원, 황산염의 환원, 질소동화작용 등의 산화 환원작용 등에 관계한다. 철은 엽록소 생합성의 중요한 필수원소이기도 하다. 뿌리에 공급되는 철은 Fe^{2+}, Fe^{3+}, Fe-킬레이트 형태로서 뿌리가 3가철을 2가철로 환원시키는 능력에 따라 흡수가 진행된다. 철 흡수는 대사 작용에 의해 조절되며 또 다른 양이온의 영향도 많이 받는다. 철 흡수에 경쟁하는 원소는 Mn^{2+}, Cu^{2+}, Ca^{2+}, Mg^{2+}, Zn^{2+}, K^+ 등이고 pH가 높고 인산염과 칼슘의 농도가 높으면 철 흡수가 저해된다.

(2) 철 부족

(가) 증상
철분은 식물체 내 이행성이 적은 요소이기 때문에 결핍증은 반드시 생장점 가까운 부위로부터, 대부분 상위 잎에 나타나는 것이 특징이다. 새로운 잎에 엽맥만 남아 황백화하고 측지의 새순(액아)에도 엽맥 사이가 황화된다. 심한 경우에는 엽맥의 녹색도 연녹색으로 변하여 잎이 백화되기도 한다. 결핍엽 발생 이후에 철분을 공급하게 되면 황백화된 잎의 상위에는 녹색을 띤 잎이 생긴다. 잎맥에 남은 엽록소의 농도를 확인하여 엽록소의 농도가 진하면 마그네슘 결핍일 가능성이 있고, 백색으로 되면서 퇴색하는 것은 철 결핍이라 판단해도 좋다.

철 결핍 증상은 새잎이 황화되며 뿌리가 갈변되어 양분 흡수 저해를 받는다.

철의 대표적인 결핍 증상은 새잎부터 황화되어 나타나며 아래 잎은 녹색을 띤다.

(그림 8-7) 철 결핍에 따른 증상

(나) 대책

토양 pH는 6.0~6.5에 가깝도록 조정하되 과잉의 석회 비료 시용은 삼간다. 알칼리성 토양인 경우 생리적 산성 비료를 시용한다. 토양수분 관리에 주의하여 건조, 과습조건이 되지 않도록 한다. 응급 대책으로서는 유산 제1철 0.1~0.5% 수용액이나 구연산철 100ppm 수용액을 1주 간격으로 2~3회 잎에 뿌려준다. 또는 킬레이트철(Fe-DETA) 50ppm 수용액을 주당 100mL 정도 토양에 관주한다. 양액재배에서는 배양액 탱크에 구연산철 3~5ppm이나 킬레이트철 1~2ppm 수용액을 첨가한다.

(3) 철 과잉

(가) 증상

철 과잉은 거의 발생하지 않지만 수경재배에서는 킬레이트 철을 다량으로 투여하면 오이는 가장자리가 황화하는 동시에 위쪽 잎이 낙하산잎이 되고 엽맥 사이 곳곳이 황변한다. 철 과잉이 될 경우 망간 및 인산 결핍증이 나타난다.

철 과잉은 환원 상태 토양에서 발생하기 쉽다. 이 때문에 배수 대책을 마련하고, 토양을 산화 상태로 유지하여 철의 활성화를 억제해야 한다.

아. 붕소

(1) 생리 기능

붕소는 세포벽 형성, 옥신대사, 리그닌 생합성, 발아와 화분생장, 조직 발달에 필수 성분이다. 붕소는 수동적 흡수에 의한 것으로 생각되며 식물체의 도관부를 통하여 증산류에 의해 상향 이동한다. 그래서 주로 식물의 잎 끝과 잎 가장자리에 많이 축적되어 있다. 식물기관 중에서 붕소의 농도가 높은 곳은 꽃밥, 암술머리, 씨방 등이다. 붕소는 원래 세포막을 만드는 팩틴 구성물질로서 이것이 결핍되면 세포막의 형성이 나빠져 생장점이 정지되고 만다. 수분의 흡수 및 석회의 흡수와 체내 이동이 나빠진다. 어린 세포는 석회가 부족하여 생장이 정지되고 만다.

(2) 붕소 결핍

(가) 증상

대표적인 특징은 생장점의 생육정지와 위축이다. 새로운 잎의 생육이 정지되고, 포기 전체가 위축되고, 생장점 부근의 절간이 현저히 위축된다. 생장점 부근의 잎이 진한 녹색으로 되고 잎이 작아지면서, 위축되고 외측으로 굽어지면서 엽 가장자리의 일부가 갈변한다. 줄기는 굽어지고 굽어진 줄기 뒷면이 코르크화되어 다른 증상과 구분된다. 잎과 줄기는 경화되어 부러지기 쉽게 된다. 과일 표피도 코르크화되는 경우가 있다.

붕소가 부족하면 잎이 황화되고 안으로 뒤틀리며 지저분하게 된다.

붕소가 부족하면 생장점이 죽거나 기형이 되며 신장도 억제되어 왜소해진다.

(그림 8-8) 붕소 부족에 따른 증상

(나) 대책

결핍의 위험성이 있는 곳에서는 미리 붕소를 시용한다. 근본적인 대책은 10a당 1~1.5kg의 붕산을 밑거름으로 시용해 주는 것이 좋으나 과용하면 피해가 있으므로 주의해야 한다. 충분히 관수하여 토양의 건조를 피하고 석회나 칼리 비료를 과다하게 시용하는 것을 피한다. 발생 시 초기에 잎에 액체 비료를 뿌려준다. 응급 대책으로는 붕사 또는 붕산 0.1~0.25% 수용액을 잎에 뿌려주거나 배양액에 붕산(H_3BO_4)을 보충해 준다.

(3) 붕소 과잉

(가) 증상

용수나 토양에 붕소가 많을 경우 잎 가장자리가 흑색으로 변하며 안쪽으로 타들어가는 증상을 나타낸다. 엽맥 사이 엽육의 일부에도 흑갈색 반점이 생겨 타들어가는 증세를 나타낸다. 증상은 하엽에서 먼저 나타나는데, 하위 잎에 증상이 나타난 경우라도 상위 잎은 정상인 경우가 많다. 생육 초기에는 비교적 하위 잎의 엽 가장자리가 황백으로 변한다. 잎 가장자리가 황백색으로 테두리만 남은 경우라도 그 외 위치의 잎 색은 변하지 않는다.

토양 pH가 낮은 만큼 장애는 격하게 나타나기 때문에 석회질 비료를 사용하여 pH를 올려준다. 작물이 생육하고 있을 때는 수산화칼슘보다 탄산칼슘을 사용하는 쪽이 안전하다. 다량의 관수를 하고 물에 녹는 붕소를 용탈시킨다. 다량의 관수 후 석회질 비료의 사용이 유효하다.

자. 망간

(1) 생리적 기능

결핍 시 잎 색이 옅어지는 것으로 보아 엽록소 형성에 밀접한 관계가 있는 것으로 판단된다. 산화효소의 작용을 촉진하고, 질소대사 및 탄소동화작용, 비타민 C 형성에 관여한다. 철과는 길항작용의 관계가 있다. IAA 산화효소를 활성화시켜 IAA 산화를 촉진시킨다. 결핍 부위는 모든 세포기관 중에서 엽록체가 가장 예민하다. 부족 시 조직은 작고 세포벽이 두꺼우며 표피조직이 오그라든다. 망간 흡수는 대사에 의해 능동적으로 흡수하며 2가 양이온인 칼슘이나 마그네슘보다 흡수율이 낮고 이들 마그네슘, 칼슘, 철이 많을 때는 망간 흡수가 저하된다. 식물체 내에서 비교적 이동이 어려운 원소이다.

(2) 망간 부족

(가) 증상

식물체 내에서 이동이 더디기 때문에 뿌리에서 흡수가 나빠지면 새로운 잎이 엽맥만 남기고 황화한다. 어린잎의 잎맥 사이가 담녹색이 되고 오래된 잎은 청청한데, 증상이 나타난 새 잎은 전체적으로 희어지고 생기가 없어진다. 생장점 부근의 잎이나 새로 나온 잎의 잎맥 사이에 황색이 된 반점무늬가 생기고 잎맥은 황색과 녹색의 그물 모양을 띤다. 증세가 심하게 진행되면 굵은 잎맥 외에는 모두 황색이 되고 잎맥 사이에는 괴사반점이 생긴다. 줄기는 잘 자라지 않고 새로운 잎은 크지 않으며 늙은 잎은 색이 상당히 바래고 그 끝이 말라 죽는다.

망간이 부족하면 상위줄기 분지 각이 크고
굵기가 상하 차이가 있다.

망간 결핍 증상은 잎이 노란 셀 모양의 무늬가
생기며 상위 잎보다 하위 잎에서 더 분명하다.

(그림 8-9) 망간 부족에 따른 증상

(나) 대책

망간을 다량 함유한 비료나 토양개량제를 사용하는 것이 효과적인데, 10a당
MnO로서 2~5kg을 사용한다. 황산망간을 10a당 20kg 정도 사용하기도 하지만
구용성 형태가 지속성이 있어 좋다. 결핍 증상이 나타나기 시작하면 가급적 빨리
0.2~0.3%의 황산망간액이나 염화망간액에 생석회를 0.3% 혼용하여 10일 간격
으로 2~3회 엽면시비한다. pH 상승에 의한 불용화가 결핍 원인이면 유황을 10a당
20~30kg 사용하는 것이 좋으나, 증상이 경미하면 유안이나 황산가리 등 생리적
산성 비료가 좋다.

(3) 망간 과잉

(가) 증상

생육 전체가 정체되고 엽맥을 따라 그 부분이 황갈변하고 서서히 넓어진다. 이 증
상은 하위 잎에서 순차적으로 상위 잎에 미친다. 잎 선단에 갈색-자색의 작은 반
점이 생긴다. 잎자루 역시 약간 흑갈색으로 변한 것을 알 수 있고, 잎맥을 따라 잎
색이 황갈색으로 서서히 확산되는데 아래쪽 잎부터 위쪽 잎으로 퍼진다. 망간 과
잉은 잎맥, 잎자루, 줄기의 털이 붙은 뿌리부분이 모두 흑갈색으로 변하는 것이 특
징이다. 철 결핍 증상이 나타나는 경우도 있다.

(나) 대책

토양 중의 망간 용해도는 pH가 낮을수록 높기 때문에 석회질 비료나 규산 등을 주어서 pH를 높여준다. 증기, 약제 등으로 토양소독을 하게 되면 토양 중의 망간이 가용화되어 망간 과잉 흡수가 일어난다. 소독을 행한 후에는 반드시 석회질 비료를 사용하고 과습으로 토양이 환원 상태가 되지 않도록 배수에 주의한다.

차. 아연

(1) 생리적 기능

아연은 식물의 질소대사에 관계하는데 부족하면 핵산 RNA 수준이 감소하고 세포질 내 리보솜(Ribosome) 함량이 감소되어 단백질 합성이 억제된다. IAA 합성과 전분 합성에도 관계한다. 아연은 대사에 의한 능동적 흡수를 하므로 저온이나 대사 저해제 등이 아연 흡수를 저해한다. 구리와는 길항관계가 있다. 식물체 내의 아연은 이동성이 적어서 뿌리 조직 내에 축적되기도 한다. 노엽에 함유되어 있는 아연은 이동성이 극히 나쁘므로 어린 조직 쪽으로 잘 이동하지 못한다.

(2) 아연 부족

(가) 증상

중위 잎을 중심으로 퇴색하고 건강한 잎과 비교해 엽맥이 확실하게 드러난다. 엽맥 사이의 퇴색이 진행하면서 점차 엽 가장자리는 황화해서 갈변한다. 잎 둘레의 고사가 원인이 되어 잎이 바깥쪽을 향해 약간 말린다. 생장점 부근의 절간이 짧아지나 새로운 잎의 황화는 일어나지 않는다. 결핍에 따라서 호르몬(IAA) 함량이 저하하기 때문에 마디 사이의 신장이 억제된다. 중위 잎의 황화, 외측으로 활처럼 구부러지고 경화가 특징이다.

아연 부족 증상이 심하면 아래 잎에 작은
갈색 반점이 있고 잎맥이 짙으며 잎말림이 있다.

아연이 부족하면 생장점 잎이 작으며
신장이 억제되어 마디가 짧다.

(그림 8-10) 아연 부족에 따른 증상

(나) 대책

인산을 너무 많이 주지 않도록 하고 상습적으로 결핍 증상이 발생하는 곳에서는
황산아연을 10a당 2kg 정도 시용한다. 응급 조치로는 황산아연 0.1~0.2% 수용
액을 엽면살포한다. 석회 유황합제에 황산아연을 혼용하여 살포해도 좋다.

(3) 아연 과잉

(가) 증상

구리(Cu) 과잉과 마찬가지로 아연을 과잉 흡수하면 생육이 저해되어 새잎에 철 결
핍 증상이 유발되기 쉬우며 뿌리도 장애를 받는다. 아연 함량이 높은 산성 토양이
나 아연광산 부근에서 발생하기 쉽다. 아연의 과잉장애는 공해문제로 취급되는
경우가 많다. 다량의 아연을 함유한 폐수가 유입하여 작물에 장애를 주기도 한다.
이 경우 물가 부근에서 생육하는 작물일수록 생육이 저해된다.

(나) 대책

석회질 비료를 시용하여 토양의 pH를 높이고 아연의 불용화를 꾀한다. 객토로 작
물의 근권을 변화시키고 과잉 부분을 제거하며, 뒤집기로 심토를 혼합하여 함량
저하를 꾀하는 등 대책을 마련하여 실시한다.

카. 구리

(1) 생리적 기능

구리는 엽록체 내에 대부분 함유되어 있으며 잎에 전체 구리의 약 70%가 함유되었다. 식물에 흡수되는 구리는 극소량에 불과하며 그 함량은 건물당 2~20ppm으로 Mn 함량의 1/10 정도이다. 식물체 내 구리는 오래된 잎에서 어린잎 쪽으로 이동하지만 활발하지는 못하다.

(2) 구리 부족

(가) 증상

구리 부족 시 잎맥 사이가 얼룩지고 괴사한다. 증상이 진행되면 잎이 굳어지고, 울퉁불퉁해지며 잎에 다소 불규칙한 황화가 나타난다. 선단엽은 엽맥 사이의 녹색이 엷어지는 동시에, 마른 것처럼 늘어져 아래로 처진다. 위쪽의 성숙한 잎은 가장자리에서 중심으로 향하여 엽맥 사이의 녹색이 퇴색하여 담황록색으로 된다. 잎의 전개 불량 및 끝 부분의 고사가 일어나며 전체가 시든다. 새로 나오는 잎은 작고 생육은 억제되면서 마디 사이가 짧다. 위쪽의 성숙한 잎은 가장자리에서 중심을 향하여 엽맥 사이의 녹색이 퇴색하여 담황록색으로 된다.

구리가 부족하면 줄기 끝이
시들고 생장이 위축된다.

구리 결핍 증상은 잎이 다소 작으며
아래 잎은 기형으로 나타난다.

(그림 8-11) 구리 부족에 따른 증상

(나) 대책

석회질 비료를 사용하고 토양의 pH를 높여 구리의 불용화를 꾀한다. 응급 대책으로는 0.1~0.2%의 황산구리($CuSO_4 \cdot 5H_2O$) 용액(약해 방지를 위해 소석회 0.5%를 첨가)이나 보르도액을 엽면살포한다. 구리 함량이 결핍된 경우 10ha당 황산구리 2~3kg을 균일하게 사용한다.

(3) 구리 과잉

위쪽 잎이 담록화하고 철 결핍 증상이 유발되기 쉽다. 뿌리가 심한 장애를 받아 갈변하는 경우가 많다. 장애를 입은 뿌리는 굵어져 곁뿌리의 신장이 불량해지고, 생육은 현저히 저해된다. 석회질 비료를 사용하고 토양의 pH를 높여 구리의 불용화를 꾀한다. 혹은 객토에 의해 작물의 근권을 변화시키고, 과잉 부분을 제거하며, 뒤집기로 심토를 혼합하여 함량의 저하를 꾀하도록 한다. 또 유기물을 사용하면 구리의 독성이 약해지므로 유기물을 사용한다. 구리 광산 부근이나 토양 중의 구리 함량이 많아지는 경우에 발생하는데 다량의 구리를 포함한 관개수가 논에 유입되어 토양에 다량 축적되고 작물에 장애를 주기도 한다.

타. 몰리브덴

(1) 생리적 기능

몰리브덴은 질소 고정효소와 질산 환원효소의 조효소로서 질소동화의 필수 성분이다. 이것은 몰리브덴의 가장 중요한 기능으로 NO_3^-의 환원이다. 식물에 흡수되는 몰리브덴은 몰리브덴산염의 형태이며 이것은 SO_4^{2-}에 의한 길항작용으로 흡수가 감소되는 경우가 많다. 식물체 내의 Mo 함량은 대략 건물당 1ppm 정도로 생리적 요구량은 매우 낮다. 생체 내에 질산환원 효소 속에 포함되어 있으므로 몰리브덴이 결핍되면 작물체 내에 질산이 축적되어 장애가 발생한다.

(2) 몰리브덴 결핍

(가) 증상

결핍되면 초기에는 잎이 먼저 황색이나 황록색으로 변하여 괴사반점이 나타나고 위쪽으로 말려 올라간다. 일반적으로 아래 잎부터 황변하기 시작하며 늙은 잎의 잎맥 사이에서 색이 바래고 후에는 잎 전체가 담녹색이 되어 최후에는 황색으로 말라 죽는다. 몰리브덴 광산 부근이나 몰리브덴을 함유한 폐수 등이 유입되어 토양 중의 함량이 과잉된 경우에 발생하기 쉽다.

몰리브덴이 부족하면 잎이 기형이며
작고 암녹색을 띠며 매끄럽다.

몰리브덴이 부족하면 줄기 분지의 이상비대
증상이 보이며 잎이 약간 더 진해진다.

(그림 8-12) 몰리브덴 부족에 따른 증상

(나) 대책

산성 토양을 개량하여 토양반응을 중성으로 기울게 한다. 응급 대책으로는 $0.07 \sim 0.1\%$의 몰리브덴산암모늄($(NH_4)_6Mo_7O_{24} \cdot 4H_2O$)이나 몰리브덴산 소다($Na_2MoO_4 \cdot 2H_2O$) 용액을 엽면살포하거나 배양액에 몰리브덴산 소다를 보충한다. 몰리브덴 함유 비료는 나트륨 몰리브덴산염과 암모니아 몰리브덴산염을 10a당 $30 \sim 50g$을 과석과 잘 섞어 준다.

(3) 몰리브덴 과잉

일반적으로 아래쪽 잎부터 황변하기 시작하며 엽맥은 녹색을 남기고 엽맥 사이가
선명하게 황변한다. 몰리브덴 광산 부근이나 몰리브덴을 함유한 폐수 등이 유입
하여 토양 중의 함량이 과잉된 경우에 발생하기 쉽다. 토양반응을 산성 영역으로
이행시켜 몰리브덴을 불용화한다.

02 생리장해

가. 잎과 줄기에 나타나는 생리장해

(1) 순멎이

(가) 증상
육묘 중이나 본포에서 나타난다. 육묘 중에는 제1화방이나 제2화방이 출현하면서 순이 멎어버리고, 정식 후에는 발생하는 부분까지 잎이 나타나지만 그 위부터 갑자기 선단이 급격히 가늘어져 신장을 정지해 버린다.

(나) 원인
순멎이 현상은 주로 붕소 결핍에 의하여 나타나는 것으로 추정하고 있다. 석회나 칼리가 지나치게 적거나 지나치게 많을 때 붕소 흡수가 저해되어 나타난다. 야간의 지나친 저온도 석회나 붕소의 흡수를 저해하여 순멎이가 나타난다.

(다) 대책

발아상 온도는 23~25℃를 유지하고 본엽 전개 후 지나친 저온, 고온을 회피한다. 양질의 상토나 토양에서 재배하도록 하며, 밤 온도를 최소한 10℃ 이상 유지하고, 땅 온도를 20~23℃ 정도로 유지한다. 정식 재배지 준비 시에는 밑거름으로 붕사 10ha당 1~2kg을 시용한다.

(2) 이상줄기(異常莖)

(가) 증상

제3화방이나 제4화방 부근 원줄기의 절간이 짧아지며 마디 사이에 세로로 약간 움푹하게 들어가고 갈변현상이 나타난다. 심한 경우에는 그 부위가 쪼개져서 구멍이 생긴다. 이상줄기가 나타나는 부위는 절간뿐만 아니라 절간에 가까운 곳이 갈색으로 변색이 된다. 좀 더 진전되면 줄기가 8자형으로 되면서 갈변된 곳이 커지게 되고 또 8자로 교차된 곳이 쪼개져서 갈변한다. 이상줄기가 발생하면 마디 사이는 현저하게 짧아지고 원가지와 곁가지의 길이가 같아지게 되며 증상이 나타나는 부위의 화방은 꽃이 빈약해서 착과가 불량해진다.

(나) 원인

정식 후 활착하게 되면 양수분의 흡수가 급증하는 동시에 생육이 왕성해진다. 이 시기에 고온, 건조, 칼리나 질소의 과잉 시용, 토양수분의 과다가 원인이 되어 양분의 흡수가 고르지 못해 발생하는 것으로 추측된다. 특히 석회와 붕소의 흡수가 억제되기 때문에 생기는 결핍 증상으로 추측된다. 석회가 많은 알칼리성 토양이나 석회가 부족한 산성 토양에서도 토양이 건조하면 붕소의 흡수가 저해를 받게 되며, 고온에서 생육이 촉진되면 붕소가 생장점에 잘 분배되지 못한다. 생장점에 붕소가 부족하면 생장호르몬인 옥신이 산화되지 않아 고농도로 되고, 조직의 분열이 왕성하게 일어나서 줄기가 8자형의 커다란 단면이 된다. 그리고 붕소가 아주 적은 부분은 조직이 괴사하여 갈변된다. 또한 육묘 중에 붕소의 흡수가 잘 이루어지지 않으면 발생하기 쉽다.

(다) 대책

품종에 따라 발생에 차이가 크므로 품종 선택에 유의한다. 고온기에 육묘할 경우에는 육묘상토가 쉽게 건조해지지 않도록 수분관리에 유의한다. 과번무되어 줄기가 지나치게 굵어지는 등의 증상을 보일 때는 측지 제거를 중단하여 생장점의 신장을 촉진하고, 고온 다습 조건 유지로 줄기를 웃자람시킨다. 이상줄기 증상이 보이는 줄기 밑의 곁가지 1본을 원줄기 대체용으로 신장시키다가 증상이 심하게 나타나면 원줄기를 절단하고 곁가지를 원줄기로 대체한다. 정식한 후에 붕사 0.3%(물 1말당 60g) 액을 5일 간격으로 3회 엽면살포하면 이상줄기 발생 억제에 효과적이다. 저단화방의 착과에 최선을 다한다.

순멎이 　　　　　　　　　　　　　　　이상줄기

(그림 8-13) 토마토 순멎이, 이상줄기

(3) 선단부의 위축

(가) 증상

생장점 근방의 어린잎과 줄기가 가늘어지고 생육이 불량해지는 현상으로 발생원인은 호르몬에 의한 장해와 철 과잉에 의한 장해가 있다.

(나) 원인

• 호르몬에 의한 장해 : 착과를 위하여 사용된 착과호르몬은 꽃에 흡수되어 꽃자루와 줄기를 통하여 생장점에 집적된다. 집적된 호르몬 양이 많으면 어린잎은 축엽된다. 일조가 부족하거나 과일이 너무 많이 착과된 경우에는 선단부 위축을 더욱 조장하게 된다.

• 철 과잉에 의한 장해 : 철분이 많고 수분이 많은 산성 토양에서는 어린잎이 쉽게 축엽된다.

(다) 대책
• 호르몬에 의한 장해 : 착과 호르몬 처리 시 온도가 높을 때는 농도를 묽게 하여 살포하고 잎과 줄기에 약액이 묻지 않도록 한다. 선단부의 축엽 현상이 심하게 나타난 잎줄기는 조기에 순지르기를 하고 곁가지를 유도하여 이용토록 한다.
• 철 과잉에 의한 장해 : 철분이 많고 수분이 많은 산성 토양에서는 석회 사용과 토양수분 관리에 주의하고 토양산도의 조정과 배수를 철저히 행하는 것이 중요하다.

(4) 선단부의 황화

(가) 증상
줄기의 선단부에 있는 잎이 노랗게 되면서 발육이 나빠지는 현상이다.

(나) 원인
• 철 결핍 : 철이 부족하면 선단의 어린잎은 황화한다. 망간이 많은 토양에서는 철 흡수가 저해되기 쉽고, 석회, 암모니아, 칼리와도 길항작용을 하기 때문에 이들 요소들이 많으면 철 결핍 현상이 일어나서 선단부가 황화된다. 온도가 낮으면 철의 흡수가 저해되므로 선단부에 황화가 많이 발생한다.
• 양액재배 시 산소 결핍 : 양액 중에 산소가 결핍되면 초산이 아초산으로 환원되어 아초산 중독에 의해 선단부가 황화된다. 식물체가 자라게 되면 배액구 부근에 뿌리가 무성하게 뻗어 양액의 순환을 나쁘게 하여 산소 농도를 저하시키는 경우가 많다. 산소가 결핍하면 뿌리가 적색으로 변한다.
• 제초제에 의한 피해 : 제초제를 이용했던 분무기를 깨끗이 씻지 않고 제초제 성분이 남아 있는 분무기로 농약을 살포할 경우 선단부가 황화되는 현상이 자주 나타난다. 따라서 잔효성이 긴 제초제를 사용할 경우에는 주의를 해야 한다.

(5) 선단부의 굴곡

(가) 증상
선단부의 어린잎이 구부러지고 심한 경우에는 돌돌 말린다.

(나) 원인
질소, 특히 암모니아 농도가 높을 경우 많이 구부러진다. 뿌리로부터 흡수된 질소가 아미노산으로 되고 그 일부가 생장호르몬으로 되어 어린잎에 축적됨으로써 잎의 위쪽이 생장하여 오그라들기 때문이다. 이러한 현상을 상편생장(上偏生長)이라 한다. 따라서 굴곡의 정도를 보아 질소가 많고 적음을 알 수 있다. 양액재배에서는 질산태 질소보다 암모니아태 질소를 많이 줄 때 발생한다.

(다) 대책
질소 시용량을 줄이고 가급적이면 암모니아태 질소보다는 질산태 질소를 사용해야 한다. 웃거름 양과 횟수를 줄이며 물 주는 양을 줄이고 밤 온도를 낮추어 관리한다. 배꼽썩음과 발생이 많을 경우는 물 주는 양을 많게 하고 환기를 잘한다. 이산화탄소를 공급하는 경우에는 주지 않을 때에 비해 밤 온도를 1~2℃ 높게 관리하여 잎으로부터의 양분전류를 촉진시킨다.

(6) 줄기에 나타나는 갈변

(가) 증상
줄기에 갈색의 작은 반점이 나타난다.

(나) 원인
암모니아태 질소가 뿌리로부터 많이 흡수되면 발생이 많게 된다. 암모니아 이온은 체내에서는 탄수화물과 화합하여 단백질로 되어 작물생육의 기본물질이 되지만 너무 많으면 조직이나 세포가 손상을 받아 줄기에 작은 갈색 반점이 생기게 된다.

(다) 대책

암모니아태 질소를 너무 많이 시용하면 뿌리를 상하게 하여 수분의 흡수를 저해하고, 암모니아 이온의 피해가 나타나기 때문에 암모니아 비료를 너무 많이 주어서는 안 된다.

(7) 잎말림

(가) 증상

1화방 과일 비대기 이후에 아래 잎의 가장자리가 안쪽으로 말리고 점차적으로 위의 잎까지 말리는 현상으로, 잎이 딱딱해지고 잎 뒷면이 푸른색으로 변하기도 한다.

(나) 원인

질소질 비료의 과다한 시용으로 초세가 너무 강한 경우 발생이 많다. 또 밤 온도를 너무 낮게 관리하여 양분의 이동이 잘 안 되어 잎에 탄수화물 축적량이 많아졌을 때 발생하기 쉽고 특히 순지르기를 한 후에 발생이 많다.

(다) 대책

과다한 질소질 비료의 시용을 삼가고 토양이 너무 습하지 않도록 관수에 주의해야 하며 밤 온도를 잘 관리하여 양분의 전류 분배가 잘 일어나도록 한다.

(8) 줄기가 가늘어지는 증상

(가) 증상

마디 사이가 길어지는 웃자람 현상을 나타내면 햇빛 부족에 의한 것으로 보아도 좋다. 아래 잎부터 순차적으로 위쪽 잎을 향해 황화 증상이 나타나면서 잎은 작아지고, 생장점 부위의 잎은 더욱 작아지면서 줄기가 가늘어지면 질소 결핍으로 판단한다. 잎이 작아지면서 줄기는 가늘어지더라도 잎의 황화가 일어나지 않고 적자색이 강하게 나타나면 인산 결핍으로 판단한다.

(나) 원인

개간지나 새로운 땅에서의 재배 시 유기질 및 질소 비료를 적게 주었거나 볏짚을 한꺼번에 많이 주었을 때 또는 제 시기에 웃거름을 주지 않았을 경우에 발생한다. 모래흙과 같이 양이온 치환 용량(CEC)이 적은 토양에서 쉽게 발생한다. 겨울철 차광률이 높거나 하우스 설치 방향 등이 불합리한 시설에서 발생한다. 아래 화방에 열매가 너무 많이 달려 뿌리에서 흡수하는 양분이 작물의 요구량에 미치지 못할 때 또는 여름철 밤 온도가 지나치게 높아 낮에 만들어진 양분이 전류되지 않고 호흡에 의해 소모되어 버리는 경우에 발생한다.

(다) 대책

질소 비료를 적시에 적량을 사용하되 저온기 겨울재배 시에는 질산태 질소 비료의 사용이 효과적이며 완숙퇴비나 유기질 비료를 주고 깊이갈이한다. 인산성분이 토양 중에 150ppm 이하로 될 때에는 인산질 비료는 전량 밑거름으로 충분히 준다. 아래 화방의 꽃이나 열매를 필요한 양만 남기고 빨리 제거해주고 차광, 멀칭 등 적극적인 대책으로 지상 및 지하부의 밤 온도를 최소한 25℃ 이하로 유지한다.

(9) 줄기가 코르크화되면서 균열이 생기는 증상

(가) 증상

줄기가 굽어지면서 뒷면에 갈색, 코르크상의 균열이 생기고 잎 색은 진한 농녹색으로 변한다.

(나) 원인

주로 상위 엽 줄기에서 나타나면 붕소 결핍으로 판단한다. 바람 등 물리적으로 줄기와 잎에 상처를 입어 그 흔적이 코르크화되는 경우와 토양이 산성화되면서 붕소가 용탈된 후에 다량의 석회를 사용했을 경우에 발생한다. 토양을 건조하게 관리하거나 유기물 시용량이 적은 토양에서 혹은 칼리 비료를 다량 시용한 토양에서 많이 발생한다.

(다) 대책

붕소가 함유된 비료를 시용하거나 밑거름으로 붕사 10ha당 1~2kg을 반드시 시용한다. 응급 대책으로 붕사 0.1~0.3% 수용액을 1주일 간격으로 2~3회 엽면살포한다.

(10) 잎줄기에 부정아 형성

(가) 증상

잎줄기에 새순이 발생한다.

(나) 원인

붕소가 부족하면 잎에서 광합성된 동화양분의 전류가 어려워져 잎줄기 여기저기에 부정아가 발생한다. 부정아 형성이 나타나면 동화양분의 이동이 잘 이루어지지 않는다는 것을 알 수 있다. 다만 적심한 경우 과일로의 동화양분의 전류가 적어져서 부정아가 형성될 수 있으므로 혼돈하기 쉽다.

(다) 대책

붕소 부족의 경우 엽면시비용 붕산을 사용설명서대로 엽면살포하고 지나친 적심을 삼가야 한다. 적심할 때는 토마토의 세력을 감안하면서 최종 화방 위 2~3잎을 남기고 실시한다. 토양이나 배지 내의 pH가 7.0 이상 높아지지 않게 관리하며 식물체가 도장하지 않도록 양수분 관리를 잘해준다.

(11) 화방에 잎줄기 형성

(가) 증상

화방에서 잎줄기가 나타나는 현상이다. 빨리 잎줄기를 제거하지 않으면 잎줄기가 나타난 화방의 열매는 자람이 약하거나 꽃이 쉽게 떨어진다.

(나) 원인

생식생장에서 영양생장으로 전환할 때 꽃눈분화기의 붕소 결핍으로 추정된다. 이상줄기 발생원인과 거의 동일하게 발생한다.

(다) 대책

육묘 중에 붕소를 엽면살포하면 좋다. 또 품종에 따라 차이가 많으므로 화방 위 잎줄기 발생이 적은 품종을 선택한다. 붕소 흡수를 저해하는 불량한 상토를 이용하지 말아야 한다. 석회를 너무 많이 준 알칼리 토양이나 칼리와 질소가 과잉 함유된 상토, 반대로 거의 함유되어 있지 않은 토양에서 고온, 건조상태로 육묘하면 좋지 않다. 가능한 한 발생하지 않도록 관리하는 것이 중요하지만 발생할 때는 발견 즉시 제거한다.

(12) 세엽현상(착과호르몬 장해)

(가) 증상

잎이 정상적인 잎에 비해 가늘어져 기형으로 되고 어두운 회색빛이 된다. 바이러스와 다른 점은 축엽이 발생된 최초의 잎을 보면 밑부분에 가까운 잎은 정상이나 중간부터 상위 부분 어린잎이 오그라드는 증상을 일으킨다.

(나) 원인

착과제의 농도가 짙을 때 특히 고온기에 많이 발생한다. 일조 부족 상태가 지속될 때, 착과제의 중복 및 고농도 살포, 착과제 살포 시 잎과 줄기 등 식물체에 다량 살포되었을 때 착과호르몬이 생장점부에 집적되어 나타난다. 일조가 부족한 날씨가 오래 계속되거나, 착과 수가 과다한 시기에 심하게 나타난다.

(다) 대책

착과제가 잎, 줄기에 묻지 않고 꽃에만 묻게 살포하고 온도에 따라 알맞은 농도로 살포한다. 토마토 세력이 약할 때는 가능한 한 처리를 하지 않거나 묽게 처리한다. 착과제 장해가 심하게 나타난 잎 줄기는 조기에 순지르기를 하여 곁가지 발생을 유도한다. 고온기에는 하우스 내 온도가 올라가지 않도록 관리한다.

| 잎줄기에 부정아 형성 | 세엽현상(착과호르몬 장해) |

(그림 8-14) 잎줄기 부정아, 세엽현상

나. 과실에 나타나는 생리장해

(1) 열과

(가) 증상

과실의 꽃받침 부근에서 방사상으로 열과하는 것, 과일의 어깨 부근에서 동심원 상으로 열과하는 것 그리고 측면이 열과하는 것이 있다. 어린 과일일 때 측면이 벌어지는 것도 있다.

(나) 원인

꼭지 부분에서 발생하는 방사상 열과는 과일 표피가 약한 품종에 많이 발생하고, 과피와 과육부 발육의 불균형으로 발생한다. 건조한 상태가 계속되다가 갑자기 물을 많이 주거나, 건조 후 비가 내릴 때 발생이 심하다. 동심원상 열과와 측면 열과는 물이나 이슬에 의해 과일 표면이 젖었을 때 발생이 많다. 또한 기온의 급격한 변화, 토양수분의 급변과 직사광선 등에 의해서도 일어난다.

(다) 대책

열과 발생이 적은 품종을 선택한다. 수분의 급격한 변화에 의해 많이 발생하므로 토양을 깊게 갈고 유기물을 충분히 시용하여 뿌리가 잘 뻗도록 해야 한다. 토양은 극단적인 건조나 과습을 피하고 건습차를 가능한 한 줄일 수 있도록 물관리를 하고, 건조후 많은 관수를 피한다. 과일에 강한 직사광선이 내리쬐면 열과가 촉진되기 때문에 과도한 순지르기나 잎 따기를 삼간다.

(2) 배꼽썩음과

(가) 증상
어린 과실에 주로 발생한다. 처음엔 과실의 배꼽부분이 수침상으로 되고, 과일이 비대함에 따라 병반의 크기가 확대되면서 흑갈색으로 함몰되어 말라버리거나 썩는다. 병반은 약간 움푹하게 들어가고 단단해지는 것이 특징이다.

(나) 원인
과일 비대기에 석회가 부족할 경우 쉽게 나타난다. 토양용액의 염류 농도가 높은 경우 질소나 칼리 및 마그네슘의 함량이 많으면 길항작용을 하여 석회의 흡수가 억제된다. 토양을 건조하게 관리하거나 공중습도가 낮고 고온 및 건조에 의해서 석회의 흡수 및 식물체 내의 이행이 원활치 못할 때 많이 발생한다. 경토가 얕은 재배지나 사질토양에서는 급격한 건습의 변화가 쉽게 일어나기 때문에 발생이 많다.

(다) 대책
정식 전 토양 진단 후 토양산도가 pH 5.8~6.2 정도로 유지되도록 석회를 충분히 사용하며 본 밭갈이 시 깊이갈이를 한다. 토양 염류 농도가 높지 않도록 과다한 시비를 삼가야 한다. 질소와 칼리의 다량 사용을 피하고 속효성 비료를 일시에 사용하지 않는다. 또 토양수분의 급격한 변화와 건조를 방지한다. 발생 초기에 염화칼슘 0.5%(물 1말당 100g) 수용액이나 시판되고 있는 칼슘제제를 1주일 간격으로 2~3회 엽면살포한다. 살포 시 과일의 배꼽부분에도 충분히 묻도록 유의하여 살포한다.

열과

배꼽썩음과

(그림 8-15) 토마토 열과, 배꼽썩음과

(3) 공동과

(가) 증상
종자를 둘러싸고 있는 젤리상 부분이 충분히 발육하지 못하여 바깥쪽의 과육 부분과 틈이 생기는 현상이다. 정상적인 자가 수정이나 수정벌에 의하여 비대한 과실에서는 공동과는 거의 발생하지 않지만 호르몬 처리에 의해서 착과시킨 과실에서 많이 발생하므로 호르몬 장해라고도 한다. 과실에 각이 생기고 길어져 과면이 움푹 팬 형태로 된다.

(나) 원인
환경조건으로는 일조 부족이 가장 큰 영향을 미치며 특히 낮에 일조가 부족하고 기온이 높은 시기에 발생이 많다. 일조가 부족하면 화분발육이 불량해 꽃가루 양이 적어지고 개약이 안 되어 자가수분이 이루어지지 않아 종자가 생기지 않기 때문에 젤리상 부분의 발달이 불량하여 공동과가 된다. 또한 호르몬 처리에 의해서 착과가 너무 많이 된다거나 미숙 꽃에 호르몬 처리를 한 경우, 고농도 처리 등에 의해 과일 비대에 비해서 동화양분의 이행이 저해받을 때 많이 발생한다.

(다) 대책
착과를 시키기 위해서는 자가 수정, 진동 수정, 벌 수정 등 토마토 화분이 주두에 묻어 정상적으로 수정과정이 이루어지도록 하고 보조적으로 호르몬을 이용하는 것이 좋다. 착과를 위하여 토마토톤을 사용하는 경우에는 처리일의 기상상태를 보아 농도를 조정해야 한다. 농도를 100배 기준으로 기온이 높을 때는 약간 묽게, 기온이 낮을 때는 약간 진하게 살포해야 하며 가급적 기온이 높은 낮에 살포하는 것을 피한다. 살포 시기는 너무 일찍이 하지 말고 각 화방의 꽃이 3~4개 피는 시기에 행하도록 한다. 지베렐린 5~10ppm을 토마토톤과 혼용하여 살포하면 공동과 발생을 줄일 수 있다. 과번무가 되지 않도록 하고 일조가 약할 때는 식물체가 햇빛을 잘 받게 하며 밤 온도가 지나치게 높지 않도록 한다. 잎 면적이 적을 때 과일을 지나치게 많이 착과시키면 동화양분이 부족하게 되어 공동과 발생이 많아지므로 가능한 한 초세를 감안하여 착과 수를 조절하도록 한다.

⑷ 착색불량과

㈎ 증상
과일의 꼭지 쪽과 어깨 쪽의 일부가 완전히 착색되지 않고 다갈색을 띠어 외관이 나쁜 과일을 말한다.

㈏ 원인
양분, 특히 질소가 많으면 착색이 불량하게 되고 저온과 일조가 부족한 조건에서는 착색이 늦어지고 과실 전체가 녹색을 띠어 착색불량과가 된다. 착색은 엽록소의 분해와 리코핀 색소의 형성에 의해서 행하여지는데 질소가 많으면 엽록소가 많게 되고 그 분해가 늦게 된다. 또 기온이 너무 낮거나 너무 높으면 리코핀 색소의 형성이 적어져서 색상이 불량하게 된다. 고온에서 리코핀은 적고 카로티노이드는 많으면 색깔이 황색을 띠게 되며, 저온에서는 과일 꼭지 쪽과 어깨 쪽의 일부가 다갈색을 띠는 착색불량과가 된다. 지하수위가 높거나 배수가 불량하여 통기성이 나쁜 저습한 시설에서도 발생이 많다. 이어짓기를 하여 염류가 집적되어 있는 토양이나 비료를 너무 많이 사용한 토양에서도 발생이 많다.

㈐ 대책
식물체의 세력이 너무 강하여 잎이 과일을 가릴 때는 잎을 따주어 햇빛 쪼임이 잘되도록 해주고, 염류 농도가 높을 때 발생되므로 장기간 윤작을 하여 염류집적이 많은 토양은 밑거름의 시용량을 줄여 염류 농도가 높지 않도록 한다. 저습지 토양에서는 토양의 배수 및 통기성을 높여 주어야 하며, 저온기 재배에서는 온도를 다소 높게 관리해주는 것이 좋다.

공동과

착색불량과

(그림 8-16) 토마토 공동과, 착색불량과

(5) 창문과

(가) 증상
과일의 꼭지 부분에서 아랫부분까지 코르크화한 지퍼모양의 선이 생기고 증상이 심한 것은 이 선상에 구멍이 뚫려 태좌부분이 드러나 보인다. 주로 기온이 낮은 시기에 육묘할 때 많이 발생하나 기온이 높은 억제재배에서 발생하기도 한다.

(나) 원인
저온기 육묘 시 꽃눈분화 발달 과정에서 5~7℃의 저온, 고온기 육묘 시 고온과 밀식에 의한 동화양분의 부족으로 꽃눈의 발육이 불량할 때 발생한다. 질소질이 지나치게 많거나 토양수분이 많을 때 더욱 발생이 많아진다. 품종에 따라 발생 정도가 심하게 차이가 난다. 석회와 붕소의 부족도 원인이 된다. 질소와 칼리의 과다한 시비나 토양의 건조에 의해서 석회 및 붕소의 흡수가 나쁠 때 발생을 조장한다. 착과제 사용 시 생장점 부분에 약액이 묻으면 잎이 가늘어지고 과일은 창문과가 되는 일이 있다.

(다) 대책

육묘기에 지나친 저온이나 고온이 되지 않도록 낮 기온 20~30℃, 밤 기온은 10℃ 이상으로 관리하는 것이 중요하다. 또 질소질 비료를 과다하게 사용하지 않도록 비배관리해야 한다. 상토가 과습하지 않도록 관수량을 조절해야 한다. 육묘 시 석회나 붕소의 결핍 증상이 나타나면 붕소와 석회의 엽면시비를 행하는 것이 좋다. 고온기에 육묘할 경우 묘의 생육이 빠르고 잎이 우거져 광합성 작용이 불량하게 되어 꽃눈 형성에 지장을 받기 쉽다. 따라서 포기 사이를 넓혀 채광량을 높여야 한다. 정식 후 착과제를 처리할 때는 토마토의 생장점에 약액이 묻지 않도록 주의해야 하며 창문과 발생이 적은 품종을 선택하여 재배하는 것이 중요하다.

(6) 흑색줄썩음과

(가) 증상

과일껍질의 유관속이 괴사되어 과일의 윗부분에서 아랫부분까지 흑갈색의 줄무늬가 형성된다. 증상이 나타난 부분은 착색이 불량하여 과일이 성숙되어도 빨갛게 변하지 않는다.

(나) 원인

일조 부족, 저온, 과다한 시비, 칼리 결핍, 과다한 토양수분 등이 발생원인이 된다. 토양 중 산소가 부족한 조건일 때, 암모니아태 질소를 많이 주었거나 미숙퇴비를 많이 주었을 때, 밀식하거나 어린 묘를 정식했을 때, 적심이 강할 때 발생이 많아진다.

(다) 대책

배수가 불량한 토양에서는 토양이 환원 상태가 되기 쉽고, 철의 흡수가 저해되기 쉽기 때문에 배수를 철저히 행하는 것이 중요하다. 시비량은 질소, 특히 암모니아태 질소의 과용을 삼가고 칼리질 비료가 결핍되지 않도록 주의한다. 토양수분을 적절히 유지하기 위하여 저습지에서는 이랑을 높게 하고 한꺼번에 많은 양의 물을 주면 발생이 많기 때문에 적절하게 관수하는 것이 좋다. 일조 부족에 의해서도 발생하기 쉬우므로 햇빛이 잘 들어오도록 노력하는 동시에 심는 거리를 넓게 해야 된다. 흑색줄썩음과의 발생은 품종 간 차이가 크기 때문에 저항성인 품종을 선택하여 재배하는 것이 안전하다.

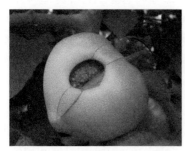
창문과

흑색줄썩음과

(그림 8-17) 토마토 창문과, 흑색 줄썩음과

(7) 녹색배경과(Green Back Fruit)

(가) 증상
과일의 배꼽부터 어깨 부분에 걸쳐 녹색이 남아 있고 다른 부분은 빨갛게 착색되기 때문에 신선한 감을 주지만 시큼한 맛이 강하다.

(나) 원인
질소질 비료를 너무 많이 시용하여 초세가 왕성한 경우에 발생이 많다. 또 질소에 비해서 칼리가 적은 경우 건조를 수반하면 현저하게 발생이 많아진다.

(다) 대책
시설 내는 건조하지 않도록 적당한 습도관리를 행하는 것이 좋다. 또 질소질 비료를 너무 많이 시용하여 초세가 너무 왕성하지 않도록 균형시비를 해야 한다.

(8) 그물과

(가) 증상
과일의 껍질이 투명하여 내부의 섬유관이 그물형태로 드러난다. 수확 후 금방 물렁물렁해지고 심한 것은 내부가 밖으로 나오며 과일을 절단하면 젤리 부분이 흘러나온다. 또 맛도 좋지 않고 저장성이 약하여 상품성이 매우 떨어진다. 과피 부분은 성숙해도 젤리 부분은 녹색으로 있는 경우가 많다. 과일 전체에 나타나는 경우는 드물고 대부분 과일의 한쪽 면이나 일부분에만 나타난다.

(나) 원인
그물과 발생은 토양 중의 수분이 적당하다가 갑자기 건조한 상태로 변할 경우, 성숙기에 수분이 부족하면 많이 발생한다. 토양이 건조하면 인산과 칼리의 흡수량이 떨어지고 체내의 이동이 불량해져 대사 작용이 흐트러짐으로써 그물과가 된다고 하나 아직 확실한 원인은 밝혀져 있지 않다. 그리고 비료를 너무 많이 주어도 발생하는 수가 많으며, 장기 육묘로 뿌리가 빈약해진 늙은 묘를 사용했을 때도 발생하기가 쉽다.

(다) 대책
고온기와 생육 후반기에 토양수분을 10~30kPa 정도로 유지해 주는 것이 가장 중요하다. 정식 전에는 유기물을 시용하고 심경을 하여 뿌리의 생장을 좋게 하고 비배관리를 적절히 하여 초세가 쇠약해지지 않도록 한다. 뿌리의 발달이 좋은 어린 묘 또는 정식 적기묘를 정식하고, 품종 선택 시 수세가 왕성한 것을 선택한다.

(9) 일소과

(가) 증상
기온이 높은 시기에 많이 발생하는데 하우스 촉성재배의 말기, 억제재배 또는 무지주재배에서 많이 나타난다. 과일에 직사광선을 쬐이면 그 부분의 과일온도가 상승하고 열에 의하여 말라 죽은 조직이 하얗게 되는 것이다.

(나) 원인

토양이 건조할 때, 기온이 높을 때, 공동과에서 과일의 온도가 현저하게 높아질 때 일소과 발생이 많아진다.

(다) 대책

과일에 직사광선이 쬐이지 않도록 과방을 이랑의 안쪽으로 배열하거나 봉지를 씌우며 잎이 과일을 가리는 것이 중요하다. 토양이 건조할 때는 과일온도가 더욱 높아지기 때문에 수분을 잘 흡수할 수 있도록 뿌리의 발육과 토양수분 관리에 주의해야 한다.

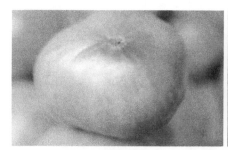
그물과

일소과

(그림 8-18) 토마토 그물과, 일소과

(10) 기형과

(가) 증상

과일이 둥글고 풍만하지 않고 길쭉하게 되거나 배꼽 부분이 뾰족하고 주름이 생기는 등 2~3개의 과일이 붙은 듯한 모양 같은 괴상한 모양으로 되는 것을 기형과라 한다. 이러한 과일을 잘라 보면 정상적인 과일에 비해서 자실 수가 많고 무질서하게 배열되어 있는 것이 특징이다.

(나) 원인

꽃눈분화기 또는 육묘기에 7℃ 이하의 저온이 수일간 경과될 경우에 발생이 많다. 밤 온도를 8℃ 이상 높여도 낮 온도가 20℃ 이하일 경우는 평균온도가 낮기 때문에 발생하기 쉽다. 또 꽃눈분화기나 발육기에 필요 이상의 많은 관수를 하거나 비료를 너무 많이 주어 초세가 강한 경우에 발생이 많다.

(다) 대책
밤 온도가 10℃ 이하로 내려가지 않도록 해야 한다. 저온기 질소질 비료의 과다한 시용을 피하고 관수를 많이 하지 않도록 한다. 반촉성이나 촉성재배에서는 어린 묘를 정식하면 초세가 강해질 우려가 있으므로 제1화방의 꽃이 2~3개 피었을 때 정식하는 것이 좋다. 가축 분뇨나 밑거름을 지나치게 많이 넣지 않도록 하며 생장 상태를 보아가면서 웃거름으로 조절한다. 각 화방의 제1번화는 비정상적인 꽃으로서 기형과가 되기 쉬우므로 착과가 된 후 따 주는 것이 좋다.

기형과   기형과

(그림 8-19) 토마토 기형과

다. 염류집적 장해

(1) 증상

생육 초기부터 잎 색이 이상하게 짙어지면서 농녹색으로 된다. 잎의 촉감이 단단해지고 키가 작아지며 생장점 부근의 잎이 마른다. 과실의 어깨 부분에 녹색이 짙게 남아 다른 부분과 비교가 될 정도로 선명하며, 석회 비료를 다량 사용하고 있는데도 배꼽썩음과 발생이 많아진다. 포기 전체가 위조되고 잎의 가장자리가 마른다.

(2) 원인

토양 EC가 1.5dS/m 이상 되는 토양에서 발생할 수 있으며, 시용한 비료가 용탈되기 어려운 토양에서 하우스나 온실재배를 연속적으로 행한 경우에 발생한다. 염화물(염화칼리, 염화암모니아 등)의 시용이 염류 농도 상승에 가장 큰 영향을 준다. 가축 분뇨를 너무 많이 준 경우와 해안에 가까운 지방에서는 염화나트륨에 의해 장해가 발생한다.

(3) 대책

적정 시비량, 염류 농도를 높이지 않는 비료의 선정, 계획적인 시비를 한다. 관수량과 관수 횟수를 증가시킨다. 휴한기간 중 흡비작물을 재배하거나 담수, 벼재배, 돌려짓기 등으로 토양 내 염분을 제거한다.

라. 가스장해

(1) 원인

하우스에서 가스장해의 원인은 난방기의 고장에 의한 배기가스와 유기질 비료나 화학 비료에서 유래된 암모니아가스 및 아질산가스가 있다. 비료에 의한 가스장해는 주로 토양 중의 유기태 질소 및 요소태 질소가 무기화되는 과정에서 발생하는 암모니아가스와 아질산태가스의 피해가 대부분이다. 이들 가스장해의 원인은 유기질 비료나 화학 비료의 과잉 시용이 주된 원인이다. 요즘에는 부숙이 덜 된 불량 퇴비의 사용도 하나의 큰 원인이 되고 있다.

(2) 증상

(가) 비료가스 피해
피해 발생은 시비에 따라 단기간 내에 보이는 것으로 지제부 가까운 잎이 삶은 것처럼 되고 나중에 탈수·건조되어 변색한다. 암모니아가스일 때에는 갈변되고 아질산가스일 때에는 희게 변한다. 어느 때에나 어린잎이나 잎 끝에서는 피해가 없고 건전하다. 잎 가장자리 일부나 엽맥 간에 작은 괴저(壞疽)가 생기고 잎 가장자리나 엽맥 사이에 붙은 물방울에 가스가 녹아 햇빛과 함께 물이 증발되어 점차로 성분이 진해져 일소나 혹은 약해증상이 나타나는 것도 있다. 잎 뒤에는 변색을 보이는데, 가스는 기공을 통해 잎 안으로 들어와 피해를 주고 기공 근처의 세포가 장애를 받아 변색되기 때문이다.

(나) 난방기에 의한 가스 피해

아질산가스나 일산화탄소는 가스 농도로 인해 불가시해, 만성해, 급성해가 있어 피해상황이 아주 다르다. 급성해는 불완전연소가 심하며 하룻밤에 장해가 발생하고 다음날에는 흰 반점이 생겨 알아볼 수 있다. 저온에 의한 피해와 비슷함으로 주의가 필요하다. 만성해는 잎에 생기가 없고 잎 뒤가 갈변하며 점차로 고토 결핍에 가까운 증상이 된다. 농도가 연할 때 잎 가장자리 일부가 변색하고 엽맥 사이에 작은 반점이 발생하는 등 작물과 착생부에 따라 증상이 다르다.

(3) 대책

파종 및 정식하기 이전에 시용하여 가스를 완전히 휘산시킨 후 작물을 재배하여야 한다. 유해가스 발생이 심한 경우에는 시설의 환기를 철저히 하고 가스장해가 약할 경우에는 적절한 환기를 한다. 암모니아 가스 발생은 과린산 석회를 살포하고 관수하며, 아질산가스는 알칼리성 자재를 살포하고 관수하면 이들 가스의 발생을 어느 정도 억제할 수 있다. 가스장해는 지온상승 시에 발생되는 경우가 많다. 온도가 급격히 상승되면 초기 미생물 활동이 왕성하여 시용된 비료의 분해가 빨라져 다음 단계로 전환이 늦어 장해가 발생된다. 토양수분이 많을 때는 발생된 가스가 물에 용해되어 휘산량이 적은 반면, 건조하면 대기 중으로 많은 양의 가스가 휘산된다. 질소 비료에 인산 비료를 함께 시용하면 인산과 암모니아가 결합하여 인산암모늄으로 되어 질소의 휘산을 억제할 수 있다. 가스 휘산이 용이한 비료는 요소, 계분, 유박 등이다.

비료 시용에 의한 가스장해의 진단은 하우스 피복 필름이나 골재에 맺힌 이슬방울의 pH를 측정하는 방법이 있다. 아질산(NO₂)가스 발생이 많을 경우 이슬방울의 pH는 산성을 표시하고 암모니아가스 발생이 많을 경우에는 알칼리성 반응을 나타낸다. 이슬방울의 pH 측정 방법은 이른 아침 하우스를 환기하기 전에 이슬방울을 pH 시험지로 측정하는 것이다.

(표 8-1) 하우스 이슬방울의 pH 측정에 의한 가스장해 측정기준

이슬방울의 pH	판정
pH 7.0 이상	암모니아 가스 발생이 많음
pH 6.2 ~ 7.0 미만	가스장해 없음. 암모니아와 아질산가스의 발생량이 비슷함
pH 5.6~6.2 미만	아질산가스의 발생이 약간 우세함
pH 4.6~5.6 미만	작물의 저항성이 약한 경우 아질산가스 장해가 발생함
pH 4.6 미만	아질산가스 장해 발생이 심함

(표 8-2) 여러 가지 유해가스 피해증상

유해가스	피해증상
암모니아가스	수침상, 암녹색 반점, 위쪽 잎 및 엽맥 사이 황백화, 갈변 고사
아질산가스	엽맥 사이 또는 엽육 흑갈색 반점, 괴사낙엽, 기공의 주변 탈색 및 백화
아황산가스	수침상, 흑갈색 반점, 엽맥 사이 황백화
일산화탄소	수침상, 탈색황백화
불화수소·염소가스	잎주변 갈변, 낙엽
오존	기공부위의 백색, 갈색, 황색의 작은 반점
팬(PAN)	어린잎의 뒷면 광택, 회색~청동색

chapter 9

토양 및 시비관리

01

토양관리

토마토는 세계적으로 널리 재배되는 중요한 과채류로 품종도 많지만 그에 따라 작형과 재배법도 다양하다. 토마토를 안정적으로 시설하우스에서 생산하기 위해서는 시설재배지 내 토양관리가 무엇보다 중요하다. 그중 가장 중요한 부분은 지하수위가 높거나 침수의 위험이 없고 토양병이 없으며 뿌리가 충분히 뻗을 수 있는 재배적지 토양을 선택하는 것이다. 또한 과다한 퇴비시용과 같은 제한된 시설재배지 토양 내 양분 과잉 시비는 빠른 시일 내에 염류집적이나 연작장해를 일으키는 주범이기에 시설재배지에서는 적절한 양분관리가 무엇보다 중요하다.

가. 토양조건

토마토는 뿌리가 깊게 뻗는 심근성 작물로서 뿌리 생육이 왕성하여 토마토를 적정 수량 이상 얻기 위해서는 작토층이 깊고 배수력과 보수력이 좋은 땅에서 재배를 해야 좋다. 배수가 양호한 재배지에서는 토양수분이 충분할 경우 수량이 높게 나오는 편이나 지하수위가 높으면 토양전염성 병 발생이 많아지므로 재배지에서의 지하수위는 60~80cm 이하가 되도록 한다. 반면 토양이 건조하게 되면 기형과 발생이 증가하는 원인이 되므로 토양의 건습 변화가 심하지 않도록 토양관리를 잘해야 한다. 경작지의 토양환경이 불량하다면 필요한 부분에 대해 물리적 또는 화학적 토양 개량작업을 수행한 후 정식을 해야 좋은 품질의 과실을 생산할 수 있다.

(표 9-1) 노지, 시설재배 완숙, 방울토마토 적정 토양조건

구분	지형	경사도	토성	토심	배수성
완숙토마토 (노지, 시설재배)	평탄지~곡간지	7% 미만	미사식양토	50cm 이상	양호
방울토마토 (시설재배)	평탄지~곡간지	7% 미만	양토	100cm 이상	양호

나. 토양 물리성

토마토는 뿌리가 넓게 뻗는 작물로서 품종에 따라 다소 차이는 있으나 근권이 넓고 깊게 분포한다. 재배되는 토마토의 종류에 따라 적절한 토양 물리성을 확보하는 게 중요한데 먼저 배수가 잘되어야 한다. 일반적으로 완숙토마토는 수분 보유력이 좋은 미사식양토가 재배에 적합하며 토심은 50cm 정도 유지될 수 있도록 토양을 개선하면 좋다. 방울토마토는 물 빠짐과 보수력이 양호한 양토가 재배에 적합하며 토심은 충분히 뿌리가 뻗을 수 있도록 깊어야 생육이 양호하다. 토마토 재배지에서 지하수위가 높으면 근권 내 산소가 부족하고 병 발생이 증가하게 되므로 지하수위는 60~80cm 이내에 있도록 불량한 근권 환경은 개선시키도록 한다. 지하수위가 높은 답리작 재배지에서는 물 빠짐이 불량하므로 고휴재배를 통해 지하수위의 영향을 최소화하도록 배수관리에 주의해야 한다. 토마토는 토성을 잘 가리지 않으나 촉성, 반촉성재배와 같은 작형에서는 수분만 있으면 지온상승이 빠른 사토나 사양토에서도 재배가 가능하다. 고품질 다수확을 목표로 할 경우에는 토심이 깊은 식양토가 적합하다. 또한 지하수위가 높은 답리작에서는 단기재배가 적절하다.

다. 토양수분과 관수

대부분의 식물들처럼 토마토도 수체의 90% 이상이 수분으로 이뤄져 있으며 과실은 95% 이상이 수분이다. 수분은 토마토에 있어서 매우 중요한 부분으로 토마토의 생육단계에 따라서 수분의 요구도 또한 달라진다. 생육단계별로 보면 생육 초기에서 착과되는 기간까지는 식물체의 생육도 왕성하지 않고 많은 수분을 요구하지 않아 20~30kPa의 토양수분으로 관리하면 충분하다. 착과 이후부터 과실비대기를 거쳐 수확기로 가면 과실의 비대와 수체 생육을 위해 많은 수분을 필요로 하므로 수분이 부족하지 않도록 10~20kPa로 토양수분을 관리하기 위해 주기적으로 충분한 관수를 해야 한다. 만일 토양이 건조하게 되면 기형과의 발생이 많아지며 토양 중 칼슘의 공급도 불량하게 되어 배꼽썩음병의 발생도 증가하게 된다. 지하수위가 높은 답리작 재배지에서는 충분히 수분을 공급하다보면 근권 내 토양산소의 부족과 과습에 의한 병 발생이 증가하게 되므로 적절한 암거배수 시설을 통해 근권 내에 수분이 너무 과다하지 않도록 재배관리에 주의해야 한다.

(표 9-2) 토마토 생육에 미치는 토양공기의 산소 농도 영향(位田)

산소량(%)	2	5	10	20
식물체 생체중(g)	70.0	211.7	265.1	268.1
과일무게(g)	6.7	41.5	61.6	45.0

(표 9-2)는 토마토 재배 시 토양공기 중 산소 농도가 생체중과 수량에 미치는 영향을 조사한 결과인데 과습이나 지하수위 상승 등으로 인해 토양 중 산소 농도가 10% 이하로 떨어져 5%나 그 이하가 될 경우 수체의 생장량과 과중이 감소되는 것을 볼 수 있다. 따라서 적절한 배수관리를 통한 토양 근권 내 적정 산소 농도가 유지될 수 있도록 점토 함량이 높은 식양토나 지하수위가 높은 재배지에서는 배수관리에 주의해야 한다.

(표 9-3) 환경정책기본법시행령 제2조 및 지하수의 수질보전 등에 관한 규칙 제6조의 규정에 의한 농업용수 기준

물질	수소이온 농도(pH)	화학적 산소요구량 (COD)	대장균 군수	질산성 질소	염소이온	카드뮴 (Cd)	비소(As)
허용기준(mg/L)	6.0~8.5	8 이하	–	20 이하	250 이하	0.01	0.05

물질	시안	수은 (Hg)	유기인	페놀	납(Pb)	6가크롬 (Cr)	트리클로로 에틸렌(TCE)	테트라클로로 에틸렌(PCE)
허용기준(mg/L)	불검출	불검출	불검출	0.005 이하	0.1 이하	0.05 이하	0.03 이하	0.01 이하

시설재배지들 중에는 지하수를 농업용수로 이용하는 농가들이 많은데 수질에 있어서 농업용수는 환경정책기본법시행령 제2조 및 지하수의 수질보전 등에 관한 규칙 제6조의 규정에 의해 (표 9-3)과 같이 농업용수기준 내에 있어야 한다. 그러나 최근 일부 지하수들은 기준치를 초과하는 곳들이 늘어나고 있다. 이러한 부분들에 대해 (표 9-4)와 같이 시설재배 작물용 수질에 대한 등급을 3개로 나눠 아래와 같이 제시해 주고 있다. 정상적인 토마토 재배와 양분관리를 위해서는 1등급의 수질을 갖추고 있는 관개수를 이용해야겠지만 관개수 중 질산태 질소 함량이 높거나 나트륨 등이 높아 EC가 높게 나오는 관개수는 전문기관의 전문가와 상담 후 사용 여부를 결정하도록 한다.

(표 9-4) 시설재배 작물용 관개수의 수질등급에 대한 최소기준(OMAFRA, 2001)

수질등급	EC(dS/m)	나트륨(ppm)	염소(ppm)	황산이온(ppm)
1	< 0.5	< 30	< 50	< 100
2	0.5~1.0	30~60	50~100	100~200
3	1.0~1.5	60~90	100~150	200~300

(표 9-5) 토마토 과실의 발달에 미치는 관수량의 영향(沖森 등, 1967)

시험구 (pF)	1m²당 관수량 (l)	관수 횟수	총 관수량 (mm)	토양 수분 (%)	대과 (250g 이상)		중과 (250~100g)		소과 (100g 이하)		합계		과중 (g)
					과수	과중 (g)	과수	과중 (g)	과수	과중 (g)	과수	과중 (g)	
pF 1.5	45	20	900	31.44	1.2	383	15.0	2214	5.8	391	22.0	2988	135
1.7	49	16	784	29.92	3.4	966	20.0	2976	10.2	702	33.6	4644	138
2.0	52	13	676	28.57	1.4	395	20.0	2863	7.8	499	29.2	3757	128
2.5	60	9	540	25.00	1.0	281	19.4	2832	9.6	615	30.0	3728	124
1.7~2.5*	49~60	12~3	768		0.8	239	16.0	2223	9.8	585	26.6	3047	114
2.5~1.7*	60~49	6~6	654		1.6	467	18.4	2636	9.4	617	29.4	3720	126

* 4~5월(전기와 6월(후기)의 관수처리를 한 후 조사, 1965. 2.1 파종, 3.26 정식

토마토 재배 시 관수조절이 매우 중요하다. 그러한 이유 중의 하나는 관수량에 따른 토마토의 수량과 품질의 변화가 심하다는 것이다. (표 9-5)는 토마토 재배 시 관수량을 pF 1.5~2.5로 관수 횟수를 조절하였을 때 pF 1.7 관수점 처리구에서 과실의 발육도 좋고 대과와 중과의 수량도 많아 생육 후반기에 관수량을 많게 관리하는 편이 전반기에 관수량을 많이 하는 쪽보다 과실의 발육과 수량 측면에서 좋았다는 것을 보여주고 있다.

(표 9-6) 토마토 촉성재배 시 관수조절이 생육 및 수량에 미치는 영향

처리내용	초장(cm)	경경(mm)	엽록소 함량	총 수량 (kg/10a)	상품 수량 (kg/10a)
2화방 착과 30일 후 관수중단	86.1	11.7	54.9	6,221	4,035
2화방 착과 30일 후 관수조절	97.6	12.1	50.0	6,658	4,754
2화방 관행재배	102.7	13.2	45.2	7,813	6,212
3화방 착과 30일 후 관수중단	112.5	10.9	54.7	7,031	5,088
3화방 착과 30일 후 관수조절	121.7	12.4	50.5	7,507	5,463
3화방 관행재배	133.0	12.1	45.3	9,821	7,440

* 엽록소 함량 : SPAD 502, Minolta 측정지수 (2000~2003, 부여토마토시험장)

(표 9-7) 토마토 촉성재배 시 관수조절이 품질 및 수량에 미치는 영향

처리내용	과실경도 (kgf/cm²)	당도(°Brix)	과즙(pH)	평균 과중(g)
2화방 착과 30일 후 관수중단	0.82	8.6	3.78	107
2화방 착과 30일 후 관수조절	0.80	8.2	3.74	115
2화방 관행재배	0.68	5.3	3.97	136
3화방 착과 30일 후 관수중단	0.84	8.7	3.91	109
3화방 착과 30일 후 관수조절	0.78	8.1	3.96	118
3화방 관행재배	0.64	5.1	3.92	138

* 2000~2003, 부여토마토시험장

또한 관수량 조절은 과실의 품질에도 영향을 미칠 수 있다. 토마토를 각각 2화방과 3화방에서 적심하고 착과 30일 후 관수량을 조절한 결과(표 9-6, 9-7) 촉성 토마토 재배 시 2화방과 3화방 적심 재배에서 관수량을 중단하거나 조절하였을 때 초장의 생육은 관행재배에 비해 억제되고 수량은 감소하였으나 과실의 경도와 당도가 유의하게 증가함을 볼 수 있었다. 또한 그에 따른 시험처리구 토마토에 대한 10점 만점의 기호도 조사 결과 관수중단과 관수조절 처리구의 기호도는 평균 8.5~8.7과 8.1~8.5였다. 그러나 관행구의 기호도는 5.7~6.2로 관수조절에 의한 당함량이 증가된 토마토에 대해 소비자들이 선호하는 경향을 볼 수 있어 수량이 감소된 부분은 고품질의 토마토 생산으로 높은 가격을 받아 앞으로 이용 가능성이 있을 것으로 판단된다.

라. 토양 화학성

토마토 재배를 처음 시작하는 토양에 대해서는 먼저 토양검정을 통한 재배지 토양의 이화학성을 확인할 필요가 있다. 일부 재배농가들 중에는 처음 재배하게 되었다고 다량의 가축분 퇴비를 넣고 재배를 시작하는 농가들도 있는데, 이러한 곳에서는 조기에 양분 과잉장해를 초래하기 쉽다. 토마토의 재배에 적합한

토양산도(pH)는 6.0~6.5로 이때 양분의 이용도가 가장 좋다. 토양의 산도가 너무 낮게 되면 유효태 인산의 불용화와 중금속 원소들이 증가하게 되어 토마토의 생육은 불량하게 된다.

노지토마토를 재배하는 농가에서는 토양검정을 통한 시비를 할 경우 외부의 강우로 양분의 용탈이 지속적으로 일어나기 때문에 재배지 토양에 대한 양분과다로 인한 연작장해가 쉽게 발생하지는 않는다. 그러나 시설재배지와 같은 곳은 외부의 강우가 차단된 상태에서 지속적으로 비료가 토양에 들어가기 때문에 재배지 토양 내 양분 과잉이 일어나기 쉽다. 토마토는 배꼽썩음병이 잘 발생되는데 그러한 원인 중의 하나는 토양 내 칼슘이 충분히 있더라도 질소의 공급량이 많거나 칼리나 마그네슘이 과다하게 있을 때는 양분 간의 길항작용에 의해 칼슘의 흡수가 불량하게 된다. 과잉 양분 공급에 의해 토양 내 EC가 2.0 이상 높을 경우, 수분의 흡수가 불량하게 칼슘이 토양 내 많이 존재하더라도 칼슘 결핍 증상이 쉽게 나타날 수 있다. 따라서 (표 9-8)에 제시된 것처럼 각 시설재배지 내의 토양의 양분상태를 검정하여 적정한 토양 화학성을 갖도록 노력해야 할 것이다.

(표 9-8) 노지, 시설재배 토마토의 적정 토양 화학성

| 구분 | pH | OM (g/kg) | Av.P₂O₅ (mg/kg) | Ex(cmol/kg) | | | CEC (cmol+/kg) | EC(dS/m) |
				K	Ca	Mg		
완숙토마토 (노지·시설)	6.0~6.5	20~30	400~500	0.70~0.80	5.0~6.0	1.5~2.0	10~15	3.0 이하
방울토마토 (시설)	6.0~6.5	25~35	400~500	0.70~0.99	5.0~6.0	1.5~2.0	10~15	3.0 이하

완숙토마토와 방울토마토에서의 적정 토양 화학성 중 대부분의 화학성들은 두 품종이 비슷하다. 그러나 완숙토마토에 비해 방울토마토의 적정 유기물 함량이 25~35g/kg으로 높게 요구되며, 치환성 칼륨에 있어서도 완숙토마토에 비해 적정 치환성 칼륨 함량이 0.70~0.99로서 0.19cmoL/kg을 더 요구하는 특성이 있다.

02

시비관리

토양 또는 무토양 토마토 재배를 위한 시비관리의 기본적인 목적은 가능하면 시비되는 비료량과 토마토가 필요로 하는 흡수량을 일치되게 맞추어 불필요한 비료 사용을 줄이고 원하는 토마토 수량을 얻는 데 있다. 이렇게 작물이 요구하는 양과 시비량이 맞게 되면 토양에 비료가 축적되어 염류가 집적되거나 양분이 부족하여 생육이 불량하게 되는 일은 없을 것이다. 그러나 토마토를 재배하고 있는 대부분의 농가들은 토마토의 생육에 부족함이 없도록 필요한 양 이상의 비료를 토양에 시비하고 있는 실정이다. 그에 따라 노지재배에서는 강우가 있기 때문에 염류집적과 같은 장해는 쉽게 일어나지 않지만 비료나 가축분퇴비의 양분이 강우에 씻겨 내려가 강우나 지하수의 오염원인이 되고 있다. 시설재배지 내에서는 외부의 강우가 차단되어 있어 염류집적에 의한 생리장해 발생이 증가하고 있다. 이에 앞으로의 토마토 재배에서는 실질적으로 필요로 하는 양을 파악한 후 필요 이상의 비료분이 토양에 집적되지 않도록 토양검정이나 엽병즙액 등을 이용한 영양진단 방법 등을 이용하여 능동적인 시비관리를 할 필요가 있다.

가. 다량원소의 영향

(1) 질소(N)

질소는 토마토의 생육과 수량에 가장 큰 영향을 미치는 원소로서 양분의 과부족에 따른 반응이 매우 다르다. 질소가 토양 중 부족하면 수체의 생장이 줄어들고 잎도 황록색이 된다. 따라서 낙화가 많아지며 과실의 비대도 불량하여 불량과의 발생이 증가하게 된다. 반면 질소가 과다해지면 수체가 영양생장 중심으로 변하여 지상부만 과번무가 발생하고 착과가 되더라도 과실이 작고 착색이 지연되는 등 숙기가 늦어지며 병 발생이 증가하게 된다. 질소가 과다하게 되면 토양 중의 칼리와 칼슘의 흡수를 방해하여 결핍 증상도 발생하게 된다.

(2) 인산

인산은 꽃눈형성, 과실의 성숙과 세근의 발달을 촉진하고 추위에 견디는 힘을 키워준다. 인산이 부족하게 되면 과실의 수량은 감소하며 과실의 비대와 성숙이 불량해진다. 토마토가 유묘 또는 정식 후 재배기간 중 잎 뒷면이 보라색으로 변하는 일이 있는데 이러한 현상은 온도가 낮을 때 인산의 흡수가 불량하여 발생하는 현상으로 이때 인산을 엽면살포하는 것이 효과적이다. 토양에서 인산은 이동성이 적기 때문에 토양시비 시 전량 기비사용을 원칙으로 하며 토양의 작토층에 고루 분포하도록 시비하는 게 중요하다.

(3) 칼리

칼리는 과실 비료라고 불릴 정도로 과실의 비대에 많이 요구되는 원소로서 재배기간 중 부족하지 않도록 충분히 공급하면 수량이 많아지고 과실의 품질도 좋아지며 병에 대한 저항력도 높이는 역할을 한다. 칼리는 생육 전반기보다 후반기로 갈수록 수체에서 많이 요구하는 원소이다. 따라서 기비는 30% 정도 시비 후 나머지는 추비로 여러 번 나눠서 공급해야 한다. 특히 칼리는 질소가 많아지면 흡수가 억제되는 길항작용이 있기 때문에 질소가 많은 곳에서는 칼리의 흡수가 불량해질 수 있으니 주의해야 한다. 토마토는 칼리 비료가 많으면 식물이 더욱 많이 흡수하는 성질이 있어 과잉에 의한 생육억제와 쌍꽃이 증가하는 문제가 발생할 수 있으며 마그네슘과 붕소의 결핍을 초래할 수 있다.

(4) 칼슘

칼슘은 일반적으로 토양교정을 위해 많이 이용되며 미생물의 번식, 부식의 분해 및 토양의 입단화를 위해서도 많이 이용된다. 칼슘(석회)은 토양 내에서 인산처럼 이동이 잘 안 되는 원소로 물에 의해서만 이동이 되기 때문에 비료의 효과를 얻기 위해서는 반드시 시비 후 관수를 해주어야 한다. 칼슘은 식물체 조직을 강화시켜 각종 병에 대한 저항력을 높여주며 위조병과 청고병을 경감시킨다. 반면 부족하게 되면 배꼽썩음병이 쉽게 발생하게 되는데 근래에는 토양 중 칼슘이 충분한 경우에도 이러한 배꼽썩음병이 발생하는 일들이 늘어나고 있다. 이는 시설 내에서 다양한 원인들에 의해 발생되는 것으로 주된 원인 중의 하나는 토양 내 양분의 불균형으로 칼슘의 흡수가 억제되는 환경이다. 착과된 토마토가 일조가 좋거나 외기 온도가 높아짐에 따라 증산작용이 왕성한 경우 수체에서 수분 흡수가 증가하게 되는데 이때 뿌리로부터 충분한 칼슘공급이 안 되어 피해가 증가되는 경우들이 많다. 토마토는 특히 생장점이 있는 정단 분열 조직에서 칼슘의 요구도가 높아진다. 따라서 과실로 이동되는 칼슘이 정단조직으로 들어가는 칼슘양보다 상대적으로 적어지게 되면 과실에 칼슘이동이 부족하게 되어 배꼽썩음병이 많아지게 되는 것이다. 이때 칼슘 엽면살포를 이용하여 피해를 경감시킬 수 있다. 실내의 환기를 통하여 다습한 환경이 되지 않도록 하는 시설재배환경 관리도 필요하다.

(5) 칼리(K) : 질소(N) 비율

토마토를 재배하는 데 있어 양분의 균형을 유지하는 게 매우 중요한데 그중의 하나가 칼리 : 질소의 비율을 조절하는 것이다. 질소는 다른 어떤 다량원소들보다 토마토의 생육을 조절하는 데 영향력이 큰 원소로 어느 일정 시점까지 질소 공급이 많아지면 토마토의 생육은 촉진된다. 그러나 K : N의 비율 또한 토마토 재배에서 매우 중요하다. 칼리의 함량이 높아질수록 토마토의 생육은 더욱 느려진다.

K : N의 비율은 토마토의 생육단계에 따라 달라지는데 첫째 화방에 꽃이 피었을 때 K : N 비율은 1.2 : 1이어야 한다. 이 비율은 대부분의 작물들의 영양생장단계 동안 나타내는 비율들과 같은 수준이다. 이 K : N 비율은 착과가 늘어나면서 증가되는데, 이 시기에 흡수되는 칼리의 70%는 과실로 이동되기 때문에 칼리의 흡수량이 증가되어야 한다. 그리고 마지막 9번째 과방의 꽃이 필 때까지 이 비율은 2.5 : 1이 되어야 한다. 만일 착과가 많이 되어 있는 상태에서 칼리의 공급이 부족하게 되면 토마토 과실의 품질 중 맛이 떨어지게 된다.

나. 시비 방법

토마토 시비를 하는 방법에는 여러 가지가 있으나 그중 토양의 양분상태를 정확히 모르거나 토양검정이 불가능할 때는 작형 및 재배형태에 따른 표준 시비량에 준하여 시비를 하면 일반적인 재배관리를 하는 데 커다란 문제는 없을 것이다. 그러나 근래에는 비료양분의 이용성을 높이고 비료사용에 의한 지하수나 농경지 오염 등을 경감하고 작물이 필요로 하는 양분상태를 정확히 예측하기 위하여 토양검정에 의한 시비 방법을 추천하고 있다. 이는 시설 내에서의 염류집적 방지와 연작장해 경감이라는 측면에서 매우 효율적이며 동일 지역 내에서 지속적인 시설재배를 하는 곳에서는 검정 시비를 통한 시비 방법이 안정적인 수량을 얻을 수 있어 효과적이다.

(1) 토양검정에 의한 시비 방법

(가) 질소 시비량 산출

노지재배를 하는 토마토 재배지에서는 토양 유기물을 기준으로 시비량을 산출하는데 (표 9-9)와 같이 유기물 함량이 증가함에 따라 질소 시비량을 줄이며 26g/kg 이상부터는 300평당 19.2kg의 질소를 시용하도록 한다.

(표 9-9) 완숙토마토 노지재배 시 토양검정에 의한 질소 시비량 산출

시비량(kg/10a)	유기물 함량(g/kg)		
	15 이하	16~25	26 이상
질소 시비량(요소 비료량)	28.8(62.6)	24.0(52.2)	19.2(41.7)

(표 9-10)은 시설재배 완숙, 방울토마토에 대한 토양검정 시비량을 산출하는 식과 예를 나타내었다. 일반적으로 과거에는 EC를 기준으로 질소 시비량을 많이 산출하였다. 그러나 EC는 질산태 질소의 함량과 고도의 상관성을 나타내기는 하지만 실질적인 EC를 증가시키는 요인들에는 질산태 질소 이외에도 많은 염류들이 관여하고 있기에 실질적인 질소 시비량 산출은 질산태 질소를 기준으로 한 시비량 산출이 보다 효과적일 것으로 판단된다. 시설 내 EC가 증가하면 수체의 생육뿐만 아니라 수량에도 영향을 미치게 된다. 시설토마토(서광 품종) 재배지에서는 토양 중 EC가 3.3dS/m 이상 됐을 때는 생육장해를 받기 시작하고 4.1dS/m 이상에서는 감수가 되기 시작하였다는 보고가 있다. 집적된 염류를 제거하는 부분에 있어서 시설재배 연작지에 농업용 제올라이트 처리는 토양의 EC를 낮추고(관행 2.2→1.8dS/m) 상품과율을 관행 75% 대비 87%로 높였다는 보고가 있다. 또한 방울토마토(수확 : 2월 중순~6월 상순)와 벼(재배 : 6월 하순~10월 하순)를 매년 재배하면 토양의 EC를 미사질 양토에서는 3.6에서 2.0, 식양토에서는 5.9에서 3.6dS/m로 낮출 수 있다는 보고가 있다.

(표 9-10) 완숙, 방울토마토 시설재배 시 토양검정에 의한 질소 시비량 산출

토양검정기준	구분	검정 시비량 산출식	시비량 예
토양 EC	완숙토마토	y=30.000−5.000x (y : 질소 시비량, x : 토양 EC)	토양 중 EC : 3.0, 질소 시비량 : 15kg/10a
	방울토마토	y=33.900−5.650x (y : 질소 시비량, x : 토양 EC)	토양 중 EC : 3.0, 질소 시비량 : 17kg/10a
토양 NO_3-N	완숙토마토	y=30.000−0.099x (y : 질소 시비량, x : 토양 NO_3-N 함량)	토양 중 NO_3-N : 50ppm, 질소 시비량 : 25.1kg/10a
	방울토마토	y=33.900−0.112x (y : 질소 시비량, x : 토양 NO_3-N 함량)	토양 중 NO_3-N : 50ppm, 질소 시비량 : 28.3kg/10a

* 본 시험은 일정한 재배기간을 기준으로 산정한 검정식이기에 재배기간이 평균기간보다 길거나 짧을 경우 각각의 상황에 맞춰서 시비량을 일부 가감하여야 할 필요가 있음.

(나) 인산 시비량 산출

일반적으로 인산 비료는 전량 기비로 시용이 되며 토양검정을 통해 시비량을 산출하여 재배지에 균일하게 시용 후 뿌리가 뻗는 토층에 인산 비료가 고루 분포되도록 한다. 인산 비료는 토양 내에서 이동성이 거의 없기 때문에 세근이 주로 분포하는 부위에 시비가 이뤄지면 인산 비료의 이용성이 높지만, 표층에만 시비를 하게 되면 실질적인 효과는 매우 낮아지게 된다.

(표 9-11) 완숙, 방울토마토 노지·시설재배 시 토양검정에 의한 인산 시비량 산출

구분	검정 시비량 산출식	시비량 예
완숙토마토(노지·시설재배)	y=25.421-0.029x (y : 인산 시비량, x : 토양 유효인산 함량)	토양 중 유효인산 : 400ppm 인산 시비량 : 13.8kg/10a
방울토마토(시설재배)	y=24.658-0.028x (y : 인산 시비량, x : 토양 유효인산 함량)	토양 중 유효인산 : 400ppm 인산시비량 : 13.6kg/10a

* 본 시험은 일정한 재배기간을 기준으로 산정한 검정식이기에 재배기간이 평균기간보다 길거나 짧을 경우 각각의 상황에 맞춰서 시비량을 일부 가감하여야 할 필요가 있음.

(다) 칼리 시비량 산출

우리나라 토양의 모암광물을 구성하는 광물인 카올리나이트(Kaolinite)는 칼리를 많이 함유하고 있어 칼리 부족이 잘 일어나지 않는다. 그러나 토양을 개간하여 경작을 하면서 작물의 칼리 흡수량이 증가하게 되고 다른 질소, 칼슘 및 마그네슘과 같은 광물질과의 양분경합 등에 의해 일부 작물들에서 양분 결핍 및 과다증상이 나타난다. 토양검정을 통한 칼리 시비량을 산출 시 칼슘과 마그네슘의 함량을 고려하여 칼리의 시비량이 결정된다. 그 원인은 칼리가 마그네슘이나 칼슘과 같이 양이온으로서 어느 한쪽이 과다하게 많게 되면 다른 한쪽의 양분 흡수를 방해하기 때문이다. 따라서 토양검정을 통한 시비량을 산출하여 적절한 양분 간의 균형을 유지하도록 시비관리를 하는 게 무엇보다 중요하다.

(표 9-12) 완숙, 방울토마토 노지·시설재배 시 토양검정에 의한 칼리 시비량 산출

구분	검정 시비량 산출식	시비량 예
완숙토마토(노지·시설재배)	$y=44.510-80.823x$ (y : 칼리 시비량, x : 토양 치환성 $K/\sqrt{Ca+Mg}$	토양 중(단위 : cmol/kg), K : 1.0, Ca : 6.0, Mg : 0.6, 칼리 시비량 : 13.1kg/10a
방울토마토(시설재배)	$y=43.620-79.207x$ (y : 칼리 시비량, x : 토양 치환성 $K/\sqrt{Ca+Mg}$	토양 중(단위 : cmol/kg), K : 1.0, Ca : 6.0, Mg : 0.6, 칼리 시비량 : 12.8kg/10a

* 본 시험은 일정한 재배기간을 기준으로 산정한 검정식이기에 재배기간이 평균기간보다 길거나 짧을 경우 각각의 상황에 맞춰서 시비량을 일부 가감하여야 할 필요가 있음.

(라) 석회 시비량 산출

석회는 농촌진흥청에서 개발한 ORD법(석회중화적정법)에 의한 석회 소요량 산출을 통하여 시비량을 산정한다. 반응액에서 더 이상의 색 변화가 없을 때까지 들어간 양을 계산하여 석회 소요량을 구한다.

(마) 퇴구비량 산출

토마토 재배 시 퇴구비량 산출은 (표 9-13)과 같이 질소 시비량 산출 시 토양 중 유기물 함량을 기준으로 할 때의 범위와 동일한 범위에서 시비량을 가감하여 퇴구비를 시용한다. 퇴구비 시용 시 주의할 부분은 시용 후 바로 이랑을 조성하여 멀칭하고 작물을 심게 되면 작물의 뿌리가 쉽게 상할 수 있으므로 가능한 한 1개월 이전에 퇴구비를 시용한 후 부숙을 진행시켜 멀칭을 하여 토마토를 심는 게 안전하다. 퇴구비 중 계분과 같은 퇴비는 수분 함량은 적고 비료분 함량이 매우 높기 때문에 이용되는 퇴비의 종류와 안전한 사용방법 등에 대해 관심을 갖고 이용할 필요가 있다(표 9-14). 또한 일부 농가에서는 가축분 퇴비는 비료가 아니라는 생각을 갖고 비료도 충분히 시용한 다음 퇴비도 많이 넣는 경우가 있다. 이는 시설재배지 내 양분과다 축적을 조장하는 일로서 가축분 퇴비를 이용하게 될 경우 각각의 가축분 퇴비에 들어 있는 양분의 함량을 고려하여 시비량을 줄이도록 해야 한다. 토마토 유기재배에서 지렁이 분변토는 질소 함량이 1% 내외이지만 인산, 칼리 등 양분을 고르게 함유하여 높은 유기물 함량과 보수성, 흡습성, 통기성이 우수하며

중금속 등 유해성분 함량이 적다. 토마토 재배 밑거름으로 시비하기에 적합하므로 유기적 방법에 의한 유기물의 자원 순환과 지속적인 토양 개선에도 기대된다.

(표 9-13) 완숙, 방울토마토 노지, 시설재배 시 토양검정에 의한 퇴구비량 산출

퇴구비량(kg/10a)	유기물 함량(g/kg)		
	15 이하	16~25	26 이상
완숙, 방울토마토(노지, 시설재배)	2,500	2,000	1,500

(표 9-14) 퇴비 종류에 따른 유기물 1톤당 수분 및 양분 함량

구분	수분(%)	성분량(kg/톤)				
		N	P	K	Ca	Mg
퇴비	75	4	2	4	5	1
우분	66	7	7	7	8	3
돈분	53	14	20	11	19	6
계분	39	18	32	16	69	8
왕겨퇴비	55	5	6	5	7	1

(2) 표준 시비량에 의한 시비 방법

토마토 재배 시 토양검정을 수행할 수 없는 경우나 토양 내 양분상태가 토마토 재배에 적합해 보일 때는 표준 시비량에 의한 시비 방법을 활용할 수 있다. (표 9-15, 9-16)은 완숙과 방울토마토의 노지와 시설재배 표준 시비량을 나타내고 있다. 시설재배에서는 완숙과 방울토마토의 표준 시비량 간에 큰 차이는 없으나 완숙토마토에서 질소는 기비 : 추비의 비가 57 : 43으로 기비의 시용량을 방울토마토에 비해 다소 높여 토마토의 초기 생육에 질소의 이용성을 높인다. 반면 방울토마토에서는 후기 생육에도 질소의 이용성이 완숙토마토보다 다소 높기 때문에 기추비의 비를 50 : 50으로 해서 추비 시 시비되는 질소의 양을 완숙토마토에 비해 높이는 게 좋다. 노지재배 완숙토마토에서는 시설재배에서보다 전체적으로 질소와 인산, 칼리의 시비량이 많은데 외부의 강우에 의해 유실되는 양분량을 고려하였기에 시설재배 작형에서보다 시비량을 높게 한다. 토마토 재배 시 밑거름은 재배지 전면

에 고르게 뿌리고 경운을 하여 토층 전체에 고루 섞이며 비료가 너무 표층으로 몰리지 않도록 한다. 웃거름은 토마토 뿌리의 생장을 고려하여 작물체에서 먼 거리부터 시비를 하고 뿌리에 직접 닿지 않도록 주의하며 주도록 한다.

1차 추비는 정식 후 25~30일경에 하며 2차 추비는 웃거름을 준 후 20~25일경에 묽게 물에 타서 주는 것이 효과적이다. 3차 거름도 20~25일 정도의 기간이 지난 후 주고, 4차 웃거름은 생육상태를 보아가며 필요할 시 사용하도록 한다. 추비 사용 시 주의할 부분은 일정한 간격으로만 비료를 주다 보면 수체의 생장을 너무 과도하게 영양생장으로 이끌어 과실의 착과불량 및 생리장해가 발생하기 쉽기 때문에 웃거름을 줄 때는 수체의 생육 및 착화상태 등을 고려하며 적시에 적량을 주도록 해야 한다.

(표 9-15) 완숙토마토 노지·시설재배 표준 시비량(성분량, kg/10a)

구분	비종	기비	추비	계	시비 방법
노지재배	질소	13.6	10.4	24.0	·추비 주는 횟수 – 질소 : 3회 – 칼리 : 3회 ·퇴구비, 석회는 실량
	인산	16.4	0	16.4	
	칼리	7.9	15.9	23.8	
	퇴구비	2,000	0	2,000	
	석회	200	0	200	
시설재배	질소	11.6	8.8	20.4	
	인산	10.3	0	10.3	
	칼리	4.1	8.1	12.2	
	퇴구비	2,000	0	2,000	
	석회	200	0	200	

(표 9-16) 방울토마토 시설재배 표준 시비량(성분량, kg/10a)

비종	기비	추비	계	시비 방법
질소	11.3	11.3	22.6	·추비 주는 횟수 – 질소 : 3회 – 칼리 : 3회 ·퇴구비, 석회는 실량
인산	10.6	0	10.6	
칼리	3.6	8.3	11.9	
퇴구비	2,000	0	2,000	
석회	200	0	200	

(3) 토마토의 양분 이용성

(가) 생육단계별 수체의 양분 이용성

토마토는 정식 후 활착이 되면 수체의 생육이 매우 왕성한 작물 중의 하나로 초기에는 양분 함량이 높게 유지되지만 생육 후반기로 갈수록 수체의 양분은 감소하는 패턴을 나타낸다. 호무스(Hochmuth, 1991) 등의 보고에 의하면 토마토 본엽을 기준으로 한 생육단계별 엽중 양분 함량은 전 생육기간에 걸쳐서 질소는 2.0~5.0, 인산은 0.2~0.6, 칼륨은 1.5~5.0, 칼슘은 1.0~2.0, 마그네슘은 0.25~0.5%의 양분범위가 적정하다(표 9-17). 국내에서 재배되고 있는 토마토 품종과 재배 작형에 따라 다소 차이가 있기는 하지만 양분의 과다나 결핍된 정도를 판단하는 데는 어느 정도 도움이 될 것으로 판단이 된다.

(표 9-17) 토마토에서 본엽을 기준으로 한 엽병을 포함한 엽중 양분 함량 기준(Hochmuth 등, 1991)

채취 시기	양분 상태	%						ppm					
		N	P	K	Ca	Mg	S	F	Mn	Zn	B	Cu	Mo
5엽 단계	적정	3.0	0.30	3.0	1.0	0.30	0.30	40	30	25	20	5	0.2
	범위	5.0	0.60	5.0	2.0	0.50	0.80	100	100	40	40	15	0.6
최초 개회 시	적정	2.8	0.20	2.5	1.0	0.30	0.30	40	30	25	20	5	0.2
	범위	4.0	0.40	4.0	2.0	0.50	0.80	100	100	40	40	15	0.6
	과다	-	-	-	-	-	-	-	1500	300	250	-	-
초기 착과 시	적정	2.5	0.20	2.5	1.0	0.25	0.30	40	30	20	20	5	0.2
	범위	4.0	0.40	4.0	2.0	0.50	0.60	100	100	40	40	10	0.6
	과다	-	-	-	-	-	-	-	-	-	250	-	-
초기 착색 시	적정	2.0	0.20	2.0	1.0	0.25	0.30	40	30	20	20	5	0.2
	범위	3.5	0.40	4.0	2.0	0.50	0.60	100	100	40	40	10	0.6
수확 기간 중	적정	2.0	0.20	1.5	1.0	0.25	0.30	40	30	20	20	5	0.2
	범위	3.0	0.40	2.5	2.0	0.50	0.60	100	100	40	40	10	0.6

토마토 생육이 진행됨에 따라 암면재배나 무토양재배에서는 각 생육단계별 최적의 생육을 얻기 위하여 공급되는 양분의 농도를 달리하고 있다. 질소의 경우는 첫째 과방 이후부터 70mg/kg으로 농도를 유지하다 생육이 진행됨에 따라 질소의 농도를 높여 수확기에는 150mg/kg을 유지하고 있다(표 9-18). 이는 초기에 질소 농도가 높게 되면 수체가 영양생장 중심으로 변하여 착화도 잘 안 되고 꽃의 기형화 발생률도 높아지며 줄기만 굵어지는 등 생리적인 불균형이 초래되어 과실의 수량이 불량해지기 쉽기 때문이다. 초기의 농도는 낮게 관리하다 후기로 갈수록 과실로 전류되는 양분의 요구량도 높아지기 때문에 질소 농도도 높인다. 이와 더불어 칼슘, 칼리, 마그네슘 등의 농도를 높여 양분 간의 길항작용이 발생되지 않도록 (표 9-18)과 같이 각 생육단계별로 공급되는 양분의 농도를 조절하며 양분관리를 하는 게 중요하다. 인산은 재배기간 동안 50mg/kg의 농도가 적합하다.

(표 9-18) 미국 플로리다 시설토마토 재배지에서 추천하는 암면재배와 그 외 무토양재배 시스템에서의 토마토 생육단계별 추천 양분 농도(mg/kg)와 EC 함량

양분 종류	생육단계				
	이식에서 1번째 과방	1번째 과방에서 2번째 과방	2번째 과방에서 3번째 과방	3번째 과방에서 4번째 과방	4번째 과방에서 최종 수확까지
N	70	80	100	120	150
P	50	50	50	50	50
K	120	120	150	150	200
Ca	150	150	150	150	150
Mg	40	40	40	50	50
S	50	50	50	60	60
Fe	2.8	2.8	2.8	2.8	2.8
Cu	0.2	0.2	0.2	0.2	0.2
Mn	0.8	0.8	0.8	0.8	0.8
Zn	0.3	0.3	0.3	0.3	0.3
B	0.7	0.7	0.7	0.7	0.7
Mo	0.05	0.05	0.05	0.05	0.05
EC(dS/m)	0.7	0.9	1.3	1.5	1.8

(나) 실시간 간이영양진단을 활용한 양분이용

토마토를 재배하다 보면 앞서 보았던 것처럼 수체 분석을 통한 양분의 상태를 파악해야 하는데 이러한 식물체 분석 과정은 시간이 많이 소요되고 현장에서 장해가 나타날 때 바로 해결하지 못하는 문제점들이 있다. 최근에는 토마토 재배현장에서 바로 엽병즙액을 채취하여 간이진단기를 이용하여 양분의 상태를 확인하는 방법들이 연구되고 있다. (표 9-19)는 반촉성재배작형에서 전엽이 된 토마토 엽으로부터 위에서 10번째의 엽중 소엽의 엽병에서 즙액을 채취하여 각 시기별 양분의 상태를 진단하여 적절한 질산이온(NO_3^-)의 양분 기준을 제시한 결과이다. 다음의 결과를 통하여 살펴보면 정식 후 6주가 되는 42일째부터 토마토의 엽병즙액은 7,000~8,000mg/kg 범위에 있었으나 재배기간이 길어지며 온도가 높아지는 여름으로 갈수록 엽병즙액 내의 질산이온 농도가 낮아지는 것을 볼 수 있다. 이

때 재배되고 있는 토마토 재배지 토양 내의 양분상태를 현장에서 바로 이용할 수 있도록 생토와 물의 비율을 부피 : 부피(v : v) = 1 : 2로, 흙 100mL와 물 200mL의 비율로 넣은 후 1분간 강하게 진탕한 후 10분간 방치를 2회한 다음 여과지로 여과하여 여액을 질산이온 간이진단기로 측정한 결과를 (표 9-19)에 나타내었다.

실험 결과 재배기간 동안 생토추출액 토양 내 양분의 농도는 150~420mg/kg 범위에 있었으며 이 정도 범위의 질산이온(NO_3^-) 농도라면 토마토가 생육하는 데 지장 없을 것으로 판단된다. 만일 토마토 재배 중 (표 9-19)에 나타난 정식 후 일수에 따른 토양과 엽병즙액 내 질산이온의 농도가 너무 높거나 낮다면, 그 값을 기준으로 추비 질소 비료를 더 공급해야 할지 줄여야 할지를 결정할 수 있을 것이다. 영양진단을 통하여 지나친 비료의 사용을 줄이고 적절한 양분상태에서 수량을 얻도록 하는 것이 실시간 간이영양진단 기술의 활용 방법일 것이다.

(표 9-19) 반촉성재배 작형 토마토의 실시간 토양 및 식물체 NO_3 간이진단 기준치 설정(원예연구소, 2007)

정식 후 일수 조사항목	반촉성재배 작형(단위 : mg/kg)[y]				
	42일 (5월 상순)	56일 (5월 하순)	71일 (6월 상순)	84일 (6월 하순)	98일 (7월 상순)
엽병즙액(NO_3^-)[z]	8,010 ~ 7,010	5,860 ~ 5,000	4,280 ~ 4,040	3,580 ~ 2,780	3,310 ~ 2,310
생토추출액(NO_3^-)	420 ~ 380	390 ~ 330	390 ~ 310	370 ~ 290	430 ~ 150

* Z 엽병즙액, 생토추출액 내의 NO_3 이온은 휴대용 간이측정기(RQ-flex)를 이용하여 측정함, y 반촉성재배 작형 정식일 : 2007. 3. 28

03
연작장해 경감 기술

가. 연작장해의 정의

많은 농가에서 작물의 안정적인 생육, 수량과 품질 향상을 위하여 토양관리를 꾸준히 해왔다. 그러나 재배연수가 늘어날수록 여러 가지 원인에 의해 수량이 감소하게 되고 품질이 떨어지게 된다. 이런 현상을 통틀어 연작장해라고 한다. 연작이란 매년 같은 재배지에서 ① 겨울 사이에 매년 같은 여름작물을 재배하는 것 ② 근연작물을 연속하여 재배하는 것 ③ 카네이션이나 아스파라거스 등과 같은 영년생 작물을 오랜 기간 재배하는 것 모두를 지칭할 수 있다. 농가는 수익성을 높이고 시장점유율을 확보하기 위하여 특정작목의 전업화 및 단지화하여 작물을 재배하고 있으며, 이에 따라서 연작이 늘어나고 있는 실정이다.

나. 연작장해의 실태와 피해

대부분 시설재배지 농가의 60% 이상이 5년 이상 재배지를 옮기지 않고 연속하여 재배를 하는 것으로 나타났다. 연작장해의 피해는 작물의 수량 감소, 품질 저하, 생육 저하 등으로 나타난다. 연작에 의한 작물의 생육 저하는 여러 가지 복합적인 원인이 관여하여 나타나는 결과이므로 정확하게 판단하기 어렵고 산술적으로 나타내기 어려우나 과거에 비하여 수량이 감소하는 것을 농가들이 느끼고 있다 (표 9-20).

(표 9-20) 시설재배지 연작 실태와 그에 따른 추정 작물 감수량(64개소 농가 조사)

조사항목	내용(%)
연작 연수	1년(8), 〈 3(28), 4-5(19), 6-10(32), 11-15(6), 〉15(7)
추정감수비율	무감수(23), 〈 5% 감수(29), 6-10(25), 11-20(26), 21-30(5), 〉31(2)

* 경남농업기술원, 1989, 추정감수비율은 설문조사하였음.

다. 연작장해 원인 및 경감 기술

(1) 연작장해 발생원인

연작장해 발생원인은 간단하지 않다. 원예연구소에서 2002년 조사한 결과에 의하면 연작에 의한 수량 감소의 원인은 지력 감퇴가 총 응답자의 57%로 가장 많았고, 병해충 피해가 35%였으며, 그밖에 선충 피해 발생이 8%였다. 과거 1980년대 병해충 피해가 70%였던 것에 비하면 연작장해 원인이 단순한 병해충으로 인한 것이 아니라 복합적인 토양 악화가 장해를 불러일으킨다는 농가의 인식 변화를 보여준다. 시설 내의 토양관리는 물리적, 화학적, 생물학적인 요인들이 상호연관성을 가지고 복잡하게 작물 생육에 영향을 미치고 있다. 연작장해 발생원인은 물리적 요인, 화학적 요인, 생물학적 요인으로 크게 나누어 볼 수 있다.

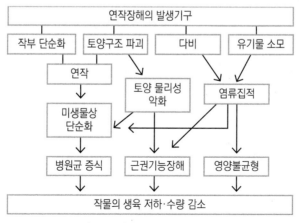

(그림 9-1) 연작장해의 발생기구

(가) 물리적 요인

토양의 물리성에는 구조, 수분, 온도, 공기 등이 포함된다. 집약적으로 재배관리되는 원예작물 재배지에서는 빈번한 경운과 재배관리, 인위적인 관수에 의하여 토양 구조가 파괴되고 눌려 단단해지기 쉽다. 이것은 토양 내 통기성과 투수성을 불량하게 하여 작물 뿌리 신장 등 생육을 저해한다. 질소 비료를 과다 사용하거나 미숙유기물을 시용할 경우 토양 내 암모니아 가스 농도가 높아져 뿌리 활력이 떨어지고 심할 경우 잎이 갈변된다.

(표 9-21) 음성 고추 재배지의 연작 연수 증가에 따른 물리성 변화

연작 연수	작토심(cm)	가비중(g/cm³)*
1~3	17.5	1.29
4~6	16.6	1.37
7~9	15.6	1.37
10~12	16.6	1.40
13~15	13.5	1.41

* 일정 부피 내의 토양 무게

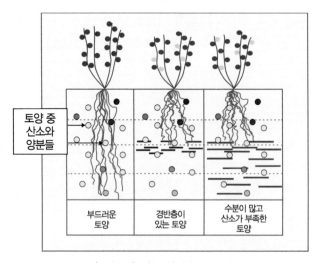

(그림 9-2) 토양 물리성에 따른 뿌리 분포

(나) 화학적 요인

시설재배는 밀식된 상태에서 단위 수량을 높이기 위하여 비료 주는 양이 많아지는 데 비해 비료의 유실이 적어 염류가 집적되기 쉽다. 우리나라 시설재배지의 토양 화학성을 조사한 결과에서도 토양 염류 농도가 작물생육에 적당한 $2.0dS/m^{-1}$ 이상을 나타내는 시설재배지가 61.2%나 된다. 질소, 인산, 칼리의 과잉 축적은 뿌리와 근권 토양과의 삼투압 차이를 축소시켜서 흡수력이 저하되고, 과잉 양분 자체에 의한 장해와 과잉 양분에 의한 특정 양분의 흡수장해를 일으켜서 작물에 다양한 결핍 증상을 나타낸다. 시설채소에서 자주 나타나는 염류장해 증상으로는 질소 과잉에 의한 EC 상승과 흡수력 저하, 칼슘 결핍 유발, 토양 pH 상승으로 철, 망간, 붕소 등 흡수가 저하되어 미량원소의 결핍 등이 있다. 칼륨과 석회의 과잉은 칼슘/마그네슘 비의 상승과 마그네슘/칼륨 비 저하 등 염기 균형의 교란에 의한 마그네슘 결핍이 발생되기 쉽다고 하였고 인산 과잉에 의한 칼리, 고토, 철, 아연, 망간의 흡수장해를 초래한다고 하였다. 이와 같이 최근에는 과잉 양분이 문제가 되어 특정 양분 간의 불균형으로 인하여 발생하는 장해가 많고 생리장해의 발생원인이 복잡해지고 있다.

(표 9-22) 시설재배 연작 연수 증가에 따른 화학성 변화

연작 연수	농가수	pH(1:5)	OM(g/kg)	Av. P_2O_5(mg/kg)	Ex. Cation(cmol$^+$/kg)			EC (dS/m)	NO_3-N (mg/kg)
					K	Ca	Mg		
1~3	61	5.95	35.31	708	1.24	8.45	2.75	1.78	127.0
4~6	127	6.01	37.12	953	1.46	7.82	2.66	2.82	99.6
7~9	76	6.23	43.60	1196	1.59	8.66	2.84	3.50	128.0
10〈	90	6.33	38.79	1158	1.93	9.33	3.21	3.51	117.6

* 농촌진흥청 원예연구소, 2002

(다) 생물학적 요인

같은 작물을 연작하면 특정 미생물이 증가하고 단순화된다. 시설채소 재배지는 휴한기의 토양은 극단적으로 건조해지고 염류제거를 위하여 담수시킬 경우 과습되어 미생물의 밸런스가 무너지게 된다. 미생물은 작용기작에 따라 타 생물체에 병을 유발하는 병원성 미생물, 유기물 부숙 등에 관여하는 부생성 미생물, 농업상 이익이 되는 역할을 하는 유용미생물 등으로 기능에 따라 분류하고 있다.

(2) 토양 진단

토양의 건전성은 작토의 깊이, 경도, 공극률 등의 물리적 성질, pH, EC, 양분의 과부족이나 균형 등의 화학적 성질, 유기물의 부식 정도나 여러 종류의 유용미생물의 활동 등의 생물적 성질에 좌우되어 이 성질들이 잘 조합된 토양을 만드는 것이 중요하다. 작물의 영양상태를 정확히 진단하여 안정생산, 증산, 고품질의 농산물 생산을 위하여 토양관리 대책을 마련하려면 토양 진단은 필수적이다. 토양은 변화가 둔하지만 장해증상이 나타나면 회복시키기 어렵기 때문에 미연에 방지하는 것이 중요하다. 그러기 위해서는 작물과 작물의 영양상태를 동시에 진단하는 종합적인 토양관리가 필요하다. 토양이나 작물의 진단은 사람의 건강진단과 닮은 부분이 있어 현장에 가까운 사람이 정보를 가장 많이 가지고 있다.

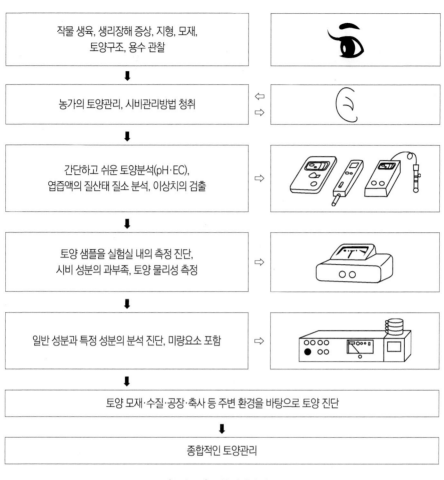

| 작물 생육, 생리장해 증상, 지형, 모재, 토양구조, 용수 관찰 |
| 농가의 토양관리, 시비관리방법 청취 |
| 간단하고 쉬운 토양분석(pH·EC), 엽즙액의 질산태 질소 분석, 이상치의 검출 |
| 토양 샘플을 실험실 내의 측정 진단, 시비 성분의 과부족, 토양 물리성 측정 |
| 일반 성분과 특정 성분의 분석 진단, 미량요소 포함 |
| 토양 모재·수질·공장·축사 등 주변 환경을 바탕으로 토양 진단 |
| 종합적인 토양관리 |

(그림 9-3) 토양 진단 순서도

(3) 연작장해 경감 기술

연작장해 극복을 위해서 현재 영농현장에서 중심적으로 실시되고 있는 병해충 방제, 토양소독 등의 경감 기술은 연작장해 요인을 일시적으로 배제하는 의미에서 응급처리적인 방지 기술이다. 그러나 본래 연작장해는 합리적인 돌려짓기를 못하거나, 양질의 유기물 투입 감소 등에 의한 지력 저하로부터 생기는 것이며 그 근본적인 해결을 위해서는 지력 유지 향상이 필요하다. 재배지의 지력 유지는 뿌리를 건전하게 하여 작물 생육을 안정시키고 수량과 품질 저하를 막을 수 있다.

(표 9-23) 지력 요인과 유지 대책

지력 요인		유기물 (퇴비·농사부산물·녹비)	객토·심경	물관리 (담수·관수·배수)	균형시비	완효성 비료
화학성	1. 보비력	○	○	○	◎	
	2. 지속적인 양분 공급	◎	○		◎	◎
	3. 토양반응, 산화 환원 전위, 염류 농도의 완충능	◎	◎		○	○
	4. 독성 물질의 제거	○		◎		
물리성	1. 수분 공급능, 보수성, 배수성, 침투성	○	○	◎		
	2. 통기성	○	○	○		
	3. 낮은 경도	◎	○	◎		
	4. 내식성(바람이나 비에 대한 내성)	◎	○ (윤작)			
생물성	1. 부생적 생물 활성 촉진 (유기물 분해나, 질소 고정 등을 촉진)	◎	○ (윤작)	○		
	2. 기생적 생물 활성의 억제 (병원균, 해충의 활동을 억제한다)		○ (윤작)			

◎ 효과가 높다
○ 효과가 있다

(가) 토양 물리성 개량

토양은 보수성, 통기성이 좋아 뿌리의 발달이 건전하게 되는 조건이 바람직하다. 이런 조건들은 서로 관련성을 가지지만 농가 토양의 토성, 부식 함량 등을 충분히 고려하여 대책을 실시할 필요가 있다.

• 깊이갈이(심경) : 잦은 경운과 관수에 의하여 표토의 토양은 부드럽지만 30~40cm 아래에는 토양 교질이 결합하여 딱딱한 층을 형성하게 된다. 이것은 물 빠짐과 통기성을 떨어뜨리고 양분이 표토에 집적되게 한다. 이에 대한 대책으로 작토층 확보를 위하여 심경을 한다. 암거배수나 배수로를 정비하면 크게 도움이 된다.

• 유기물 사용 : 전통적인 유기물인 볏짚과 퇴비 등 농사부산물은 토양 물리성을 개선시킨다. 토양의 입단구조를 조장하여 보수성, 투수성, 통기성을 확보하기 위해서는 완전 숙성된 퇴비보다는 덜 숙성된 퇴비나 녹비를 뿌려주면 좋다.

• 배수 대책 : 토양의 배수 불량에 의한 산소 부족은 작물에 습해를 일으킨다. 과습 조건으로 유기물의 분해도 나쁘고, 환원성 유해물질이 발생하여 뿌리 생육을 나쁘게 한다. 뿌리의 건전성을 유지하기 위해서는 지하수위를 낮추는 것과 동시에 신속한 배수를 실시하는 것이 중요하다. 작물에 따라 뿌리 분포의 깊이와 내습성을 고려하여 암거배수나 펌프 등을 설치하여 지하수위를 낮출 필요가 있다. 그러나 암거배수나 펌프 설치는 비용이 많이 들기 때문에 지하수위를 낮출 수 없는 경우에는 이랑을 높게 하여 재배한다. 지표 배수는 명거배수로를 설치하며, 배수 대책은 재배지의 입지 조건을 고려해야 한다.

• 경운 시 수분 조건 : 시설재배 연작지의 경우 일반적으로 사질토로 염분이 많으며 유기물이 적고 휴작기 동안 관수를 하지 않기 때문에 건조하므로 경운 작업 시 단립화되기 쉬워 통기성과 투수성이 악화된다. 관수하여 경운하되 점질토의 경우 수분이 많으면 경운이 힘들고 단립구조의 토괴가 형성되므로 주의하도록 한다.

(표 9-24) 작업기별 적정 수분 조건

작업기	작업 깊이(m)	주요 기능	적정 수분 조건
몰드보드 플라우(Moldboard Plow)	0.3~1.1	반전, 약간 혼합	가소성* 중 이상
디스크 플로(Disk Plow)	0.3~0.8	혼합, 약간 반전	〃
슬립 플로(Slip Plow)	2.0	분쇄, 혼합	가소성 이하
치셀, 서브소일러, 리퍼 (Chisel, Subsoiler, Ripper)	0.9~2.0	분쇄, 약간 혼합	〃
트렌칭(Trenching)	1.5	완전 혼합	가소성 중간
배리어 인스톨러(Barrier Installer)	0.6	비닐, 아스팔트막 설치	가소성 이상

* 토양을 쥐었을 경우 원래 형태로 돌아가지 않으려는 힘

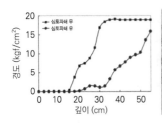

| 심토파쇄 효과 | 고휴재배 | 배수로 정비 |

(그림 9-4) 심토파쇄 효과, 고휴재배, 배수로 정비

(나) 토양 화학성 개량

시설채소는 수량증대를 위하여 많은 비료를 줘서 재배하는 경우가 많지만 기준량을 웃도는 관습적인 화학 비료와 퇴비 사용은 염류집적이나 양분 불균형을 일으킨다. 이것은 여러 가지 생리장해나 품질을 저하시켜 결국에는 수량을 감소시킨다. 시설재배지의 경우는 양분의 용탈이 없어 노지와 비교하여 문제가 되기 쉽기 때문에 토양 중의 잔존량을 충분히 고려할 필요가 있다.

• 합리적인 시비 : 시설재배와 같은 염류집적지에서는 비료의 잔효성분 함량을 고려한 시비를 해야 한다. 재배 전에 토양에 남아 있는 비료성분 함량을 검정하여 그 함량에 따라 적정 시비설계를 세운다면 토양 내의 염류축적을 방지할 수 있으며, 또한 낭비적인 시비를 줄여 영농비를 절감하는 방편이기도 하다. 양분균형을 고려하여 토양에 남아 있는 비료의 양을 검정하여 시비하도록 한다.

• 제염작물에 의한 제염 : 하우스재배의 휴한기를 이용하여 옥수수와 같은 제염작물을 짧은 기간 재배하는 방법이다. 연구 결과에 의하면 시설재배지에서 토마토를 재배한 다음 7월 초에 옥수수를 심어 8월에 수확하였더니 제염효과가 가장 좋았다고 한다.

• 유기물 사용을 이용한 제염 : 토양에 유기물을 시용하고 적당한 온도와 수분이 있으면 토양 속의 미생물은 바로 활동하기 시작하며 유기물을 분해한다. 이때의 유기물 성분의 조성은 미생물체에서 합성된 것과 에너지로서 소비되는 것을 합하면 질소 1에 대한 탄소 25의 비율이 적당하다. 만약 이 비율보다 탄소가 많을 때는 부족한 질소를 토양에서 취하기 때문에 토양 속의 질소 농도가 떨어지며, 염류 농도와 관계가 깊은 질산태 질소의 함량을 현저히 감소시키게 된다.

• 환토, 심토 반전, 객토를 이용하여 토양 양분 농도 감소 : 토양의 염류는 표층에 많이 집적되어 있고 아래층은 적다. 따라서 표층의 흙을 새 흙으로 바꾸거나 아래층의 흙을 위로 올리는 심토 반전, 새 흙을 표토의 흙과 혼합하는 객토 등의 방법이 있다. 새 흙이 혼입될 때에는 작토의 비옥도가 낮아지므로 또다시 시비를 해야한다. 4~5년 동안 비료를 계속 과용할 경우 다시 염류가 집적되게 되며, 많은 비용을 투입한 작업의 효과가 없어지고, 환경에 나쁜 영향을 끼치므로 가급적 지양해야 할 방법이다.

• 관개수를 이용한 제염 : 보비력이 낮은 모래땅은 염류가 적게 집적되어도 바로 염류장해가 발생하지만 담수하면 비교적 빨리 제염된다. 점토 함량이 높은 토양은 모래땅보다 염류집적이 느리고 담수하여도 제염효과가 느리다. 물을 쉽게 얻을 수 있는 지대에서는 관수 또는 담수 제염하는 것이 좋지만, 수분이 하층으로 잘 침투되지 않는 곳에서는 염류가 표층으로 다시 상승할 우려가 있으므로 사전에 배수시설을 하는 것이 좋다.

• 피복제거 : 여름에는 피복자재를 벗겨 강우에 노출시키면 염류 농도가 크게 감소된다.

피복재 제거

답전윤환

옥수수 재배

(그림 9-5) 피복재 제거, 답전윤환, 옥수수 재배

(다) 토양 생물성 개량

토양 중의 유기물을 분해하고 양분을 유효화 하는 토양 미생물상의 균형을 잡고, 토양 병해의 원인이 되는 사상균이나 세균을 억제하는 것이 필요하다. 그러기 위해서는 미생물의 먹이가 되는 유기물의 투입이나, 땅속의 공기층이나 수분을 적정하게 유지해 여러 종류의 미생물을 공존할 수 있는 환경을 만들어 주는 것이 중요하다.

• 유기물 시용 : 토양 병해충 방제를 위하여 실시하는 토양의 물리화학적 소독은 토양 미생물을 사멸시킬 수 있지만 유용미생물도 사멸되며 쉽게 재발되기도 한다. 그러므로 양질의 유기물을 시용하여 토양 물리화학성을 개선하면 작물의 생육이 좋아져 토양 병해 발생에 대해 작물이 저항성을 가지게 된다. 건전한 토양은 유용미생물 등 미생물상을 다양하게 하여 병원균의 활동을 억제할 수 있다.

• 돌려짓기(윤작) : 윤작은 토양병해의 기본적이고 궁극적인 방제수단이 된다. 윤작을 위한 작물의 종류나 재배기간은 병원균에 따라 다르므로 채소와 다양한 작물 조합을 이용하는 것을 권장한다.

chapter 10

병해충 예방과 방제

01
주요 병 발생생태와 방제

병해 발생은 병원균이 있어야 하고 작물의 감수성과 환경조건이 서로 맞아야 발생한다. 병원균은 곰팡이가 대부분이고 세균과 바이러스도 많다. 병원균이 곰팡이인 경우는 병든 식물체 잔재물이나 종자, 토양 등에 의해 1차 전염이 되고 다시 이슬, 비, 빗방울, 바람 등에 의해 2차 전염이 된다. 세균은 토양이나, 종자, 병든 식물체 잔재물에 남아 있다가 물, 토양곤충, 비바람 등에 의해 전염되며 바이러스는 종자, 잡초, 곤충, 토양에서 곤충 등에 접촉으로 전염된다. 작물의 병에 대한 감수성은 품종에 따라 다르다. 국내에서 주로 재배하고 있는 품종에는 겹무늬병, 잿빛곰팡이병, 잎마름역병 등에 저항성인 품종은 극히 적고 잎곰팡이병이나 풋마름병, 시듦병에 대한 저항성의 차이는 품종에 따라 다르다. 병 발생은 환경조건에 따라 크게 영향을 받는다.

촉성재배 작형이나 반촉성재배 작형에서는 정식하면서부터 저온기를 지나며 정식 1개월 후부터는 관수, 시비 등을 실시하기 때문에 밤에는 습도가 높고 낮에는 일조 부족으로 작물이 연약하게 자라 잎곰팡이병, 잎마름역병, 잿빛곰팡이병, 시듦병 등 저온 다습 조건에서 발생하는 병들이 많다. 시설하우스 내부의 습도는 외부보다 항상 높고 낮과 밤의 온도차가 심하므로 이슬이 쉽게 맺히고 아침에 하우스 안을 들여다보면 안개 상태로 되어 있다. 이러한 시설 내의 다습 조건은 대부분 병원균의 발아와 침입에 좋은 조건을 제공한다. 병이 침입 증식하여 포자가 발생하면 바람, 물방울 등에 의하여 급속히 확산된다. 또한 국제 간의 교역량 증대와 빈번한 왕래, 연작, 저온 다습한 환경, 외부로부터의 침입, 약제 내성 등과 소비자들로부터 안전농산물에 대한 요구 증가 등 앞으로 피해가 확산될 것으로 예상된다. 이러한 병해를 방제하기 위한 방법으로 불량한 환경개선이나 저항성 품종 선택 등 경종적 방제와 환경보전을 위하여 안전하고 효과가 높은 농약 그리고 미생물제 등을 이용하는 생물적 방제 등 종합적 방제가 필요하다.

(표 10-1) 토마토에서 나타나는 주요 병해

병명	학명	발병 부위
시듦병	*Fusarium oxysporum*	뿌리, 줄기
풋마름병	*Ralstonia solanacearum*	뿌리, 줄기
잎마름역병	*Phytophthora infestans*	잎, 줄기, 열매
궤양병	*Clavibacter michiganensis*	잎, 엽병, 줄기
버티실리움시듦병	*Verticillium dahliae*	줄기, 뿌리
균핵병	*Sclerotinia sclerotiorum*	잎, 줄기, 과실
모자이크병	*Virus*	잎, 줄기, 열매
잎곰팡이병	*Fulvis filva*	잎
잿빛곰팡이병	*Botrytis solani*	잎, 줄기, 열매
겹무늬병	*Altanaria solani*	잎, 줄기
점무늬병	*Stemphylium lycopersici*	잎
흰가루병	*Erysiphe cichoracearum*	잎

* 참고자료 : 한국식물병명목록, 1998

가. 잎곰팡이병(葉黴病)

(1) 병징과 진단

주로 잎에서 발생한다. 처음에는 잎의 표면에 담황색의 작은 반점이 발생하며 뒷면에 회갈색~녹갈색의 비로도 모양 곰팡이를 발생시킨다. 일반적으로 하위 잎에서 발생하여 차차 상위 잎으로 진전되며 심하면 잎 전체가 말라 죽는다.

(그림 10-1) 잎곰팡이병에 감염된 잎 표면과 잎 뒷면의 증상

(2) 발생생태

병원성 변이가 많고 병원균 발육적온이 20~25℃로 특히 습도가 90% 이상의 다습조건에서 발생이 많다. 병원균은 온실, 하우스 등의 각종 자재, 피해 잎, 종자에 부착하여 월동한다. 병이 발생되면 분생포자가 바람에 의해 병을 옮긴다. 분생포자는 저녁부터 아침 사이에 잎에 생긴 이슬에 의해 쉽게 발아하여 기공으로 침입한다. 하우스 내 온도가 22~24℃이며 밤과 낮의 온도차가 크면 발생이 심하고 특히 과습(90% 이상) 시 급속하게 발병한다. 밀식, 다량관수, 비절 등이 병의 진전을 조장한다.

(3) 방제법

품종에 따라 저항성 차이가 크게 나타나므로 저항성 품종을 선택하고 종자소독을 한다. 일반적으로 하우스모모타로나 방울토마토는 이병성이고 호용, 칸푸쿠, 마스카라, 가야찰, 모모타로요크, 로쿠산마루, 아폴로, 첼시미니 등은 저항성이다. 방제약제를 이용해 발병 초기부터 2~3회 살포한다. 과도한 관수나 밀식을 피하고 무엇보다도 충분히 환기를 시켜 다습하지 않도록 하는 것이 매우 중요하다. 헌비닐이나 지주 등을 재사용할 때는 소독하여 사용한다. 질소질 비료 과용을 피하고 균형시비를 한다.

(표 10-2) 잎곰팡이병 등록약제

품목명	상표명	물 1말 (20L)당 사용량 (g, cc)	안전사용기준	
			시기 (수확 ~ 일전)	횟수 (~회 이내)
디메토모르프.프로피네브 수화제	균자비			
만코제브 입상수화제	신기원, 다이센엠-45	40	7	3
메파니피림.마이클로뷰타닐 액상수화제	탐스론	20	3	3
이미녹타딘트리스알베실레이트 액상수화제	탈렌트, 부티나	20	7	3
이미녹타딘트리스알베실레이트.폴리옥신비 수화제	적토마	10	7	4
이프로디온.티오파네이트메틸 수화제	다스린	40	3	3
이프로디온.프로피네브 수화제	신바람	40	3	3
카벤다짐.가스가마이신 수화제	고추탄	20	2	3
트리플록시스트로빈 액상수화제	프린트	10	3	3
트리플루미졸 수화제	큰댁, 트리후민, 배못	6.7	2	5
트리플루미졸 유제	큰댁, 배목	10	2	5
트리플루미졸 훈연제	트리후민	50g/400m²	2	5
티람 수화제	아띠	40	2	5
티오파네이트메틸 수화제	톱신엠, 치오톱, 동방지오판, 톱네이트엠, 아리지오판, 감탄, 슈퍼톱탄, 성보지오판, 지오판엠, 이비엠지이트, 삼공지오판	203	3	
펜뷰코나졸 수화제	홍이나	10	2	3
펜헥사미드.이미녹타딘트리스알베실레이트 수화제	균모리	20	7	3
프로피네브 수화제	동방프로피, 안트라콜, 영일프로피, 미성살균탄, 성보네	40	7	3
플루디옥소닐 액상수화제	사파이어	10	3	3
플루퀸코나졸 수화제	카스텔란	6.7	3	2
플루퀸코나졸 액상수화제	파리사드	20	5	4
황.티오파네이트메틸 액상수화제	바른길, 아싸유황	40	3	5

나. 잿빛곰팡이병(色灰黴病)

(1) 병징과 진단

잎, 줄기, 과실 등에 피해를 주고 있으나 일반토마토는 과실, 방울토마토에는 잎과 줄기에서 피해가 크다. 육묘기나 정식 직후의 잎, 줄기, 잎줄기(엽병)에 발생하며, 잎에는 갈색의 대형 원형 병반이 생기고 줄기나 엽병에도 암갈색의 원형 병반을 만들어 심하면 포기 전체가 말라 죽는다.

(그림 10-2) 잿빛곰팡이병 이병과와 잎에 나타난 증상

생육 후기에는 꽃받침 등을 갈변시켜 과정부(배꼽 부분) 등에 균이 부착되며 과일에 침입, 열매를 썩게 하고 떨어트린다. 잎에는 꽃잎이 떨어진 곳에 발생하고 줄기에는 잎을 제거하거나, 작업 중에 줄기에 상처가 나는 곳에 침입하여 발생하는 경우가 많다. 병이 발생한 부위에는 잿빛의 곰팡이가 많이 붙어 있어 다른 곰팡이병과 쉽게 구별이 가능하다.

(2) 발생생태

토마토 외에 오이, 가지, 피망, 딸기, 상추 등 각종 채소류와 과수, 화훼류까지 침해하는 다범성 병원균이다. 병원균은 이병식물체, 유기물에서도 부생적으로 번식하여 월동한 후 전염한다. 분생포자는 공기 중의 습도가 높을 때 형성하며 건조하고 바람이 불면 급속히 전염된다. 20℃ 전후의 기온이 계속되고 습도가 높을 때 발생이 심하므로 촉성 및 반촉성재배 시기인 12~5월에 주로 발생한다. 질소질 비료를 과용하면 식물체가 연약하게 자라 견딤성이 약해 발생하기 쉽다. 잎솎기, 수확 등 작업을 할 때 상처를 통하여 침입하는 경우가 많다.

(3) 방제법

저온 다습이 되지 않도록 온도관리와 환기에 특히 유의하고 관수량을 되도록 줄이고 피해 열매, 잎, 줄기 등 전염원을 조기에 제거한다. 농약에 대한 내성이 발생하기 쉬우므로 방제 시 효과가 높은 약제라 해서 똑같은 약제를 여러 번 사용하게 되면 방제효과가 떨어지므로 2회 이상 살포하지 말고 반드시 교호살포를 해야 한다.

〈표 10-3〉 잿빛곰팡이병 등록약제

품목명	상표명	물 1말 (20L)당 사용량 (g, cc)	안전사용기준 시기 (수확~일전)	안전사용기준 횟수 (~회 이내)
타오파네이트메틸 수화제	골자비	20	5	3
디클로플루아니드 과립훈연제	유파렌	200g/10a	2	3
디클로플루아니드 수화제	유파렌	40	2	5
메파니프림 수화제	팡파르	10	7	3
바실루스서브틸리스지비365 액상수화제	씰럿	67	–	–
카벤다짐.메파니피림 액상수화제	늘존	20	3	3
카벤다짐.폴리옥신디 수화제	차세대	20	2	5
클로로탈로닐.피리메타닐 액상수화제	탐실	20	3	3
테부코나졸.톨릴플루아니드 수화제	엄지	20	3	4
톨릴플루아니드 수화제	유파렌엠	40	3	4
펜헥사미드 수화제	텔도	20	7	3
폴리옥신비 수용제	너마니	4	2	3
프로사이미돈 과립훈연제	너도사, 스미렉스, 이비엠잿사이트	120g/10a	2	3
프로사이미돈 미분제	너도사, 스미렉스, 이비엠잿사이트	300g/10a	5	3
프로사이미돈 수화제	너도사, 스미렉스, 영일프로파, 팡이탄, 미성살균탄, 팡자비, 쎄라코프로파	300g/10a	5	3
플루퀸코나졸.피리메타닐 액상수화제	금모리	20	3	3

다. 겹무늬병(輪紋病)

(1) 병징과 진단

주로 잎에 발생하지만 심하면 줄기에도 발생한다. 잎에는 암갈색의 작은 반점이 생겨 차차 확대되어 5~10mm 크기로 되며 타원형~방추형의 갈색 동심윤문을 형성한다. 병반 주변은 황색으로 변하며 다습 조건이 되면 곰팡이를 형성시킨다. 병반이 오래되면 회갈색~회자색으로 변하고 발생이 심하게 되면 잎이 말라 떨어진다. 줄기에도 병 무늬가 생기며 진전되면 줄기가 부러지거나 고사하게 된다.

(그림 10-3) 잎에 나타난 겹무늬병 증상

(2) 발생생태

병원균은 토마토, 가지, 고추, 감자 등의 피해식물에서 월동하여 전염원이 되고 종자 표면에 부착하여 종자전염도 한다. 고온 건조하고 관수량이 적을 때, 생육 후기에 비료가 부족할 때 많이 발생한다. 3~4월 환기 부족 시 시설 내 고온으로 발생이 심하다.

(표 10-4) 지역(충남) 및 시기별 겹무늬병 조사 결과(이병주율, %)

지역＼시기	2월	3월	4월	5월
부여	8.6	24.8	25.8	26.6
공주	0.0	0.0	0.0	0.0
청양	0.0	0.0	17.5	23.5
평균	2.9	8.3	14.4	16.7
연동	0.0	0.0	5.9	5.8
단동	10.0	33.0	32.6	39.0

(3) 방제법

관수를 적절하게 하고 생육 후기에 비료가 부족하지 않도록 한다. 병든 부위는 일찍 제거하고 발생상습지에서는 돌려짓기를 하며, 온도가 상승하는 시기에는 환기를 철저히 시켜준다.

라. 흰가루병

(1) 병징과 진단

주로 잎에 나타나지만 심한 경우 엽병, 과경 등에도 나타난다. 토마토에 발생하는 흰가루병은 두 가지 균이 관여하고 있다고 알려져 있다. 한 가지 균은 잎 표면을 침해하고, 다른 한 가지 균은 잎 뒷면을 침해한다. 심한 경우 아래 잎이 누렇게 변하며 말라 죽는다.

(그림 10-4) 잎의 흰가루병 증상과 병이 심해 아래쪽 잎이 말라 죽은 모습

(2) 발생생태

흰가루병균은 활물기생균으로 죽은 조직체에서는 살 수가 없으나 주변에 다른 작물이 있는 경우 발생하기 쉽다. 하우스 안이 건조하고 온도가 20~25℃ 내외가 되면 많이 발생한다. 연중 발생하고 있으나 주로 3~6월과 9~10월에 많이 발생한다.

(3) 방제방법

하우스 안이 너무 건조하지 않도록 관리한다. 토마토에 등록약제가 없으므로 미생물제인 블루칩이나 과산화수소 등을 이용하여 발생 초기에 방제한다.

마. 잎마름역병(疫炳)

(1) 병징과 진단

잎, 줄기, 과실 등에 발생한다. 처음 잎에는 불규칙 원형의 수침상 병반을 만들고 차차 확대되어 암갈색의 대형 병반이 된다. 습도가 높으면 병반 뒷면과 앞면에 하얀 곰팡이가 생기고 습도가 낮으면 차갈색으로 된다. 줄기나 엽병에도 흑갈색으로 변하며 잘 부러진다. 열매에도 침입하여 암갈색의 부정형 병반을 형성하며 쭈그러진다.

(그림 10-5) 잎마름역병의 줄기와 열매에 나타난 증상

(2) 발생생태

토마토, 감자 등의 이병식물체 내에서 월동하여 전염된다. 토양 내의 균사는 유주자낭을 만들어 1차적으로 전염하고 병반에 형성된 유주자낭에 의해 2차 전염한다. 촉성 및 반촉성재배 시 12~5월에 발생이 많다. 최근 몇 년 전부터 심하게 발생되고 묘에 의해 병을 옮기는 경우가 있다. 환기불량, 다량관수에 의해 심하게 발생한다. 특히 환기창 주변부터 발생하여 저온 다습 조건이 되면 2~3일 만에 전 재배지로 번지는 등 확산속도가 매우 빠르다.

(3) 방제법

질소질 비료가 과다하지 않도록 하고, 배수를 철저히 하여 습하지 않게 한다. 환기를 하고 특히 묘상에서 발생하지 않도록 유의한다. 주변 하우스에서 발생되었거나 감자 재배지가 있을 경우 사전에 예방을 철저히 해야 한다.

(표 10-5) 잎마름역병 등록약제

품목명	상표명	물 1말(20L) 당 사용량 (g, cc)	안전사용기준	
			시기 (수확~ 일 전)	횟수 (~회 이내)
디메토모르프.만코제브 수화제	포룸만	40	3	4
디메토모르프.피라클로스트로빈 입상수화제	캐스팅, 카브리오팀	20	3	3
만디프로파미드 액상수화제	래버스	10	2	3
사이목사닐.파목사돈 수화제	타노스	10	3	4
사이목사닐.페나미돈 수화제	모아모아	20	2	4
에타복삼.프로피네브 수화제	두아름	20	7	3
족사마이드 액상수화제	세이세이	20	7	3
클로로탈로닐.만디프로파미드 액상수화제	래버스옵티	25	7	3
플로로탈로닐.메타락실-엠 액상수화제	세이브, 폴리오골드	20	5	3
클로로탈로닐. 프로파모카브하이드로클로라이드 액상수화제	신세대	20	7	3
파목사돈.족사마이드 입상수화제	노타치	20	2	3
플루오파콜라이드. 프로파모카브라이드로클로라이드 액상수화제	인피니트	10	3	3

바. 시듦병(萎凋炳)

(1) 병징과 진단

생리형에 따라 발생시기와 증상이 다르다. Race 1과 2에 의한 시듦병은 토양온도
가 약간 높을 때 발생하며, J3(일본 : 근부위조병, 유럽에서는 Fr로 표기)는 저온 시
에 발생한다. Race 1과 2의 병원균은 뿌리를 통해 침입하며 부분적인 갈변을 나
타내고 도관을 통해 이동하여 아래 잎부터 누렇게 변하여 점차적으로 상위 잎으로
진전된다. 도관부를 잘라보면 윗부분까지 갈변되어 있는 것을 볼 수 있다. J3는 저온
시에 발병하여 지제부의 일부가 흑갈색으로 부패하고 도관부의 갈변은 15~20cm
정도에 그치며 주로 뿌리를 부패시킨다. 이병식물체 증상으로 보면 다른 토양병해

와 비슷한 증상을 보이는 경우가 많으므로 전문가에게 문의를 해야 확실히 판단할 수 있다.

(그림 10-6) 시듦병 발생 재배지와 도관부의 갈변 증상

(2) 발생생태

병원균은 이병식물체에 의해 흙속에 남아 있는 병원균에 의하여 병이 발생되는 대표적인 토양전염병으로 연작을 하면 밀도가 높아져 심하다. Race 1과 2는 약간 고온기에 발생하며, J3는 저온기에 발생하고 심하지 않은 포기는 고온기가 되면 회복하는 경우도 있다. 재배지 정식 후 토양의 건습 등으로 뿌리의 상처 등을 통하여 감염되는 경우가 많으므로 뿌리의 부패원인을 파악하는 것이 중요하다. 시듦병 균은 산성 토양에서 번식이 잘되므로 유기질 비료가 적거나 질소질 비료를 다량 시용하면 발생이 많다.

(표 10-6) 토마토 시듦병에 감염된 식물체에서 분리한 시듦병균(Fusarium oxysporum)의 분화형 레이스

분리 지역z	분리율(%)				
	f.sp.lycopersici		f.sp.radicis-lycopersici	비병원성 균 주y	기타x
	Race1	Race2			
대구 달성	0.0	0.0	84.6	15.4	0.0
경주 안강	21.1	0.0	57.9	21.1	0.0
광주 평동	25.0	0.0	0.0	75.0	0.0
전남 담양	23.1	15.4	38.5	15.4	7.7
전남 보성	0.0	0.0	41.7	0.0	58.3
전북 익산	0.0	9.5	90.5	0.0	0.0
충남 부여	0.0	18.8	56.3	6.3	18.8
충북 청주	21.4	0.0	64.3	7.2	7.2
평균	11.3	5.5	54.2	17.6	11.5

* z : 각 지역별 10농가의 토마토 시듦주에서 20균씩 선발, y : 병원균 발현이 약하거나 없음, x : 분화형 레이스 구분이 곤란한 반응

(3) 방제법

발생이 심한 재배지는 돌려짓기를 한다. 저항성 품종을 선택하거나 저항성 대목을 이용한 접목재배를 하면 어느 정도 예방할 수 있다. 태양열 및 밀기울 처리 등을 이용한 토양소독과 물 걸러 대기 등을 하여 사전에 예방한다. 산성 토양에서 피해가 크므로 석회 시용과 유기물을 시용한다. 미숙퇴비를 사용하지 말고 염류 농도가 높지 않게 한다.

(표 10-7) 접목재배 시 농가 재배지에서의 시듦병 발생

지역	대목 품종	이병주율(%)		
		2002년 11월 1일	2003년 1월 10일	2003년 2월 10일
홍성	파워킹	0	0	0
	청고-J	0.8	3.3	13.3
	솔루션	0	0	0
	간바루네 3호	0	0	0
	헤루파-M	0	3.3	17.5
	무접목	4.2	10.8	25.08
보령	파워킹	0	0	0
	영무자	0	0	0
	솔루션	0	0	0
	마그네트	0	0	0
	헤루피-M	0	26.7	38.3
	무접목	19.4	27.4	43.6
부여	파워킹	0	0	0
	영무자	1.3	1.3	1.3
	솔루션	0	0	0
	마그네트	0	0	0
	헬파-M	0	6.8	17.6
	무접목	2.6	7.7	10.3

* 정식일 : 홍성-2002.9.10 보령-2002.10.1 부여-2002-10.4

사. 풋마름병(靑枯炳)

(1) 병징과 진단

뿌리와 줄기를 침해한다. 처음에 선단의 잎이 낮에는 시들고 흐린 날이나 아침저녁으로는 회복되는 것이 반복되다가 5~7일 후에는 이병주 전체가 급속히 파란 상태로 시들어버린다.

(그림 10-7) 풋마름병 초기 증상과 심하게 발생된 재배지

발생 초기에는 시듦병과 비슷하나 병의 진전속도, 도관부의 갈변, 뿌리의 부패 등에 의해 구분할 수 있다. 줄기를 절단해 보면 갈변 유무로 구분하기가 쉽다. 유백색의 세균액 분출 유무에 따라 진단이 가능하며 담배, 무, 참깨 등 많은 식물을 침해하는 다범성 세균이다.

(2) 발생생태

토양 중에 2~3년간 생존하고 병든 식물체 속에서는 8년간 생존하는 경우도 있다. 균사의 생육적온은 25~30℃로, 저온기 때보다 6~10월 고온기 재배 시에 발생이 많다. 이병식물체 및 토양전염을 하는데, 병원균은 물에 의해 옮겨지고 뿌리의 상처를 통해 침입하므로 시듦병과 같이 배수불량, 뿌리의 상처 및 선충의 발생 등에 따라 많이 발생한다. 온도가 높고 토양에 수분이 많을 때 발생이 심하다. 발생한 재배지에서 작업 시 사람의 손, 농기구 등에 의해 옮겨진다. 수해 등으로 재배지가 잠겼을 경우 확산속도가 매우 빨라 피해가 크다.

(3) 방제법

토양전염성 병으로 방제가 곤란하므로 병이 발생되지 않도록 토양소독과 저항성 대목을 이용한 접목재배가 효과적이다. 토양소독은 밀기울 및 태양열을 이용한 소독 방법 등이 있으며 물 걸러 대기도 효과가 있다. 심하게 발생한 재배지에서는 고추, 가지 등과 같은 가짓과가 아닌 작물과 돌려짓기를 실시하고 배수가 잘되도록 관리하며 뿌리에 상처가 나지 않게 하는 것이 중요하다.

(표 10-8) 풋마름병방제를 위한 접목묘의 상품 수량 및 이병률(2003~2005)

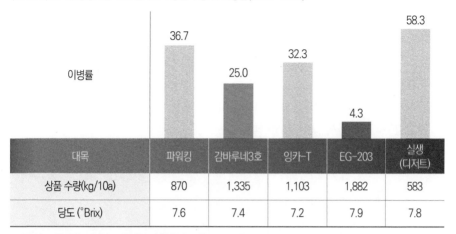

대목	파워킹	김바루네3호	잉카-T	EG-203	실생(디저트)
상품 수량(kg/10a)	870	1,335	1,103	1,882	583
당도 (°Brix)	7.6	7.4	7.2	7.9	7.8

* 파종일 : 2월 7일, 정식일 : 4월 7일, 수확기간 : 6월 8일~7월 23일

* 재식 거리 : 80×30cm   * 이변주 조사 : 정식 후 60일까지

* 접목 방법 : 맞접   * EG-203 하종 : 접수보다 3주 전

아. 궤양병

(1) 병징과 진단

궤양병 병원균은 토마토의 모든 조직을 침해한다. 아래 잎의 어린잎 끝에 마름 증상이 나타나고, 잎 표면에 작은 코르크형 더뎅이 증상이 나타나며, 주위는 노랗게 변하고 잎은 뒤틀려 한쪽이 마름 증상을 일으킨다. 줄기와 엽병, 과병, 잎자루에는 갈색 줄무늬가 생기며 진전되면 쪼개진다. 과실은 발육이 늦고, 유관속과 주변 조직이 표백되어 새눈무늬 증상(처음에는 중앙부가 약간 솟아오른 흰점으로 나타나고 진전되면 갈색으로 변하며 흰색의 달무리로 싸인 증상)이 나타난다.

(2) 발생생태

국내에서는 1997년도에 처음 발생하였으나 심하지 않다가 2008년도에는 생리장해로 오인하기도 했다. 균이 과실 내로 침입해 종자의 유관속에 침입하기도 하고, 종자 표면에 부착하는 등 종자전염을 하고, 토양 내에 생존하여 토양전염을 한다. 작업 시 비바람이나 관수 등에 의하여 2차 감염된다. 한여름 고온 시에는 병진전이 적고 25~28℃에서 많이 발생한다.

(그림 10-8) 궤양병 발생 초기와 줄기에 나타난 새눈무늬 증상

(3) 방제방법

종자전염을 하므로 무병종자를 사용하는 것이 중요하다. 자가 채종을 할 경우 종자를 53~55℃의 온탕에 20분간 침지하여 소독한다. 파종 전에 종자를 수산화동 1,000배 희석액에 30분~1시간 동안 침지하여 소독한다. 육묘용 상토, 지주 등 자재류의 소독과 순지르기 등 작업 시 감염을 방지하기 위해서 맑은 날 작업하고 이병주는 발견 즉시 뽑아 태운다. 매년 발생 시에는 가짓과가 아닌 작물과 돌려짓기를 한다. 재배지에 토마토 궤양병균이 있으면 토양전염원으로 작용하여 발병을 일으킬 수 있으므로 예방 차원에서 내병성 대목을 사용한 접목묘를 심는다.

자. 버티실리움시듦병

(1) 병징과 진단

처음에는 아랫부분의 한쪽 작은 잎이 시들기 시작하여 병이 진전되면 점차 위쪽으로 진전하게 된다. 급성적으로 시들기보다는 정식 1개월 후부터 지상부로부터 병징이 나타나기 시작하여 수확이 종료될 때까지 만성적으로 발병이 계속되는 것이 특징이다. 병에 걸린 포기는 키가 작고 아래 잎이 조기에 말라 과실의 착과나 비대가 나빠지게 된다.

(2) 발생생태

병원균은 피해주 특히 피해 잎에 형성된 균핵으로 장기간 토양에 남아 있다가 토마토 뿌리 선단부나 상처를 통하여 침입한다. 발병적온은 25℃ 내외이다.

(3) 방제방법

저항성 품종이나 저항성 대목을 이용한 접목재배를 한다. 다른 작물과 돌려짓기를 하고, 시듦병과 풋마름병과 같이 토양소독을 실시한다.

차. 세균점무늬병

(1) 병징과 진단

병 발생 초기에 잎에 담갈색~암갈색을 띤 작은 반점이 수침상으로 형성된다. 병반의 바깥쪽에 노란 테두리가 형성되기도 한다. 진전되면 반점이 점점 커지고 주변의 반점과 합쳐져서 커지기도 한다. 심한 경우 잎이 말라 죽으며 낙엽된다.

(2) 발생생태

시설에서는 다습한 환경조건에서 주로 발생한다. 주로 유묘의 잎에서 발생하는 경향이 있다. 병원균은 종자나 식물의 잔재물에서 살아남아 전염원이 되거나 물을 통해 주변으로 전반된다.

(3) 방제방법

건전한 종자와 유묘를 사용한다. 하우스 내부를 청결하게 관리하고 다습하지 않도록 통풍과 환기를 잘 시킨다.

(그림 10-9) 세균점무늬병 피해 식물체의 잎 반점 증상

02
주요 해충 발생생태와 방제

우리나라에서 토마토에 피해를 주고 있는 해충은 꽃노랑총채벌레, 대만총채벌레, 파총채벌레, 목화진딧물, 싸리수염진딧물, 복숭아혹진딧물, 온실가루이, 담배가루이, 큰28점박이무당벌레, 아메리카잎굴파리, 담배거세미나방, 왕담배나방, 파밤나방, 점박이응애, 뿌리혹선충 등이 있다. 토마토 해충의 발생량과 피해 정도는 재배 지역이나 작형에 따라 차이가 있으나 반드시 방제해야 할 정도로 광범위하게 문제가 되는 해충은 온실가루이, 담배가루이, 아메리카잎굴파리, 꽃노랑총채벌레, 뿌리혹선충, 담배거세미나방 등이다. 현재 토마토 재배농가에서는 주로 유기합성 살충제를 이용하여 해충을 방제하고 있으며 일부 농가에서는 해충의 발생 여부와 관계없이 주기적으로 약제를 살포하고 있다. 그러나 이와 같은 해충방제 방법은 경영비의 상승, 수확 과실의 농약잔류, 농업생태계의 오염 등과 같은 많은 부작용을 초래하고 있다. 뿐만 아니라 총채벌레류, 가루이류 등과 같이 발육기간이 짧고 발생횟수가 많은 해충에 약제 저항성을 유발시켜 방제를 더욱 어렵게 하고 있다. 그러므로 농약의 부작용을 해소하고 소비자의 건강에 보다 안전한 과실을 생산하기 위해서는 해충의 발생생태를 근거로 등록약제를 적기에 살포하여 방제효과를 높이는 동시에 약제 사용횟수도 줄여야 한다. 토마토의 경우에는 과실에 직접 피해를 주는 해충의 종류가 다른 작물에 비해 상대적으로 적고, 주요 해충을 방제하는 데 효과적인 천적들이 개발되어 시판되고 있어 천적을 이용한 생물적 방제의 성공 가능성이 상당히 높다. 본 장에서는 토마토 주요 해충인 온실가루이, 담배가루이, 아메리카잎굴파리, 꽃노랑총채벌레, 뿌리혹선충, 담배거세미나방의 발생생태와 방제방법에 대해 설명하고자 한다.

가. 온실가루이

학명 : *Trialeurodes vaporariorum* (Westwood), 영명 : Greenhouse Whitefly

(1) 기주범위

토마토, 수박, 참외, 멜론, 오이, 호박, 상추, 가지, 감자, 장미, 국화, 안개초, 거베라 등

(2) 형태

성충의 크기는 1.5mm 정도이며 몸 색은 옅은 황색이지만 몸 표면이 밀가루 모양의 흰 왁스가루로 덮여 있어 흰색을 띤다. 알은 포탄 모양으로 길이가 0.2mm이며 알 자루가 잎의 조직 내에 삽입되어 잎 표면에 수직으로 서 있다. 산란 직후에는 알 색깔이 흰색이나 옅은 황색이지만 부화가 가까워지면 검푸른색으로 바뀐다. 약충은 흰색 또는 옅은 황색이며 1령충은 이동이 가능하나 2령 이후는 이동하지 않고 고착생활을 한다. 번데기는 타원형이며 등 위에 가시 모양의 왁스돌기가 있고 크기는 0.7~0.8mm 정도이다. 처음에는 편평하나 성충이 될 시기가 가까워지면 두꺼워진다.

(3) 피해증상

약충과 성충이 토마토의 즙액을 빨아먹어 잎과 새순의 생장이 저해되거나 퇴색되며 발생이 많을 경우 시듦이 나타나고 심하면 말라 죽는다. 배설물인 감로가 분비된 곳에 그을음병이 발생하여 광합성 능력을 감소시키고 과실을 오염시켜 상품성을 저하시킨다. 대발생한 경우에는 흰색의 작은 성충이 많이 날아다니기 때문에 다른 작업을 하는 데에도 큰 불편을 준다.

(4) 발생생태

성충은 토마토의 선단부에 있는 어린잎과 신초를 선호하여 주로 이곳에서 흡즙하고 알을 낳는다. 알에서 갓 깨어난 1령 약충은 이동하다가 적당한 장소를 찾으면 침 모양의 입을 식물체에 꽂아 흡즙하며 2령 이후에는 다리가 퇴화하여 고착생활을 시작한다. 약충은 3번 탈피한 후에 번데기가 된다. 알 기간은 4~8일이며 알에서 성충까지 약 3~4주가 소요된다. 성충의 수명은 17~30일이고 암컷 한 마리의 산란 수는 100개 정도이다. 토마토 온실 내에서는 연중 발생이 가능하며 다른 해충과 달리 겨울철에도 발생밀도가 높다.

(그림 10-10) 온실가루이 성충

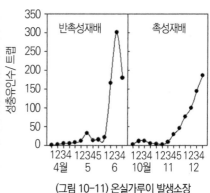

(그림 10-11) 온실가루이 발생소장

(5) 방제

(가) 화학적 방제

온실가루이 노숙약충과 번데기 단계에서는 방제효과가 낮으므로 노란색 끈끈이트랩을 설치하여 성충의 발생이 확인되면 조기에 등록약제를 살포하여 피해확산을 미리 방지하는 것이 바람직하다. 겨울철에도 시설 내에서 방제하지 않으면 많은 피해를 유발하기 때문에 세심한 주의가 필요하다. 봄과 가을에 시설하우스 외부로부터 성충이 침입하여 피해를 주기 때문에 측창, 천장, 출입구에 방충망을 설치하고, 시설하우스 내부로 침입한 개체들은 등록약제를 사용하여 방제한다. 등록약제는 유효성분, 계통, 작용기작이 서로 다른 약제를 번갈아가며 살포하는 것이 약제 저항성도 줄이고 방제효과도 높일 수 있다.

(나) 생물적 방제

온실가루이좀벌(Encarsia formosa)은 성충의 크기는 0.6mm 정도로, 머리는 검고 가슴과 배는 노란색이며 수컷은 암컷보다 약간 크고 체색은 모두 검은색이다. 온실가루이 3령과 4령 유충에 주로 산란하여 온실가루이를 죽인다. 23℃에서 좀벌에 기생된 온실가루이 유충은 10일이 지나면 검은색으로 변하는데, 이때 기주 내에 있는 온실가루이좀벌은 유충상태이다. 온실가루이 유충이 검은색으로 변한 후 10~11일이 지나면(기생당한 지 21일 후) 온실가루이좀벌은 성충이 된다. 온실가루이좀벌은 짝짓기를 하지 않아도 암컷을 낳는 처녀생식을 한다. 암컷은 가장 좋은 조건에서 약 300개의 알을 낳고, 매일 10~15개의 알을 낳는다. 생존에 적합한 환경은 온도 18~27℃, 습도 50~80% 정도이다. 성충의 수명은 온도가 증가함에 따라 줄어드는데 30℃에서는 며칠밖에 살지 못한다. 온실가루이좀벌의 행동반경은 10~20m 정도로 한곳에서 알을 낳기 시작하면 그곳에 있는 모든 기주에 알을 낳은 뒤에 새로운 장소를 찾아 이동한다. 온실가루이가 많이 발생할 경우 온실가루이가 분비하는 끈적끈적한 감로로 인해 온실가루이좀벌의 행동에 방해를 받아 방제효율이 떨어진다. 온실가루이좀벌은 낮은 온도에서 활동력이 떨어지며, 18℃ 이하에서는 날지 못하고 걷기만 하기 때문에 이동에 시간이 더 걸리고, 기생률은 현저히 낮아진다. 겨울에 18℃ 이하로 낮추는 시설조건에서는 온실가루이좀벌의 효과를 기대하기 어렵다.

온실가루이좀벌의 이용 방법은 황색점착트랩을 200평당 5~10개를 설치하고, 트랩에 온실가루이가 발견되면 온실가루이좀벌을 m²당 5마리씩 1주 간격으로 4주 이상 연속 방사해야 한다. 좀벌 방사 2주 후부터 온실가루이좀벌이 기생하여 검은색으로 변한 온실가루이의 죽은 유충(머미)이 생겼는지 확인한다. 검은색으로 변한 머미의 주내 분포는 하위 엽에서 가장 먼저 생기고 점차 상위 엽에서 생긴다.

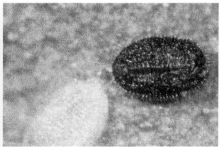

(그림 10-12) 온실가루이좀벌 성충과 온실가루이좀벌에 기생된 머미(검은색)

나. 담배가루이

학명 : *Bemisia tabaci* (Gennadius), 영명 : Tobacco Whitefly

(1) 기주범위

지금까지 전 세계적으로 알려진 기주식물로는 농작물, 잡초 등에서 600종 이상이 기록되어 있다. 전작, 특용작물 중에는 콩, 팥, 옥수수, 강낭콩, 고구마, 목화, 담배 등이, 채소류 중에는 토마토, 가지, 고추, 피망, 오이, 수박, 상추, 무, 양배추 등이, 화훼류 중에는 장미, 튤립, 국화, 포인세티아, 베고니아 등이 알려져 있다.

(표 10-9) 담배가루이가 발생한 온실작물 및 잡초

구분	종명
시설작물	고추, 착색단고추, 토마토, 참외, 오이, 메론, 수박
잡초	개망초, 겹달맞이꽃, 계요등, 달맞이꽃, 모시풀, 미국나팔꽃, 속속이풀, 쇠별꽃, 쑥, 애기나팔꽃, 여뀌바늘, 큰개불알풀, 큰도꼬마리, 큰망초, 환삼덩굴, 깨풀, 갓, 소리쟁이, 국화, 가지, 고구마, 들깨, 콩, 해바라기, 호박

(2) 형태

담배가루이의 4령 약충은 몸이 투명한 백색을 띠고, 몸의 길이는 0.8~1.0mm 정도이다. 4령 종령약충은 노란색을 띠게 되며 눈 주위가 붉어지는 특징을 가지고 있다. 성충은 체장이 0.8~1.2mm 정도이며 체색은 짙은 황색이다. 잎에 앉아 있을 때는 날개를 편 선이 잎과 45°의 각도를 이룬다. 알은 약간 노란색을 띠며 긴 타원형으로 한쪽 끝에 달려 있는 알자루가 엽육 내에 삽입되어 고정한다. 약충은 2령부터 고착상태에서 수액을 흡즙하며 감로를 배설하고 4령 3일째부터는 눈 주위가 붉어지면서 충체가 짙은 노란색을 띤다.

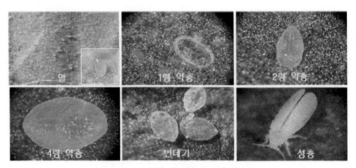
(그림 10-13) 담배가루이 발육단계 모습

(3) 피해증상

담배가루이의 피해는 성충 및 유충이 잎 뒷면에 기생하여 식물체의 즙액 흡즙으로 작물 생육억제, 잎의 퇴색위축 및 낙엽, 수량 감소 등의 피해를 주며, 과실은 착색이 불규칙하게 된다. 약충이 배설하는 감로는 식물에 그을음병을 유발시킬 뿐만 아니라 정상적인 광합성을 저해하여 과실의 수량에도 영향을 준다. 다발생 시 벌레에서 배출되는 배설물로 인해 그을음병이 발생하여 상품가치를 저하시키며, 2차적으로 토마토 황화위축병, 담배잎말림병, 토란잎말림병 등 60여 종의 바이러스병을 매개하는 것으로 알려져 있다.

(4) 발생생태

각태 모두 기주식물의 잎 뒷면에 기생하며, 암컷 성충의 수명은 작물에 따라 10~
24일 정도로 식물의 어린잎에 66~224개 정도의 알을 산란한다. 알에서 부화한 유
충은 식물체에서 이동, 분산하여 한곳에서 고착생활을 한다. 1세대 기간은 27℃에
서 3주 정도, 8℃ 이하에서는 생장이 정지되며, 야외에서는 연간 3~4세대, 시설
내에서는 10세대 이상 발생이 가능한 것으로 보고되어 있다. 담배가루이는 온실가
루이보다 높은 온도를 좋아하며, 산란습성으로 온실가루이는 작물 상단 어린잎에
알을 낳으나 담배가루이는 작물 위아래 구별 없이 작물전체 잎 뒷면에 산란한다.
따라서 작물 한 잎에서 알부터 번데기까지 함께 관찰되기도 한다.

(표 10-10) 온실가루이와 담배가루이의 차이점 비교

구분	온실가루이	담배가루이
좋아하는 온도	20~25℃	25~30℃
수명	고온에서 수명이 짧다.	고온에서 온실가루이보다 길다.
성충의 분산 정도	작물 상단 어린잎에 집중적으로 모여 있음	작물 위아래 전체 분산
피해	흡즙과 감로로 생산량 감소 및 미관상 피해 일으킴	·흡즙과 감로로 생산량 감소 및 미관상 피해 큼 ·발생밀도가 낮아도 병징을 유발시켜 작물의 생리적 변화를 초래
살충제 저항성 정도	저항성이 담배가루이에 비해 낮다.	매우 높다.

(5) 방제

(가) 화학적 방제

담배가루이 방제전략으로 육묘장 관리 등을 통하여 시설 내로 작물을 처음 들여
올 때부터 해충을 철저히 제거하고 측창, 통풍구, 출입구에 비닐하우스용 방충망
(16~17메시)을 설치함으로써 외부로부터의 유입을 차단한다. 등록약제를 살포
할 때는 잎 뒷면에 약액이 흠뻑 젖게 살포하는 것이 중요하다. 유효성분, 계통, 작

용기작이 서로 다른 약제를 번갈아가며 농약안전사용기준에 따라 살포하면 효과적이다.

(나) 생물적 방제

- 황온좀벌(*Eretmocerus erimicus*) : 황온좀벌은 성충의 크기가 1mm 내외이며, 몸 색은 밝은 노란색을 띤다. 좋아하는 온도는 25~30℃이고, 습도는 60~80% 정도이다. 알에서 성충이 되기까지의 기간은 25℃에서 19일 정도이며, 성충은 우화 후 5일 정도밖에 생존하지 못한다. 성충은 하루에 14~17개 정도를 산란하며, 일생 약 50~200개를 산란한다. 산란을 선호하는 담배가루이 약충의 영기는 2~3령충이다. 성충이 교미를 할 경우 60% 정도는 암컷이 되지만, 교미를 하지 않으면 수컷만 낳기 때문에 온실가루이좀벌보다 번식력이 떨어진다. 30℃ 이상의 높은 온도에서도 활동이 가능하고, 온실가루이와 담배가루이 모두에 기생할 수 있다. 황온좀벌에 기생된 담배가루이와 온실가루이의 죽은 유충(머미)은 검은색으로 변하지 않기 때문에 육안으로 기생 여부를 판단하기가 어렵다. 황온좀벌의 방사량은 온실가루이좀벌보다 20~30% 더 방사해야 한다. 발생 초기에는 발생지점 위주로 소량 방사하고, 담배가루이 발생이 증가하면 황온좀벌의 방사량도 증가시켜야 한다. 황온좀벌에 기생된 머미는 주로 중하엽 부위에 많이 분포한다.

(그림 10-14) 황온좀벌 성충과 황온좀벌에 기생된 머미

• 담배장님노린재(*Nesidiocoris tenuis*) : 성충의 몸길이는 4mm 내외로 몸은 가늘고 녹색을 띠며 날개에는 갈색의 무늬가 있다. 산란 수는 25℃에서 약 80개, 수명은 35일 정도로 긴 편이다. 알은 식물의 조직 속에 산란하기 때문에 육안으로 관찰하기 어렵다. 25℃ 조건에서 알부터 성충까지의 발육기간은 평균 21.5일이다. 성충은 하루에 알 30~40개, 약충 15~20마리, 성충 2~5마리를 포식한다. 담배장님노린재는 담배가루이뿐만 아니라 잎응애, 진딧물, 총채벌레, 나방의 유충과 알 등을 포식하는 광식성 천적으로 해충을 포식하기도 하지만 식물도 가해하기 때문에 이용 시 주의가 필요하다. 토마토에서 포식할 해충이 없고 밀도가 높아지면 토마토 신초 부위나 줄기를 가해하여 작업 중에 가지가 쉽게 부러지고, 새잎의 생장을 억제한다. 따라서 토마토 신초 부위에 3~4마리의 담배장님노린재가 보이면 약제를 살포하여 밀도를 줄여야 한다. 담배장님노린재는 참깨의 주요 해충이므로 토마토 재배지 주변에 참깨 재배지가 있으면 피해를 받을 수 있으므로 주의해야 한다.

(그림 10-15) 담배장님노린재 성충과 담배장님노린재 피해증상

다. 아메리카잎굴파리

학명 : *liriomyza trifolii* (Burgess), 영명 : American Serpentine Leafminer

(1) 기주범위

토마토, 수박, 참외, 멜론, 오이, 호박, 배추, 무, 감자, 고추, 가지, 상추, 쑥갓, 셀러리, 당근, 시금치, 국화, 카네이션, 안개초, 거베라 등

(2) 형태

발육단계는 성충, 알, 유충, 번데기로 구분된다. 성충은 몸길이가 2mm 내외이며 머리, 가슴, 다리는 황색이고 나머지 부분은 검은색으로 광택이 있다. 알은 크기가 0.1~0.2mm로 매우 작고 식물체 조직 속에 있기 때문에 거의 육안으로 확인할 수 없다. 어린 유충의 크기는 0.4mm 정도이나 다 자라게 되면 2mm에 이르며 몸 색깔은 황색 내지 담황색이다. 번데기는 처음에 황갈색에서 점차 갈색으로 변한다.

(3) 피해증상

유충이 토마토 잎 속에서 굴을 파고 다니면서 가해하기 때문에 광합성 능력을 떨어뜨린다. 피해가 심한 경우에는 조기낙엽을 유발하기 때문에 과실의 착색에도 나쁜 영향을 준다. 성충이 잎에 구멍을 뚫고 흡즙하거나 산란관으로 구멍을 뚫기 때문에 잎 표면에 흰색의 작은 반점들이 많이 생긴다.

(4) 발생생태

번데기로 월동하며 노지에서는 주로 4~11월에 발생한다. 토마토 온실 내에서는 연중 발생이 가능하며 겨울철에도 발생밀도가 상당히 높다. 발육기간이 매우 짧아 25℃ 조건에서 알 기간은 2~3일, 유충 기간은 4~5일, 번데기 기간은 9~10일로 알에서 성충까지 기간이 20일 이내이다. 성충 수명은 15일 정도이며 산란 수는

100개 정도이다.

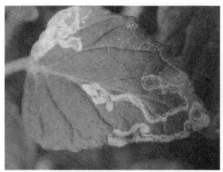

(그림 10-16) 아메리카잎굴파리 피해

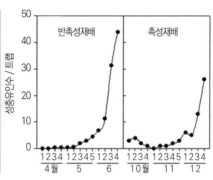

(그림 10-17) 아메리카잎굴파리 발생소장

(5) 방제

(가) 화학적 방제
창문이나 출입구 등에 방충망을 설치하여 성충의 침입을 차단해야 하며 피해를 입은 묘는 정식하지 않도록 한다. 재배기간 중에는 노란색 끈끈이트랩을 설치하여 성충의 발생이 확인되면 초기에 등록약제를 살포해야 한다. 이미 발생밀도가 높아진 경우에는 등록약제를 살포하더라도 피해 잎속의 유충이나 토양 위의 번데기를 동시에 방제하기가 어렵기 때문에 5~7일 간격으로 2~3회에 걸쳐 지상부 식물체와 지제부 토양에 골고루 살포해야 방제효과를 높일 수 있다. 등록약제는 저항성을 줄일 수 있도록 유효성분, 계통, 작용기작이 서로 다른 약제를 번갈아 가며 사용한다.

(나) 생물적 방제
현재 상업적으로 판매되고 있는 잎굴파리 천적은 외부 기생봉인 굴파리좀벌 (*Diglyphus isaea*)과 내부 기생봉인 굴파리고치벌(*Dacnusa sibirica*)이 있다. 굴파리좀벌과 굴파리고치벌의 기생특성은 대조적이다. 굴파리좀벌은 암컷이 잎굴파리 유충을 즉시 죽이거나 영구 마비시키고 그 주위에 산란하는 반면, 굴파리고치벌 암컷은 잎굴파리 유충의 몸속에 산란하고, 그 속에서 기생하여 자라다가 잎굴파리가 번데기가 되면 잎굴파리를 죽인다. 굴파리좀벌은 주로 잎굴파리 3령 유충에 산란을 하지만, 굴파리고치벌은 잎굴파리 1~2령 유충에 산란한다. 굴파리좀벌은 25℃에서 알부터 성충까지 9.1일, 성충 수명은 25.1일이다. 굴파리좀벌은 잎굴파리 유충을 산란과 체액섭식으로 죽이는데 산란 300개, 체액섭식 600마리로 총 900여 마리의 잎굴파리 유충을 죽인다.

굴파리좀벌의 적정 방사량은 잎굴파리와 굴파리좀벌과의 상대비율(기주/기생좀벌)에 의해서 결정된다. 잎굴파리의 밀도가 낮을 때 기생벌을 방사하면 비용을 절감할 수 있을 뿐만 아니라 방제효과도 높아진다. 아메리카잎굴파리 유충이 드문드문 보일 경우에는 ㎡당 1마리를 3회 이상 방사한다. 굴파리좀벌은 35℃ 이상의 고온에서 성충의 수명이 짧고 산란 수가 급격히 줄어들며 유충의 발육도 억제된다. 반대로 저온기에는 굴파리좀벌의 산란 수와 활동력이 낮고, 성충의 탐색능력도 저하된다. 굴파리좀벌을 시설토마토의 봄, 여름, 가을 작형별로 방사하여 점유율을 조사한 결과, 각각 88.9%, 13.8%, 83.4%로 여름 작형(6~10월)에서 밀도가 낮고 봄과 가을 작형에서 높았다. 여름 작형에서 굴파리좀벌의 밀도는 낮았지만, 외부에서 자생천적의 유입량이 많아 방제효과는 높았다. 잎굴파리 천적 방사 후 약 1주일 간격으로 해충 기생 여부를 조사해야 한다. 잎굴파리가 먹은 잎을 잘라 햇빛 쪽을 향하여 보면 검은색이나 연한 초록색의 작은 못 같은 형태의 기생봉 번데기를 볼 수 있다(그림 10-18). 잎굴파리 유충이 검게 변하고 체액이 없으면 기생봉에 의해 섭식된 것이며, 살아 있는 잎굴파리는 체내 내장에 검은색의 음식물이 보이고 확대경으로 보면 먹이를 섭식하는 입의 움직임이 보인다. 잎의 갱도 속에 아무런 물체가 없으면 잎굴파리가 번데기가 되어 탈출한 것이다. 이러한 형태적 구분으로 기생봉에 의한 기생률을 조사하여 천적의 추가 방사 여부를 결정해야 한다.

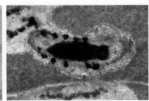

(그림 10-18) 굴파리좀벌 성충(왼쪽), 번데기(가운데) 및 체액섭식(오른쪽)

라. 꽃노랑총채벌레

학명 : *Frankliniella occidentalis* (Pergande), 영명 : Western Flower Thrips

(1) 기주범위

토마토, 수박, 참외, 멜론, 오이, 호박, 파, 마늘, 무, 배추, 감자, 고추, 가지, 상추, 쑥갓, 딸기, 장미, 선인장, 국화, 카네이션, 안개초, 거베라, 나리 등

(2) 형태

발육단계는 성충, 알, 유충, 번데기로 구분된다. 성충은 크기가 1~2mm 정도로 작고 담황색이나 연한 갈색을 띤다. 성충은 2쌍의 날개를 가지고 있는데, 막대기 모양의 기다란 날개에 긴 털이 규칙적으로 붙어 있는 독특한 모양을 하고 있다. 알은 크기가 0.1~0.4mm로 매우 작고 길쭉한 콩팥 모양이며 식물체 조직 속에 있기 때문에 거의 육안으로 확인할 수 없다. 산란 직후에는 투명한 백색을 띠고 있다가 부화시기가 가까워지면 노란색으로 변한다. 유충의 크기는 0.3~1.3mm 정도이며 부화 직후에는 유백색이지만 점차 노란색으로 변한다. 매우 짧은 더듬이를 가지고 있으며 날개가 없다는 점을 제외하고는 성충의 모습과 비슷하다. 번데기는 유충과 성충의 중간 형태로 색깔은 유충보다 약간 진하며 짧은 더듬이를 가지고 있다. 번데기가 되면서 날개돌기가 생기지만 날지는 못하며 주로 땅속에 있기 때문에 눈에 쉽게 띄지 않는다.

(3) 피해증상

약충과 성충이 구기(입)로 토마토의 잎과 과실을 뚫어 흘러나오는 세포 내용물을 빨아먹는다. 잎에 피해를 받게 되면 은백색의 작은 반점들이 생기거나 피해부위가 갈변되는데, 어린잎의 경우에는 심하게 위축되어 기형이 된다. 꽃에서는 얼룩반점이 생겨 변색되거나 불임이 되며 심하면 꽃이 떨어진다. 과실에 피해를 받게 되면 껍질에 반점이 생기거나 코르크화되고 전체가 기형이 되기도 한다. 이 해충

은 토마토반점위조바이러스(TSWV)를 매개하는 전염원이기 때문에 각별한 주의가 필요하다.

(4) 발생생태

암컷 성충은 복부 끝에 위치한 산란관으로 토마토의 꽃, 잎, 줄기, 열매 등을 찢고 그 속에 알을 하나씩 낳는다. 알에서 부화한 유충은 식물체 조직에서 세포의 내용물을 빨아먹다가 다 자라게 되면 땅으로 떨어져 수 cm 깊이로 굴을 파고 내려가 번데기가 된다. 번데기는 땅속에서 거의 활동하지 않으며 먹지 않고 생활한다. 땅속의 번데기는 탈피하여 성충이 된 후 지상부로 이동하여 식물체를 가해한다. 고온조건(30℃)에서 알 기간은 4일, 유충 기간은 4~5일, 용 기간은 3~4일 정도로 알에서 성충이 되기까지 약 12일이 소요되며 성충 수명은 28일 정도이다. 보통 한마리 암컷이 20~170개의 알을 낳는다. 고온 건조한 시기에 번식속도가 빠르기 때문에 늦은 봄과 여름에 발생이 많으며 온실에서는 겨울에도 발생하나 밀도는 매우 낮다.

(그림 10-19) 꽃노랑총채벌레 성충

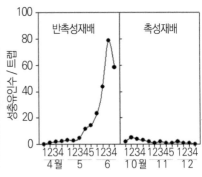

(그림 10-20) 꽃노랑총채벌레 발생소장

(5) 방제

파란색 끈끈이트랩을 설치하거나 흰색 종이를 잎이나 꽃 아래에 두고 잎과 꽃을 두드려 관찰하는 타락법 혹은 육안이나 확대경으로 잎이나 꽃 속을 잘 관찰하여 발생이 확인되면 조기에 등록약제를 살포해야 한다. 이미 발생밀도가 높아진 경우에는 등록약제를 살포하더라도 식물체 조직 속의 알과 토양 속의 번데기를 동시에 방제하기가 어렵기 때문에 5~7일 간격으로 2~3회에 걸쳐 지상부 식물체와 지제부 토양에 골고루 살포해야 방제효과를 높일 수 있다. 모든 등록약제는 농약안전사용기준에 따라 사용해야 하며 저항성을 줄일 수 있도록 유효성분, 계통, 작용기작이 서로 다른 약제를 번갈아 가며 사용한다.

마. 고구마뿌리혹선충

학명 : *Meloidogyne incognita*, 영명 : Southern Root-knot Nematode

(1) 기주범위

토마토, 수박, 참외, 멜론, 고추, 상추, 셀러리, 당근, 딸기 등

(2) 형태

알에서 부화한 유충은 실처럼 길쭉하며 머리에 구침이 있다. 유충 초기에는 주머니 모양이었다가 점차 서양배와 같은 모양(오뚝이 모양)으로 성장한다. 성충은 암컷과 수컷 모양이 상당히 다르다. 암컷은 앞부분이 크게 부푼 서양배 모양으로 몸길이는 400~850um이며 수컷은 길쭉한 실 모양으로 몸길이는 800~1,400um 정도이다.

(3) 피해증상

유충이 토마토 뿌리 속으로 침입하여 영양분을 빨아 먹으면서 특수한 생리활성물질을 방출하면 거대세포(뿌리혹)가 형성된다. 이후 거대세포로 영양분이 집중적으로 이동하기 때문에 토마토 자체는 영양실조에 이르게 될 뿐만 아니라 잔뿌리의 발달이 부실해져 양수분 흡수기능이 크게 저하된다. 뿌리가 이러한 피해를

받으면 줄기의 절간이 짧아지고 잎 색깔이 변하여 조기낙엽이 되기 때문에 과실의 품질을 크게 떨어뜨린다.

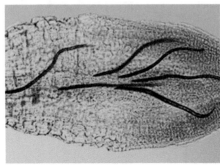

(그림 10-21) 거대세포 속의 뿌리혹선충(왼쪽)과 피해 증상

(4) 발생생태

알에서 깨어난 유충은 4회의 탈피를 거쳐 성충으로 된다. 1령 유충은 알 속에서 지내다가 2령 유충이 된 후에 토양으로 나와 토마토 뿌리 속으로 침입한다. 뿌리 속에서 세포 즙액을 먹으면서 성장한 암컷 성충은 알주머니 속에 약 500개의 알을 낳는다. 암컷은 수컷과 교미를 하지 않고도 단위생식으로 증식이 가능하며, 먹이가 충분하면 유충의 대부분이 암컷 성충으로 성장하여 산란하기 때문에 단시간에 밀도가 급증한다. 생육이 가장 적당한 온도조건은 20~25℃인데, 25℃ 전후의 온도조건에서는 약 1개월에 1세대를 완료한다. 그러나 30℃ 이상의 고온 조건에서는 발육이 현저히 저하된다.

(5) 방제

뿌리혹선충은 토양과 뿌리 속에서만 생활하기 때문에 피해 여부를 알기 어려울 뿐만 아니라 발생이 확인됐다고 해도 식물체 조직 속에서 생활하기 때문에 방제가 매우 곤란하다. 그러므로 피해를 예방하는 것이 가장 중요하다. 이전 작기의 토마토에 뿌리혹선충의 피해를 받았던 농가에서는 선충 등록약제(입제)와 태양열, 멀칭을 이용하여 토양소독을 철저히 함으로써 다음 작기의 피해를 예방해야 한다.

정식 후에 발생이 확인되면 침투이행성인 등록약제를 관주 처리하여 방제한다. 선충 방제약제는 고독성 약제이므로 반드시 등록된 약제를 사용하고, 농약안전사용기준을 준수한다.

바. 담배거세미나방

학명 : *Spodoptera litura* Fabricius, 영명 : Tobacco Cutworm

(1) 기주범위

토마토, 배추, 고추, 양파, 파, 화훼, 특용작물, 사료작물, 정원수, 잡초, 가로수 등 40과 100종 이상의 식물을 가해한다.

(2) 형태

알은 구형으로 약간 납작한데, 알 덩어리(난괴)로 형성되어 있고 연한 황갈색~분홍색이다. 유충의 체색은 다양하여 흑회색~암녹색에서 점차 적갈색 또는 백황색으로 바뀌고, 몸의 양측면에 긴 띠가 있다. 앞가슴을 제외한 각 마디의 등면 양쪽에 두 개의 검은 반달점이 있으며 복부 첫째 마디와 여덟째 마디의 것이 다른 마디보다 크다. 등면을 따라 길게 나 있는 밝은 노란 띠가 특징이다. 번데기는 길이 15~20mm로 적갈색이며 복부 끝에 두 개의 작은 센털이 있다. 성충은 길이 15~20mm이고 회갈색으로, 날개 편 길이는 30~38mm 정도이다. 앞날개는 갈색 또는 회갈색으로 매우 복잡한 무늬가 있다.

(3) 피해증상

1980년대 전반까지 경남 일부 지역을 제외하고는 농작물에 큰 피해를 주는 경우가 드물었지만, 1980년대 후반부터 발생이 증가하여 채소, 과수 등을 가해하는 광식성 해충이다. 토마토에는 유충이 과일 속으로 파고 들어가 피해를 주기도 하고 일부 줄기를 가해하면 작업 중 연약해진 부위가 접촉에 의해 부러지기도 한다.

(4) 발생생태

성충은 우화 후 2~5일 동안 1,000~2,000개의 알을 100~300개의 난괴로 잎 뒷면에 산란한다. 난괴는 암컷의 복부 끝에서 떨어진 털 모양의 인편으로 덮여 있다. 발육 온도가 지나치게 높거나 습도가 지나치게 낮으면 산란 수가 감소하며, 알은 상온에서 4일 후에, 저온에서 11~12일 후에 부화한다.

(5) 방제

(가) 화학적 방제
담배거세미나방과 같이 대형 나방류를 등록된 약제를 이용하여 방제할 때는 3령충 이후 유충은 약제 저항성이 높아져 방제효과가 떨어지므로 반드시 알에서 갓 부화한 1령충과 2령충 시기에 집중 살포하는 것이 효과적이다. 등록약제는 유효성분, 계통, 작용기작이 서로 다른 약제를 번갈아가며 5~7일 간격으로 2~3회 살포하는 것이 좋다.

(나) 생물적 방제
담배거세미나방은 알이 털로 덮여 있어 알 기생벌을 이용할 수 없으며 대신 곤충병원성선충(*Steinernema carpocapsae*), 성페로몬 등이 이용된다. 곤충병원성선충은 담배거세미나방 유충의 기문, 항문, 입을 통하여 체내에 침입하여 곧바로 기주 몸체 성분으로 자가 증식에 들어가며, 패혈증을 일으켜 유충을 1~2일 내에 죽인다. 나방 유충의 몸 속에서 가득 증식되면 충체 표피를 뚫고 밖으로 탈출한다. 곤충병원성선충은 물을 따라 이동하기 때문에 건조하면 말라버려 효과가 없으므로 햇빛이 없는 저녁이나 흐린 날에 살포해야 한다. 곤충병원성선충은 나방 유충의 몸에 묻어야 살충하기 때문에 과실 속에 들어 있는 유충은 죽이지 못한다. 성페로몬은 예찰과 방제를 동시에 할 수 있다. 온실에서 이용할 경우 10a당 약 6개 트랩을 설치하는데, 70~80%는 온실 내부에 20~30%는 온실 외부에 설치하여 온실 내부로 들어오는 나방을 차단한다.

(그림 10-22) 나방유충에 증식된 기생성선충(왼쪽)과 성페로몬 트랩

03

바이러스병

토마토에 가장 피해를 주는 바이러스는 토마토반점위조바이러스(Tomato spotted wilt virus), 토마토모자이크바이러스(Tomato mosaic virus), 토마토원형반점바이러스(Tomato ring spot virus), 토마토황화잎말림바이러스(Tomato yellow leaf curl virus), 담배모자이크바이러스(Tobacco mosaic virus)와 오이모자이크바이러스(Cucumber mosaic virus), 페피노모자이크바이러스(Pepino mosaic virus)가 있다. 이 외에 토마토를 감염시키는 것으로 알려진 바이러스는 감자바이러스Y(Potato virus Y), 감자잎말림바이러스(Potato leafroll virus), 담배식각바이러스(Tobacco etch virus) 등이 있다.

가. 토마토반점위조바이러스

토마토반점위조바이러스병에 감염된 토마토는 잎에 황색의 둥근 반점을 형성하며 검게 괴사된다. 과실은 기형이 되고 숙성이 잘되지 않으며 착색이 불량해진다. 전염은 총채벌레에 의해 주로 이루어진다. 1령충 유충이 이병 식물체를 흡즙하게 되면 바이러스가 총채벌레 몸속으로 들어가 복제를 하여 번데기가 되기 전까지 바이러스를 전염시킬 수 있다. 또한 보독충이 우화하여 성충이 되면 몸속에 존재하던 바이러스를 복제하여 전염시키게 된다. 토마토반점위조바이러스의 기주는 600종

이상으로서 감염을 일으키는 작물이 매우 많기 때문에 일단 재배지에서 토마토반점위조바이러스병이 발생되면 총채벌레를 철저히 방제하지 않을 시 주변 작물로 병이 전염될 수 있다.

매개충인 총채벌레를 방제하기 위해서는 방충망 시설이 된 곳에서 재배해야 하며, 황색 또는 청색 끈끈이 카드를 28평당 2~3개 정도의 비율로 작물 가까이 3~5cm 위에 설치함으로써 총채벌레 발생을 동정하거나 포충용으로 이용할 수 있다. 또한 오이이리응애, 애꽃노린재, 가시응애, 무당벌레 등 천적을 이용하여 방제할 수도 있다. 온실 주변에 기주 잡초를 방제함으로써 온실 내부에 농약을 살포할 때 밖으로 날아간 토마토반점위조바이러스 보독 총채벌레가 잡초를 전염시켜서 이 잡초가 2차 전염원이 되지 않도록 총채벌레 서식처를 없애야 한다. 토마토 주변에는 총채벌레가 많이 서식하는 파 등의 작물 재배를 피하여야 한다. 토마토 반점위조바이러스에 감염된 재배지는 고온기 때 온실 문을 닫아서 60℃ 이상의 고온상태로 3주가량 유지하면 땅속에 숨어 있는 총채벌레 번데기까지도 사멸시킬 수 있다.

(그림 10-23) 토마토반점위조바이러스 감염 토마토

나. 토마토모자이크바이러스

토마토모자이크바이러스는 잎에 얼룩덜룩한 모틀 증상을 일으키고 감염된 토마토의 잎은 뒤틀리거나 고사리 모양이 된다. 과일은 터진 것이 아물어서 딱지가 생긴 모습을 나타내거나 얼룩덜룩하게 되며 과실 표면에 갈색의 함몰되는 반점을 형성하기도 한다. 어린 식물체의 경우는 위축된다. 도구나 손을 통해 즙액으로 전염되기 때문에 농사 작업 동안에 감염된 식물체를 만진 손이나 도구로 건전한 식물체를 자르게 되면 병이 옮겨지고 진딧물에 의해서는 전염되지 않는다. 특히 이 바이러스는 건조한 토양, 이병된 식물체 잔여물, 종피에도 존재하기 때문에 이병된 식물체를 제거할 때는 바이러스 전염원이 남지 않도록 철저히 제거하여야 한다. 종피에 묻은 바이러스는 70℃에서 이틀 동안의 건열처리로 전염성을 없앨 수 있다.

다. 토마토황화잎말림바이러스

토마토황화잎말림바이러스에 감염된 토마토는 잎이 황화되고 위축되며 뒤틀리게 되거나 잎 가장자리가 위로 말리어 오그라지게 된다. 생육에 대한 피해는 재배환경, 작물의 어느 생육시기에 감염되었는지 또는 품종에 따라 다르지만 과일에 심한 위축 증상을 일으킨다. 기후가 따뜻한 지역에서 피해가 심하며 감염 재배지에서는 100% 수확을 못하게 된다. 담배가루이(Bemisia tabaci)에 의해 영속전염되는데 성충이나 미성숙 애벌레가 이병식물체를 가해하면서 바이러스를 획득하게 된다. 바이러스를 보유하고 있는 애벌레는 성충이 되어 식물체를 가해하면서 바이러스병을 옮기게 되는데 약 2주 후에 병징이 나타난다. 토마토황화잎말림바이러스의 주된 기주는 토마토이며 브로콜리, 주키니, 당근, 콩, 호박과 화훼작물 가운데 포인세티아, 리시안서스, 무궁화 등 500종 이상의 작물을 감염시킨다. 잡초 가운데는 까마중이 대표적인 기주작물이다. 토마토에의 전염은 이들 기주식물로부터 바이러스를 획득한 담배가루이가 옮기기도 하고 외부로부터 유입된 감염 실생 토마토가 전염원이 되기도 한다. 방제가 불가능하기 때문에 다른 작물로의 전염을 방지하기 위하여 이병주는 모두 폐기시켜야 한다. 담배가루이는 살충제에 대하여 매우 빠르게 저항성을 나타내므로 일단 발견되면 당시에 가장 효과적인 약제를 찾아서 살포해야 한다. 해충 스크린을 설치하는 것도 도움이 된다. 유묘기에 감염될수록 피해가 크므로 담배가루이의 밀도가 낮은 시기를 선택하여 정식을 하는 것도 피해를 줄일 수 있는 방법이 된다.

(그림 10-24) 토마토황화잎말림바이러스에 감염된 토마토

라. 담배모자이크바이러스

담배모자이크바이러스는 토마토 품종, 바이러스 계통, 재배환경에 따라 다양한 병징을 일으키지만 주로 잎에 황화모자이크, 기형과 고사리 형태를 유발한다. 고온에서는 잎에 나타난 증상이 구분이 잘 안 되지만 가장 특징적인 병징은 모자이크 증상이다. 담배모자이크바이러스에 감염된 토마토는 식물체 생장이 잘되지 않고 과일이 작아진다. 종자전염되며 작업도구나 사람을 통해 쉽게 전파된다. 그러나 일반적으로 바이러스를 옮기는 것으로 알려진 진딧물 등의 매개충에 의해서는 전염되지 않는다. 방제가 어렵기 때문에 저항성 품종을 재배하거나 이병주는 발견 즉시 소각하여 폐기시켜야 한다. 담배모자이크바이러스는 즙액에 의하여 전염되며 매우 안정된 바이러스로 건조된 식물체에서 오랫동안 살아남기 때문에 이병 재배지에서는 식물체 외에 사용하던 모든 도구들을 소독한 후에 재사용하여야 한다.

마. 오이모자이크바이러스

오이모자이크바이러스는 황화와 모틀 증상을 일으키며, 완전히 전개된 잎을 뒤틀리게 한다. 오이모자이크바이러스병에 감염된 토마토는 식물체 생장이 잘되지 않으며 과일도 작아지게 된다. 이 바이러스는 다년생 잡초에서 월동한 진딧물에 의하여 전염되며 도구를 통해서도 전염된다. 방제는 일단 식물체가 바이러스병에 감염되면 농약 등을 이용한 치료는 불가능하다. 따라서 재배 내에 바이러스의 유입을 막거나 저항성 품종을 재배하는 것이 최선이다. 병원체의 확산을 막기 위해서는 온실 주변을 깨끗이 유지하고 이병 식물체는 소각하여 없애야 한다.

재배지 주변에서 자라는 다년생 잡초는 바이러스의 기주가 될 수 있으므로 진딧물 방제에 주의를 기울여야 한다.

바. 페피노모자이크바이러스

페피노모자이크바이러스는 1980년 최초로 페피노에서 보고되었고 최근 유럽 및 북아메리카 지역에서 재배되는 토마토에서도 발생하고 있다. 잎에 황색반점과 엽맥 사이 황화 및 잎 뒤틀림 증상을 일으키며 감염된 식물체를 위축시킨다.

사. 기타 진딧물 전염 바이러스

감자바이러스Y, 담배식각바이러스는 미국과 중앙아메리카 남부 지역에서 재배되는 감자에 매우 흔한 바이러스로 알려져 있으며 피해증상은 TMV와 유사하다. 특히 담배식각바이러스는 잎을 뒤틀리게 하거나 심하게 위축시킨다. 감자잎말림바이러스는 토마토에 잎말림과 가장자리 황화를 일으킨다. 감자바이러스Y, 담배식각바이러스, 감자잎말림바이러스는 진딧물이 전염시키는 바이러스로 진딧물 방제에 주의하여야 한다.

아. 파이토플라즈마

파이토플라즈마는 토마토에 토마토빅버드마이크로플라즈마(Tomato Big-bud Mycoplasma)병을 일으키는데 정상 착과가 되지 않고 과실이 매우 작아지게 된다. 파이토플라즈마는 식물체에서 양분이 이동하는 줄기속이나 잎맥에 존재하기 때문에 구침을 이용하여 즙액을 빨아먹는 멸구, 매미충, 노린재 등에 의해서 주로 전염된다. 전염을 막기 위해서는 재배작물 주변에 병에 감염된 식물체를 없애야 한다. 작물은 재배지 주변에 파이토플라즈마병에 감염된 식물체를 그대로 방치하면 매미충 등 파이토플라즈마 매개충이 건전한 재배 작물로 병을 옮기므로 병에 감염된 식물체는 발견 즉시 불로 태워서 없애야 한다. 고온기에 비닐하우스의 문을 열어 놓고 작물을 재배할 경우 주변에서 파이토플라즈마병에 감염된 식물체 즙액을 묻힌 매개충이 비닐하우스 안으로 날아들어 병을 옮기므로 방충망 시설을 하거나 끈끈이트랩을 설치하여 하우스 안으로 들어오는 곤충을 막아야 한다.

04

농약안전사용

가. 농약의 정의 및 범위(농약 관리법 제2조)

'농약'이란 농작물(수목, 농산물과 임산물을 포함)을 해치는 균, 곤충, 응애, 선충, 바이러스, 잡초, 그 밖의 농림축산식품부령으로 정하는 동식물(이하 "병해충"이라 한다)을 방제하는 데 사용하는 살균제, 살충제, 제초제나 농작물의 생리기능을 증진하거나 억제하는 데 사용하는 약제 그밖에 농림축산식품부령으로 정하는 약제를 말한다.

나. 농약의 중요성과 안전사용

농약은 현대농업에서 필수적인 농업자재로 농산물의 생산성 증대와 품질 향상 등에 크게 기여하여 풍요로운 먹거리의 공급이 가능하도록 하였다. 뿐만 아니라 생력화가 가능하도록 하여 노동력과 농업생산비 절감에 중요한 역할을 함으로써 농업인으로 하여금 여유로운 삶을 영위하는 데 큰 공헌을 하였다. 이러한 이점에도 불구하고 농약은 생물을 살멸하는 화합물로 정도의 차이는 있으나 독성을 가지고 있으므로 사용하는 농업인, 제조공정에 종사하는 사람의 건강을 해칠 우려가 있을 뿐만 아니라 적절하게 사용하지 않은 경우 작물의 약해는 물론, 환경오염을 유발시킬 가능성이 있다. 또한 농산물에 일정량 이상 잔류할 경우 인간의 건강을 해칠 염려가 있으므로 농산물을 포함한 식품 중 잔류 농약 문제가 사회적 중요 이슈로 대두되고 있다. 최근 웰빙 문화의 확산으로 안전성이 의심되는 식품은 아무리 맛과 영양이 뛰어나더라도 소비자에게 외면당하게 되어 식품으로서 가치를 상실할 수도 있음을 여러 식품사고에서 잘 보여주고 있다. 고품질의 안전농산물 생산을 위한 농약안전사용의 중요성을 강조하는 이유가 여기에 있다.

다. 농약안전사용기준이란?

수확물 중 농약잔류량이 농약잔류허용기준을 초과하지 않도록 적용작물, 적용 병해충, 사용시기, 사용가능 횟수, 희석배수 등을 규정한 것으로 농약의 오·남용과 약해를 방지하고 식품으로서의 안전성을 확보하는 데 그 의미가 있다.

(표 10-11) 토마토의 농약안전사용기준(예시)

적용병해	품목명	안전사용기준	
		사용시기	사용횟수
겹둥근무늬병	클로로탈로닐수화제	수확 3일 전까지	1회 이내
잎곰팡이	테트라코나졸 유탁제	수확 5일 전까지	4회 이내
잿빛곰팡이병	플루디옥소닐액상수화제	수확 3일 전까지	3회 이내
온실가루이	스피네토람 액상수화제	수확 2일 전까지	3회 이내
뿌리혹선충	포스티아제이트 입제	정식 전	1회 이내

05

농약사용 시 주의사항

가. 살포 전 수칙

포장지에 있는 농약사용 방법, 적용 병해충, 사용 농도 등 사용상 주의사항을 상세히 읽고 안전사용기준 및 취급제한기준을 반드시 지키며, 살포용 농기구를 점검하여 작업 중 고장나는 일이 없도록 한다. 음주는 절대 삼가고 몸이 좋지 않거나 극도로 피곤한 상태에서 살포작업을 하지 않는다. 농약의 희석은 살포 농도에 맞게 깨끗한 물로 희석하고 다른 농약과 혼용살포 시에는 혼용가능 여부를 반드시 확인해야 하며 살포액은 가능한 한 당일 모두 사용할 수 있는 양만큼만 만들어 살포하도록 한다. 수출을 목적으로 재배할 때는 국내 등록 농약 중 수출대상국의 식품기준에 적합한 농약만을 사용하여야 하며, 이는 농촌진흥청에서 보급하는 수출용 농약안전사용지침을 활용하면 쉽게 해결할 수 있다.

나. 살포 시 수칙

농약을 뿌릴 때는 바람을 등지고 약제가 피부에 묻지 않도록 모자, 마스크, 장갑, 방제복 등 보호장비를 반드시 착용하고, 살포작업은 한낮 뜨거운 때를 피하여 아침저녁 서늘할 때 실시한다. 한 사람이 계속하여 2시간 이상 작업하는 것은 피해야 하며 두통, 현기증 등 몸이 좋지 않을 때는 작업을 중단하고 휴식을 취하여 중독사고를 예방한다.

다. 살포 후 수칙

작업이 끝나면 살포기구는 깨끗이 씻어 보관하여 다음 사용 시 고장이나 약해의 원인을 사전에 예방한다. 농약 빈병은 일정한 장소에 모아두고 종이로 된 포장지는 모아서 소각한다. 작업자는 비눗물로 몸을 깨끗이 씻은 후 충분한 휴식을 취하고 농약사용일지 등을 작성하여 관리한다.

라. 농약중독 시 응급조치

중독 증상이 있을 때는 즉시 작업을 중지하고 안정을 취해야 하며, 반드시 의사의 지시를 받는다. 잘못하여 먹었을 때는 바로 소금물을 먹여 토하게 하고 의사의 치료를 받는다. 유기인계 농약의 해독제로는 팜(정제, 주사제) 및 아트로핀(주사제)이 있으며, 카바메이트계 농약의 해독제로는 아트로핀(주사제)이 있다. 해독제는 반드시 의사의 처방에 따라 사용한다.

마. 농약사용과 약해발생

(표 10-12) 약해의 종류

구분	발현시기	약해증상			수량
		잎·줄기	꽃·열매	뿌리	
급성	3~5일 이내 육안관찰 가능	얼룩반점 괴사반점 고사	개화지연 반점 낙화·낙과	갈변 발근저해	심한 감소
만성	3~5일 이후 이상증상 발현	기형잎 위축	비대지연 착색불량 기형과	괴사부패 기형뿌리	약한 감소

(표 10-13) 농약에 의한 약해 발생원인

고농도 살포	부적합한 약제사용	불합리한 혼용	사용방법 미숙	기타
38%	23%	16%	15%	8%

농약에 의한 약해는 주로 고농도 살포와 적용작물에 맞지 않는 농약의 살포, 농약과 영양제(4종 복비)를 혼용하거나 혼용이 불가능한 약제와의 혼용에서 발생한다. 이 외에 농약의 중복 및 근접살포 등 사용방법 미숙과 제초제 살포 후 방제장비를 세척하지 않고 사용할 경우에 발생한다.

바. 농약 살포조제액의 혼용순서

일반적으로 유제, 수화제의 혼용순서에 따른 살포액의 물리화학적 변화는 물론, 방제효과 측면에서도 전혀 차이가 없다. 다만 수화제는 WP 〉 WG 〉 SC 〉 유제 〉 액제 순으로 희석하는 것이 조제작업 면에서 다소 쉽다.

사. 농약살포액의 경시적 안정성과 병해충 방제효과

농약살포액 조제 후 시간이 지남에 따라 살포액의 물리화학성은 다소 저하되나 조제 후 24시간 내에 살포하면 약효발현과 방제효과에는 큰 차이가 없다.

아. 농약보조제(전착제) 첨가에 의한 농약 부착성 및 잔류성

농약보조제는 농약살포액의 작물체 부착성 및 내우성(耐雨性) 등 살포액의 물리성을 개선시키고 약효를 증진시키기 위해 사용하는 물질이다. 일반적으로 살포액의 표면장력을 낮추어 습전성을 향상시키고 분무 입경을 작게 하여 살포 시 작물체 표면에 농약이 골고루 묻도록 해줌으로써 병해충 방제효과를 증진시킨다. 그러나 일부 농약은 보조제를 첨가함으로써 대상농약 중에 들어 있는 계면활성제 등 부자재와의 부조화로 인해 오히려 농약의 작물체 부착 등을 방해하여 약효저하 및 약해를 가져올 수 있음을 주의하여야 한다.

자. 농산물 중 농약 잔류

(1) 농약 잔류량

농약 잔류량이란 농산물 중에 남아 있는 농약의 총량을 말하며 보통 ppm(mg/kg)으로 표시한다. 수확기에 근접하여 농약을 뿌리면 잔류량이 많아지며 고추와 들깻잎 등 연속으로 수확하는 작물에서 잔류문제가 자주 발생한다. 농약 잔류량은 농산물과 농약의 중량 비율이므로 곡물이나 과실류보다 엽채류에서 많아지게 된다.

(2) 잔류 농약에 영향을 주는 요인

• 농약 잔류는 기본적으로 농약 자체의 안정성, 즉 분해가 쉽게 되고 안 되는 성질에 영향을 받는다.
• 분무기의 종류와 분무압력 등 살포 방법에 영향을 받는다. 살포압력이 너무 낮거나 높으면 초기 부착량이 떨어져 방제효과가 떨어지므로 적절한 압력으로 골고루 살포해야 한다. 농약잔류량은 살포물량보다는 살포 농도에 크게 영향을 받는다. 같은 농도일 때 표준살포량과 비교하여 배량을 살포하여도 잔류량은 크게 늘어나지 않으나, 같은 양을 살포하더라도 살포 농도를 배량으로 하면 잔류량이 2배 이상 늘어나므로 살포 농도에 주의하여야 한다.

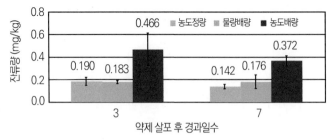

(그림 10-25) 농약의 살포 농도, 살포량에 따른 클로르피리포스(Chlorpyrifos) 잔류량 비교

- 재배환경에 따라 크게 영향을 받는다. 시설재배는 노지재배보다, 겨울재배는 여름재배보다 농약 잔류량이 2배 정도 많다. 이밖에 기온, 일조량, 강우와 토성, 토양수분, 유기물 함량 등 토양조건에 따라서도 영향을 받는다.
- 전착제 첨가는 일반적으로 농약의 작물체 부착량을 증가시키기보다는 지속효과를 높임으로써 잔류기간이 길어지는 것이 일반적이지만 수확기 잔류량 측면에서 보면 큰 의미는 없다.
- 작물체 표면의 형태인 굴곡, 털, 왁스피복 비율 등에 따라 달라진다.
- 작물체의 중량에 대한 표면적 비율이 클수록 살포 농약이 부착할 수 있는 부위가 넓어서 잔류량이 많다. 방울토마토는 일반토마토에 비해 중량에 대한 표면적 비율이 커서 잔류량이 일반토마토의 약 2배 수준이다(표 10-15).

(표 10-14) 토마토와 방울토마토의 중량 대비 표면적 비율

구분	토마토	방울토마토	오이	들깻잎
중량(A, g)	181.3	16.1	160.7	1.4
부피(cm³)	195.8	8.2	173.5	–
표면적(B, cm³)	157.8	29.3	229.7	77.3
B/A(cm³/g)	0.87	1.82	1.42	55.2
비교 (%)	100	210	162	6,340

(표 10-15) 농약 살포 후 경과시간별 과종별, 제형별 농약잔류량 비교

농약	품종	농약살포 후 경과시간별 농약잔류량(mg/kg)			
		0	3일 후	5일 후	7일 후
클로로탈로닐 수화제(WP)	방울토마토(A)	13.3	13.3	14.0	12.3
	토마토(B)	6.9	5.6	6.7	5.9
	A/B	1.9	2.4	2.1	2.1
클로로탈로닐 액상수화제(SC)	방울토마토(A)	35.2	26.4	25.7	23.1
	토마토(B)	14.8	12.6	14.0	10.3
	A/B	2.4	2.1	1.8	2.2
SC/WP	방울토마토	2.6	2.0	1.8	1.9
	토마토	2.1	2.3	2.1	1.7

(3) 농약의 형태(제형)별 작물체 내 잔류양상

(가) 입제 농약
작물의 뿌리로부터 흡수되어 줄기, 잎, 과일로 이동하여 병해충 방제효과를 나타내므로 약효가 늦게 나타난다. 잎이나 열매로 이동된 농약성분은 분해가 느려 미량이나마 농산물 중에 오래 잔류한다.

(나) 화제 농약
작물체 내 침투효과가 적고 대부분 표면에 부착되므로 강우에 의해 쉽게 씻겨 내려간다. 그러나 시설재배 작물은 비를 맞지 않을 뿐만 아니라 바람이 차단되고 햇빛이 비닐층을 통과하면서 자외선 분해능이 현저히 떨어져 오히려 타 제형에 비해 잔류량이 많고 약흔이 남는 단점이 있다.

(다) 유제, 액제 농약
살포 후 농약성분이 작물체의 왁스층으로 쉽게 이동하고 병해충 방제효과도 우수하다. 강우에 의한 작물체 표면에 부착된 농약성분의 유실량은 일반적으로 수화제보다 적다.

(라) 유탁제, 미탁제 농약
최근에 개발된 신제형으로 유제나 수화제에 비해 입자가 작아 병해충 체내로 약제침투가 용이하여 약효가 우수하고 약흔도 남지 않는다.

(마) 훈연제 농약
농약성분이 연기나 가스형태의 매우 미세한 입자로 살포되므로 작물체에 부착된 농약의 분해가 빨라 농산물 중 잔류량이 적어 안전농산물 생산에 유리하다. 그러나 주로 잎의 뒷면에 서식하는 진딧물, 응애 등 해충에 직접 작용하는 약량이 적어 약효가 떨어지는 단점이 있다.

(4) 작물체 중 잔류 농약의 분해와 소실

작물체 중 잔류 농약은 주로 자외선에 의한 태양광선과 강우에 의해 분해·소실되며, 농약 자체가 갖는 휘발성과 기온의 영향을 받는다. 일반적으로 온도가 높으면 각종 분해작용과 휘발 등의 진행속도가 빨라져 농약의 분해도 촉진된다.

(5) 근접살포 및 혼용해서는 안 되는 농약

화학적으로는 다른 농약이나 잔류분석 시 동일 성분으로 분석되는 다음 조합의 농약은 근접살포나 혼용살포할 경우 잔류기준을 초과할 염려가 있으므로 주의하여야 한다. 혼합제 농약은 이전에 살포한 농약과 같은 성분이 포함되어 있는지 확인 후 사용해야 한다.
- 카벤다짐(가벤다), 베노밀, 티오파네이트메틸(지오판)
- 사이퍼메트린(피레스), 알파사이퍼메트린(알파스린)
- 펜발러레이트(프로싱), 에스펜발러레이트(적시타)
- 만코제브(다이센엠-45), 메티람, 프로피네브(안트라콜), 티람

차. 안전농산물 생산을 위한 올바른 농약사용

농약사용에 앞서 병해충 발생을 줄일 수 있는 재배환경을 조성하고 지역특성에 맞는 병해충 저항성 품종 재배 등 친환경재배 기술을 실천하여 건전한 작물 생육을 유도하는 것이 중요하다. 농약을 살포할 경우에는 적용 병해충 방제에 알맞은 농약을 선택하고 제때에 방제하여 약효 증진과 방제횟수를 줄이고 희석배수, 최종 살포일 등 안전사용기준을 준수해야 한다. 작용특성이 서로 다른 농약을 바꾸어 가면서 사용하면 약제 저항성을 줄이고 방제효과를 높일 수 있다. 최근에는 농약 제품에 작용기작을 표시함으로써 농업인들이 쉽게 선택할 수 있도록 하고 있다.
 - 작용기작 표시 : 살균제(가, 나, 다 순), 살충제(1, 2, 3 순), 제초제(A, B, C 순)

(표 10-16) 국내 토마토(방울토마토 포함) 등록 농약 품목 수(2018. 4월)

구분	병해충명	등록 농약 및 품목 수
살균제	검은잎곰팡이병	트리플루미졸 수화제 등 3품목
	겹둥근무늬병	코퍼하이드록사이드 수화제 등 4품목
	궤양병	스트렙토마이신 수화제 등 3품목
	시듦병	메트코나졸 액상수화제 등 3품목
	역 병	디메토모르프 수화제 등 37품목
	잎곰팡이병	테트라코나졸 유탁제 등 39품목
	잿빛곰팡이병	플루디옥소닐 액상수화제 등 45품목
	점무늬병	트리베이식코퍼설페이트 액상수화제 등 2품목
	풋마름병	심플리실리움라멜리콜라비씨피 수화제 등 2품목
	흰가루병	메트라페논 액상수화제 등 7품목
살충제	담배가루이	디노테퓨란 수화제 등 46품목
	담배나방	메타플루미졸 유제 등 6품목
	뿌리혹선충	포스티아제이트 입제 등 21품목
	아메리카잎굴파리	에마멕틴 벤조에이트 유제 등 30품목
	온실가루이	아세타미프리드 수화제 등 42품목
	응애(점박이)	사이안화수소 훈증제 1품목(검역용)
	응애(토마토녹)	스피로메시펜 액상수화제 등 2품목
	작은뿌리파리	클로르페나피르 액상수화제 등 4품목
	진딧물	사이안화수소 훈증제 1품목(검역용)
	총채벌레(꽃노랑)	디노테퓨란 입상수화제 등 2품목
	총채벌레(오이)	클로르페나피르 유제 1품목
제초제, 기타	일년생잡초	나프로파미드 수화제 등 3품목
	생장촉진	지베렐린 수용제 등 2품목
	저장성 향상	일-메틸사이클로프로펜 마이크로캡슐훈증제 2품목
	착색촉진	에테폰 액제 1품목
계	병해충·잡초 25종	311품목

카. 토마토 농약안전성 검사

토마토는 국내 안전성 검사 결과 부적합률이 비교적 낮은 작물이다. 이는 토마토가 과채류로 엽채류와는 달리 표면적 대비 중량이 많이 나가기 때문이다. 대부분의 부적합 원인은 해당 작물에 등록되지 않은 농약의 사용이다. 2017년 농산물품질관리원의 잔류 농약 모니터링 검사에서 토마토는 총 253점을 분석하여 Phenthoate 한 성분, 단 1건만이 부적합이었다. 수출 방울토마토의 경우는 수출대상국의 식품 기준에 맞아야 하므로 국내 등록농약 중에서도 사용가능 농약만을 선택하여 사용해야 한다.

(표 10-17) 대일 수출 방울토마토의 통관 과정 중 잔류 농약 초과검출 사례

품명	농약 검출			일본 잔류허용 기준	한국 기준(ppm)
	연도	성분명	검출치(ppm)		
방울토마토	2000	EPN	0.24~0.32	0.1	0.1
	2008~2010	플루퀸코나졸	0.02~0.06	0.01	0.7
토마토(대과)	2012~2015	사이에노피라펜	0.02	0.01	–
		플루퀸코나졸	0.02~0.04	0.01	0.7

chapter 11

수확 후
관리 및 저장

01

수확시기 및 수확방법

대부분의 작물과 같이 토마토는 가공용 토마토를 제외하고는 대부분 손으로 수확한다. 수확된 토마토의 성숙도는 저장수명과 품질에 중요한 변수로 작용하며 취급, 수송, 판매에 영향을 미치게 된다. 개화 후 수확시기는 토마토의 품종, 기후, 소비자의 기호에 따라 차이가 있다. 토마토의 품종은 과실의 색상, 크기 등에 따라 분류되는데 우리나라에서 기존에 재배되고 소비자의 기호도에 적합한 품종으로는 연분홍(Pink) 색상의 중대형과로 과실의 무게가 200g 이상 되는 과실을 선호하여 왔다.

최근 일본, 유럽에서 재배되고 있는 완숙형 토마토는 이른바 생식용 토마토로서 맛이 진하고 색상이 좋아 소비자의 기호에 맞고, 온실재배에 유리하게 개량되어 왔다. 그러나 국내에 재배되었던 품종은 대부분 완숙되기 이전 녹숙기에 수확하여 유통 과정 중에 완숙시킴으로써 토마토 고유의 향과 색을 저하시키는 경우가 많았다. 녹숙과는 과육이 단단하여 수송 중 상처나 압상에 의한 피해가 적고 유통 과정에서 후숙되도록 하여 판매기간을 길게 하려는 시도이다. 토마토 수확은 유통기간에 따라 일반적으로 착색이 50~60% 정도 이루어진 도색기(Pink)에 수확, 유통과정 중 완숙 또는 착색 80~90%의 담적색기(Light Red)인 완숙토마토를 수확하여 즉시 판매하도록 한다. 방울토마토는 주로 과피의 착색이 약 50~70% 진행된 과실을 수확하여 출고하고 있으며, 이 경우 4~5월에는 5~7일 정도의 상품성을 가지게 된다. 방울토마토는 과실 표면의 절반 이상이 적색으로 착색이 되었을 때 수확한다. 과실의 꼭지 부분을 길게 하면 포장 시 과실이 상호 중첩되어 상처 입기 때문에 가위로 꼭지 부분을 완전히 제거시켜 주는 것이 바람직한 수확방법이다. 수확한 과실을 재배지에 오래 두는 것은 과실의 저장기간을 단축시키는 결과를 초래하므로 가능한 한 수확 즉시 세척과 선과작업을 거쳐 저장고로 옮기는 것이 좋다.

(표 11-1) 토마토 과피 색상에 의한 숙기의 구분

성숙단계	과피의 색상
녹숙기(Mature Green)	과피 전체가 녹색, 꼭지 부분에 별모양의 백색띠가 형성
변색기(Breaker)	꼭짓점에 주황색의 색상이 발현, 과피 전체의 10% 이하
채색기(Turning)	과피 전체 10~30% 채색, 수출용
도색기(Pink)	과피 전체 50 내외의 채색, 국내소비용
담적색기(Light Red)	과피 전체가 채색, 아직 맑은 색상
농적색기(Red Ripe)	과피 전체가 진한 적색으로 채색됨

02

품질 구성요소

토마토 과실의 수확 후 품질을 양호하게 유지하기 위한 기본으로 토마토 과실의 품질을 구성하는 요소를 일괄하여 나타내면 (표 11-2, 11-3)과 같다. 이 중 과실의 크기, 과형, 열과 등의 외관은 수확 시에 이미 결정되며 착색, 과피의 손상, 경도, 성분 함량 등은 수확 후 취급 방법에 따라 크게 변화한다. 이들 변화를 바람직한 방향으로 생리를 조절하여 억제가 가능하지만 품질을 유지하는 것은 상당히 어렵다. 착색 정도는 수확 후 외관적으로 가장 잘 판별할 수 있으므로 조절이 가능하지만, 맛을 대표하는 당도나 산도는 수확 전에 이미 결정되므로 품종 선택을 고려하고 특별한 재배관리 기술을 적용하는 방법이 우선이다. 수확 후에도 예냉과 저온 저장을 통하여 호흡에 의한 당분해가 촉진되지 않도록 하는 것이 바람직한 방법이다.

(표 11-2) 크기 구분

구분		3L	2L	L	M	S	2S
1과의 무게(g)	일반계	300 이상	250 이상 300 미만	210 이상 250 미만	180 이상 210 미만	150 이상 180 미만	100 이상 150 미만
	중소형계 (흑토마토)	90 이상	80 이상 90 미만	70 이상 80 미만	60 이상 70 미만	50 이상 60 미만	50 미만
	소형계 (캄파리)	–	50 이상	40 이상 50 미만	30 이상 40 미만	20 이상 30 미만	20 미만

(표 11-3) 착색 기준

출하시기	착색비율	
	완숙토마토	일반토마토
3 ~ 5월	전체 면적의 60% 내외	전체 면적의 20% 내외
6 ~ 10월	전체 면적의 50% 내외	전체 면적의 10% 내외
11 ~ 익년 2월	전체 면적의 70% 내외	전체 면적의 30% 내외

수확   수확 직후   선별기   선별 후 포장

(그림 11-1) 수확과 포장 과정

03

수확 후 전처리(예냉)

고온상태에서 수확된 작물은 수확 직후 될 수 있는 한 빨리 적당한 품온까지 냉각함으로써 과실 자체의 호흡량 성분이나 물성의 변화를 억제하여 그 후의 품질을 유지할 필요가 있다. 이와 같은 처리를 예냉(Precooling)이라고 한다. 토마토의 경우에는 완숙토마토의 예냉 출하가 중요하며 방법은 차압통풍 예냉 방법이 좋다.

(표 11-4) 예냉 방식에 따른 효과와 경비 비교(Thompson 등, 1998)

	차압통풍식	수냉식	진공예냉식	저장고냉각식
표준냉각시간(h)	1~10	0.1~1	0.3~2	20~100
수분손실률(%)	0.1~2.0	0~0.5	2.0~4.0	0.1~2.0
설치비용	낮음	낮음	중간	낮음
에너지 비용	낮음	높음	높음	낮음
잠재적인 부패오염도	낮음	높음	없음	낮음
방수포장 필요성	없음	필요	없음	없음
이동가능성	가능	가능	가능	없음

방울토마토의 품온을 가능하면 5℃까지 빨리 떨어뜨려야 한다. 걸리는 시간은 차압통풍식으로 30분 이내 또는 수냉식으로 15분 이내로 하면 된다.

(표 11-5) 수냉식에 의한 방울토마토의 예냉 소요시간

수확 직후 과실품온	32.7℃
예냉 시 수온	1.9℃
3분 예냉	품온 9.9℃
6분 예냉	품온 7.8℃
10분 예냉	품온 6.7℃
15분 예냉	품온 5.0℃로 온도 저하됨

04
저장 기술

숙성 정도에 따라 저장온도와 저장기간이 다르고 예냉 여부에 따라 신선도 유지 기간이 달라진다. 토마토는 열대성 과실로 저온에 상당히 민감하며 수확할 때의 숙도와 수확시기에 따라서 저장온도를 다르게 하도록 한다. 녹숙기(Mature Green)에는 12.5~15℃, 채색기(Turning)에서 도색기(Pink)는 10~12℃, 담적색기(Light Red)에는 8~10℃로 한다. 임시저장 시 저장조건 15~18℃와 상대습도 90%는 토마토를 2~3일 이내 출하할 때에 권장되며, 장기 저장을 위해서는 8~10℃ 저장조건이 적합하다. 토마토를 8℃ 이하에서 저장하지 않으며, 저장 중 토마토를 8℃ 이하에서 2주 또는 5℃에서 1주일 이상 저장하면 저온장해를 받을 수 있으므로 주의한다. 여름철에는 결로 발생이 심할 수 있으므로 온도관리가 더욱 중요하다. 미숙 상태의 토마토를 15~18℃에 저장하면 숙성과 색의 변화를 갖는다. 저장 시 공기유통이 잘될 수 있는 포장상자를 선택하여야 한다. 그 이유는 과실에서 발생하는 식물 성숙 호르몬 종류인 에틸렌 가스의 방출을 용이하게 하면서 찬 공기가 과실과 과실 사이를 잘 유동되도록 하여야 저장기간을 오랫동안 유지할 수 있기 때문이다. 포장재를 사용치 않고 무더기로 과실을 저장할 경우에는 과실 상호 간의 접촉에 의한 상처로 에틸렌 가스의 발생을 촉진하거나 과실에서 발생되는 호흡열에 의해 과육이 분질화될 우려가 커진다. 공기유동이 없는 경우에는 과실 자체가 무산소 상태의 무기호흡을 행하게 되어 부패하기 쉬운 조건이 되므로 적당한 공기유동이 필요하다.

(표 11-6) 토마토의 저장조건(USDA)

	토마토(녹숙기)	토마토(완숙기)
저장온도(℃)	10~3	8~10
상대습도(%)	90~95	85~90
에틸렌 발생량	매우 낮음	높음
에틸렌 민감도	높음	낮음
저장기간	2~5주	1~3주
CA 조건	3~5% O_2 + 2~3% CO_2	3~5% O_2 + 3~5% CO_2

MA 저장은 포장 내 적절한 산소와 이산화탄소를 조성하는 포장방법으로 녹숙기에는 0.03mm PE 필름으로 포장 시 효과적이고, 포장 내 3% O_2 + 2% CO_2 조성이 녹숙기 방울토마토의 선도 유지에 도움이 된다. 결로현상을 방지하는 방담필름도 이용되고 있다. 수확 후 저장기간 동안 곰팡이균 등 부패균이 발생될 위험이 있으므로 1% 락스 용액 등을 이용하여 세척된 과실을 박스에 담아 저장하면 더욱 유리하다.

예냉상자

표준규격상자

포장

적재

수송

(그림 11-2) 저장 및 유통과정

포장방법은 랩, 트레이, 비닐팩 포장 같은 소규모 포장과 골판지 상자, 팰릿 단위 포장인 대규모 포장이 있다. 외장은 재료가 가벼우며 수송과 보관이 용이한 양면골판지를 사용해야 한다. 소포장 단위인 플라스틱 포장이 많이 유통 소비되고 겉포장은 4kg 상자 작업이 권장되고 있다. 적재 방법으로 팔레트(1.100mm×1,100mm) 포장작업은 4kg 상자(366mm×275mm×100mm) 기준으로 가로 4줄, 세로 3줄, 높이 10단으로 총 120상자를 적재한다. 10kg 상자(412mm×275mm×190mm) 기준의 경우, 가로 5줄, 세로 2줄, 높이 6~7단으로 총 60~70상자를 적재한다.

05
콜드체인시스템

원예작물을 수확 즉시 온도를 낮춰 유통과정 전반에 걸쳐 적정 저온이 유지되도록 관리하는 체계를 콜드체인시스템(저온유통, Cold Chain System)이라 부른다. 산물의 품질을 최대한 유지하기 위해서는 작물에 알맞은 저온으로 냉각시킨 다음 저장, 수송, 판매에 걸쳐 일관성 있게 적정 온도로 관리하는 것이다.

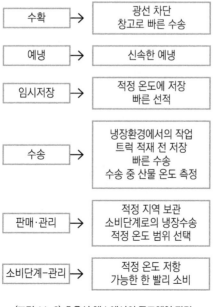

수확	→	광선 차단 창고로 빠른 수송
예냉	→	신속한 예냉
임시저장	→	적정 온도에 저장 빠른 선적
수송	→	냉장환경에서의 작업 트럭 적재 전 저장 빠른 수송 수송 중 산물 온도 측정
판매·관리	→	적정 지역 보관 소비단계로의 냉장수송 적정 온도 범위 선택
소비단계-관리	→	적정 온도 저장 가능한 한 빨리 소비

(그림 11-3) 호온성 채소에서의 콜드체인 관리

콜드체인시스템은 장거리 운송이나 저장에서 발생되기 쉬운 상처와 부패의 우려를 줄어들게 해준다. 이로써 생산자는 수확 후 산물의 급속한 변화로 품질이 저하되어 가격이 하락되는 것을 막을 수 있고, 중간도매상이나 소매상들은 산물의 품질이 일정하게 유지됨으로써 적정 이윤을 보장받게 된다. 저온유통을 실시하려면 농산물이 안정적으로 확보되어야 하며, 농산물의 품질등급이 표준화되어 기계에 의한 선별이 가능하고 포장규격 또한 표준화되어 유통에 소요되는 제반경비를 절감할 수 있도록 해야 한다. 또한 산지에서도 출하 전까지 적정 저온에 저장할 수 있도록 저온저장고의 구비가 필요하고 저온을 유지하면서 산지에서 소비자까지 운송할 수 있는 냉장차량을 구비해야 한다.

유통과정 전반에 걸쳐 적정 저온을 유지시키는 관리체계인 콜드체인시스템은 예냉 시설, 저장고, 저온수송차량, 냉장판매대 등이 동시 구축되어야 한다. 예냉 뒤 상온에 노출 시 결로현상으로 인한 상품성 손상위험이 발생하기 쉬우므로 주의해야 한다. 결로는 대기 중 상대습도에 따라 10~15℃ 온도 편차 범위에서 발생한다. 수송 경로는 육로수송, 해상수송, 항공수송으로 구분하고 수송기간별로는 장기수송과 단기수송으로 구분한다. 수송 중 진동, 충격, 압축 등 물리적 장해를 줄이기 위한 안전한 운전 방법이 필요하고 수송 온도는 4~7℃, 상대습도는 90~95%가 적합하다. 결로 방지를 위해 공판장 내 온도를 고려하여 15℃ 편차 범위 내에서 수송하거나 저온수송 시 하차 전 중간온도 설정이 필요하다.

매장 내 판매관리는 방울토마토 상자를 온도가 가장 낮은 곳에 배치하고 판매단계에서의 온도는 10~15℃ 온도범위가 적당하며 판매 이외의 단계에서 0.03mm PE 필름으로 상자나 팔레트를 피복하여 보관한다. 윤기에 따라 숙기판정을 하고 잔여 판매기간을 결정하며 담적색기부터는 판매기간이 1~2일을 넘지 않도록 한다. 매장관리자는 윤기, 신선도, 부패율 등 방울토마토의 품질을 매일 체크하여야한다. 품질 체크 항목 중 기본 항목으로 반입날짜, 반입물량, 반입상태(포장여부, 재포장 필요성 등) 매장 내 온·습도, 관리자 있다. 품질 항목으로는 숙성도(Color Chart)를 육안판별(모양, 크기, 결점 여부, 저온장해, 충해, 부패도), 식미판별(경도, 맛, 향), 잔여 판매기간(일, 시간)등이 있으며 이를 체크해야 한다.

06

수확 후 손실 방지

수확 후 손실로는 생리적 장해, 물리적 장해, 병리적 장해 등이 있다. 생리적 장해로는 열과가 꼭짓점으로부터 방사상으로 갈라지는 것과 어깨 부분에 동심원상으로 발생하는 형태로 구분된다. 열과 발생은 과육 중간에서 1~2회 갈라지는데, 재배 시 야간온도 및 습도가 높을수록 많이 발생하며 수확 간격 일수가 적을수록 발생률이 적다. 유통 중 균일한 온도, 습도 유지관리로 열과 발생을 억제한다.

물리적 장해는 외부의 물리적인 힘(손상, 마찰, 충격, 압축, 진동)에 의해 발생하는 경우 영양성분과 상품성에 큰 손실이 나타난다. 수확, 상하차, 선별, 포장, 수송 작업 시 상처에 주의해야 한다. 선별기 사용 시 선별라인에서 완충패드를 사용하여 충격을 최소화시켜야 한다. 병리적 장해는 상처, 물리적 장해 그리고 과일의 연화 과정에서 나타난다. 건전한 과실이라도 병든 과실과 오염된 수집 컨테이너, 소독되지 않은 세척수, 포장 과정 등에서 감염될 수 있다. 병원균의 증식을 막기 위해서는 저온저장고, 저온수송차량은 물론, 포장센터에서 규칙적인 소독을 실시하여 청결함을 유지해야 한다. 저장고나 용기 소독에는 활성 염소 50~100ppm, 차아염소산나트륨이나 차아염소산칼륨을 pH 5.5~6.5 범위에서 사용해야 한다. 방울토마토의 과피에 묻은 병원균을 살균할 경우, 식품의 안전성과 관련하여 가장 위협이 되고 있는 것은 미생물 독소와 대장균이며 식중독을 일으키는 살모넬라(Salmonella)와 리스테리아(Listeria)에 주의해야 한다. 이런 것을 종합 관리하기 위하여 우수농산물관리제도(GAP, Good Agricultural Practices)를 지켜야 한다. 소비자에게 안전하고 위생적인 농축산물을 공급할 수 있도록 생산자와 관리자가 지켜야 하는 생산 및 취급과정에서의 위해요소 차단 규범을 의미한다. 안전한 농산물에 대한 소비자 욕구 충족을 위하여 생산단계부터 시작되는 농산물 안전 관리체계 구축이 필요하다.

가. 산지유통센터의 표준 작업 모델

(1) 기본설비

수확 ⇒ 차압 예냉 ⇒ 세척 ⇒ 오존수 살균 ⇒ 선별작업(선별) ⇒ 내포장(수출용 상자 포장) ⇒ 저온저장 ⇒ 운송 ⇒ 판매/소비

(2) 작업과정

(그림 11-4) 산지유통센터의 작업 과정

1절　농업인 업무상 재해의 개념과 발생 현황

　　농업인도 산업근로자와 마찬가지로 열악한 농업노동환경에서 장기간 작업할 경우 질병과 사고를 겪을 수 있다. 산업안전보건법에 따르면 업무상 재해란 근로자가 업무에 관계되는 건설물, 설비, 원재료, 가스, 증기, 분진 등에 의한 작업 또는 그밖의 업무로 인해 사망, 부상, 질병에 걸리는 것을 일컫는다. 농업인의 업무상 재해는 농업노동환경에서 마주치는 인간공학적 위험요인, 분진, 가스, 진동, 소음 및 농기자재 사용으로 인한 부상, 질병, 사망 등을 일컬으며 작업준비, 작업 중, 이동 등 농업활동과 관련되어 발생하는 인적재해를 말한다.

　　2004년 시행된 「농림어업인의 삶의 질 향상 및 농산어촌 지역개발 촉진에 관한 특별법」에서 농업인 업무상 재해의 개념이 처음 도입되었으며, 2016년 1월부터 시행된 「농어업인 안전보험 및 안전재해 예방에 관한 법률」에서는 농업활동과 관련하여 발생한 인적재해를 '농업인 안전재해'라고 정의하며 이를 관리하기 위한 보험과 예방사업을 명시하였다.

　　국제노동기구 분류에 따르면 농업은 전 세계적으로 건설업, 광업과 함께 가장 위험한 업종 중 하나다. 우리나라 역시 산업재해보상보험 가입 사업장을 기준으로 전체 산업 근로자와 비교하면, 농업인 재해율이 2배 이상 높은 것으로 나타났다(그림1).

(그림 1) 전체 산업대비 농업 부문 산업재해율

그러나 여성, 고령자, 소규모 사업장일수록 산업재해가 빈번하게 발생하는 경향을 고려해 볼 때 산재보상보험에 가입하지 못한 소규모 자영 농업인(농업인구의 약 98%)의 재해율은 산재보상보험에 가입된 농산업 근로자의 재해율보다 높을 것으로 추정된다.

농촌진흥청에서 2009년부터 실시하고 있는 '농업인의 업무상 질병 및 손상 조사(국가승인통계 143003호)'에 따르면 농업인의 업무상 질병 유병률은 5% 내외이며, 이 중 70~80%는 근골격계 질환으로 농업환경의 인간공학적 위험요인 개선이 시급한 것으로 나타났다. 또한 업무상 손상은 3% 내외, 미끄러지거나 넘어지는 전도사고가 30~40%로 전도사고를 예방하기 위한 조치가 필요한 것으로 나타났다. 이 외의 농업인 중대 사고로는 생강저장굴 질식사, 양돈 분뇨장의 가스 질식사, 고온작업으로 인한 열중증으로 인한 사망사고 등이 있다. 이러한 현황을 고려해 볼 때 농업인의 업무상 재해예방과 보상, 재활 등 국가관리체계 구축 및 농업인의 안전보건관리에 대한 적극적인 참여가 시급하다.

더욱이 업무상 손상이 발생하게 되면 약 30일 이상 일을 못 한다고 응답하는 농업인이 40% 이상이며[1] 심한 경우 농업활동을 아예 하지 못하는 경우도 발생한다. 점차 고령화되어 가고 있는 농업노동력의 특성을 고려할 때 건강한 농업노동력의 유지를 위해 안전한 농업노동환경을 조성하고 작업환경을 개선하기 위한 농업인 산재예방 관리는 매우 중요하다. 또한 이를 위하여 정부, 전문가, 관련 단체, 농업인의 협력 및 자발적인 참여가 절실하다.

2절 농업환경 유해요인의 종류와 건강에 미치는 영향

농작업자는 각 작목특성에 따라 재배지 관리, 병해충 방제, 생육 관리, 수확 및 선별 등의 작업을 수행하면서 농업노동환경의 다양한 건강 유해요인에 노출된다. 노동시간 면에서도 연간 균일한 노동력을 투여하는 것이 아니라, 작목별 농번기와 농한기에 따라 특정 기간 동안에 일의 부담이 집중되는 특성이 있다. 또한 농업인력 고령화와 노동 인력 부족으로 인해 농기계, 농약 등 농기자재의 사용이 증가되고 있다. 따라서 농업노동의 유해요인은 더 다양해지고, 아차사고가 중대 재해로 이어지는 경우도 늘어나고 있다.

---

1 농업인 업무상 손상조사, 2013

특히 관행적 농업활동에 익숙했던 농업인들이 노동환경 변화에 적응하고자 무리하게 작업을 하게 됨에 따라 작업자 건강에 영향을 미치는 유해요인에 빈번하게 노출되고 있다. 더욱이 새 위험 요소에는 정보나 안전교육이 미흡하여 농업인 업무상 재해의 발생 가능성은 커지고 있다.

농촌진흥청이 연구를 통하여 보고하거나 국내외 문헌 등에서 공통으로 확인한 농업노동환경의 주요 유해요인으로는 근골격계 질환을 발생시키는 인간공학적 위험 요소, 농약, 분진, 미생물, 온열, 유해가스, 소음, 진동 등이 있다 (표 1, 그림 2).

표1 ▷ **작목별 농업노동 유해요인과 관련된 농업인 업무상 재해**

작목 대분류	유해요인(관련 농업인 업무상 재해)
벼농사	농기계 협착 등 안전사고(신체손상), 곡물 분진(천식, 농부폐증 등), 소음/진동(난청)
과수	인간공학적 위험 요소(근골격계 질환), 농약(농약 중독), 농기계 전복, 추락 등 안전사고(신체손상), 소음/진동(난청)
과채, 화훼 (노지)	인간공학적 위험 요소(근골격계 질환), 농약(농약 중독), 농기계 전복 안전사고(신체손상), 자외선(피부질환), 온열(열사병 등), 소음/진동(난청) 등
과채, 화훼 (시설하우스)	인간공학적 위험 요소(근골격계 질환), 농약(농약 중독), 트랙터 배기가스 (일산화탄소 중독 등), 온열(열사병 등), 유기분진(천식 등), 소음/진동(난청)
축산	가스 중독(질식사고 등), 가축과의 충돌 및 추락 등 안전사고(신체손상), 동물매개 감염(인수공통 감염병), 유기분진(천식, 농부폐증 등)
기타	버섯 포자(천식 등), 담배(니코틴 중독), 생강저장굴(산소 결핍, 질식사 등)

작업자세, 고온

유기분진

중량물,
온열환경

농약

니코틴　　　　　무기분진, 자외선　　　안전사고, 소음/진동, 가스

(그림 2) 유해요인 발생 작업 사례

농업인 업무상 재해의 작목별 특성을 보면 인간공학적 요인은 모든 작목의 공통적인 문제이며, 특히 하우스 시설 작목과 과수 작목의 위험성이 상대적으로 높다. 농약의 경우 과수 및 화훼 작목이 벼농사 및 노지보다 상대적으로 위험성이 높은 것으로 보고되었다. 미생물의 경우 축산농가와 비닐하우스 내 작업에서 대부분 노출 기준을 초과하는 위험한 수준이었으며, 온열 및 유해가스의 경우도 하우스 시설과 같이 밀폐된 공간에서 문제가 되었다. 소음 및 진동은 트랙터, 방제기, 예초기 등 농기계를 사용하는 작업에서의 노출 위험이 보고되었다.

3절 농업인 업무상 재해의 관리와 예방

지속 가능한 농업과 농촌의 발전에 있어 건강한 농업인 육성과 안전한 노동 환경 조성은 필수 불가결한 요소이지만 FTA 등 국제농업시장 개방에 따라 농업에 대한 직접적인 지원이 점차 제한되고 있다. 반면에 농업인 업무상 재해관리에 대한 정부의 지원은 농업인의 생산적 복지의 확대 즉, 사회보장 확대 지원정책으로 매우 효과적이며 간접적인 지원 정책이 될 수 있다. 또한 산업 재해 예방을 통해서 농업인의 삶의 질 향상뿐 아니라, 건강한 노동력 유지에 도움이 되므로 농업과 농촌의 지속 가능한 발전도 도모할 수 있다.

유럽에서는 지속 가능한 사회발전을 위해 농업인의 건강과 안전관리를 최우선 정책관리 대상으로 삼고 (표 2)와 같이 농업인의 산업재해 예방부터 감시, 보상, 재활연구 등의 사업을 국가가 주도적으로 연계하여 추진하고 있다.

농가소득 및 농업경쟁력 증진을 지원하는 정책이 주류를 이루어 왔던 우리나라는 최근에서야 농업인 업무상 재해를 지원하고자 법적 기반을 마련하고 관리를 시작하는 단계이다.

우리 농업의 근간을 표현하는 농자천하지대본(農者天下之大本)은 농업인이야말로 국가가 가장 우선적으로 보호해야 할 대상임을 이야기한다. 농업인은 국민의 먹거리를 책임지는 생명창고 지킴이, 환경 지킴이로써 지역의 균형발전에 기여하는 등 공익적 기능을 하고 있다. 농업은 근대 경제 부흥 시기의 산업 근로 버팀목이었으나, 최근 확대되는 FTA 등 국제시장 개방으로 농가가 농업을 유지하기 어려운 상황이다. 그럼에도 농업·농촌이 공공적 기능과 역할을 하고 있으므로 국가가 주도적으로 지켜나가야 한다. 또한 정부의 관리 책임 아래 농업인, 국민, 관련 전문가, 유관 기관, 단체 등이 농업인의 건강과 안전을 위하여 적극적이고 자발적으로 협력해야 한다.

표2 ▶ **농업인 업무상 재해 관리영역 및 주요 내용**

산업 재해 예방	유해요인 확인/평가	· 물리적, 화학적, 인간공학적 유해요인 구명 · 유해요인 평가방법 및 기준 개발 · 지속적인 유해요인 노출 평가 및 안전관리
	유해환경	· 농작업 환경 및 작업 시스템 개선 · 개인보호구 및 작업 보조장비 개발 및 보급
	개선	· 안전보건교육 시스템 구축 및 교육인력 양성 · 농업안전보건 교육내용, 교육매체 개발

산업 재해 감시	재해실태 조사	· 지속적 재해실태 파악 및 중대 재해 원인조사 · 안전사고, 직업성 질환 감시 및 DB 구축 · 나홀로 작업자 안전사고 등 실시간 모니터링
	재해판정	· 직업성 질환 진단 및 재해 판정기준 개발 · 유해요인 특성별 특수 건강검진 항목 설정 · 직업성 질환 전문 연구, 진단기관 지원
	역학연구	· 농업인 건강특성 구명을 위한 장기역학 연구 · 급성 직업성 질환 및 사망사고 역학 연구
산업 재해 보상	재해보상	· 안전사고 및 직업성 질환 보상범위 수준 설정 · 산재대상 범위 설정 및 심의기구 등 마련
	치료/재활	· 직업성 질환 원인에 따른 치료와 직업적 재활 연구 · 지역 농업인 치료·재활 센터 운영 및 지원 · 재활기구 보급 및 재활프로그램 개발
건강 관리	지역단위 건강관리	· 농촌지역 주요 급·만성 질환 관리(거점병원) · 오지 등 농촌지역 순회 진료 및 건강교육 · 건강 관리시설 확대 및 운영 지원
	의료 접근성	· 공공 보건 의료서비스 강화 · 지역거점 공공병원 및 응급의료 체계 구축

4절 농작업 안전관리 기본 점검 항목

(표 3)은 앞서 서술한 다양한 농업인의 업무상 재해(근골격계 질환, 농기계 사고, 천식, 농약중독 등)의 예방을 위해 농업현장에서 기본적으로 수행해야 하는 안전 관리 항목이다.

각 점검 항목별로 보다 자세한 내용이나, 작목별로 특이하게 발생하는 위험 요인의 관리와 재해예방지침은 농업인 건강안전정보센터(http://farmer.rda. go.kr)에서 확인할 수 있다.

표3 농작업 안전관리 기본 점검 항목과 예시 그림

분류	농작업 안전관리 기본 점검 항목	
개인 보호구 착용 및 관리	농약을 다룰 때에는 마스크, 방제복, 고무장갑을 착용한다.	
	먼지가 발생하는 작업환경에서는 분진마스크를 착용한다. (면 마스크 사용 금지)	
	개인보호구를 별도로 안전한 장소에 보관한다.	
	야외 작업 시 자외선(햇빛) 노출을 최소화하기 위한 조치를 취한다.	
농기계 안전	경운기, 트랙터 등 보유한 운행 농기계에 반사판, 안전등, 경광등, 후사경을 부착한다.	
	동력기기 운행 시 응급사고에 대비하여 긴급 멈춤 방법을 확인하고 운전한다.	

분류	농작업 안전관리 기본 점검 항목	
농기계 안전	음주 후 절대 농기계 운행을 하지 않는다.	
	농기계를 사용할 때는 옷이 농기계에 말려 들어가지 않도록 적절한 작업복을 입는다.	
	농기계는 수시로 정기점검하고 점검 기록을 유지한다.	
	수·전동공구는 지정된 안전한 장소에 보관한다.	
농약 및 유해요인 관리	잔여 농약 및 폐기 농약은 신속하고 안전하게 보관·폐기한다.	
	농약은 잠금이 유지되는 농약 전용 보관함에 넣어 보관한다.	

분류	농작업 안전관리 기본 점검 항목	
농업시설 관리	화재 위험이 있는 곳(배전반 등)에 소화기를 비치한다.	
	밀폐공간(저장고, 퇴비사 등)을 출입할 때에는 충분히 환기한다.	
	농작업장 및 시설에 적절한 조명시설을 설치한다.	
	사람이 다니는 작업 공간의 바닥을 평탄하게 유지하고 정리정돈한다.	
	출입문 등의 턱을 없애고, 계단 대신 경사로를 설치한다.	
인력 작업관리	중량물 운반 시 최대한 몸에 밀착시켜 무릎으로 들어 옮긴다.	

분류	농작업 안전관리 기본 점검 항목	
인력 작업관리	농작업 후에 피로해소를 위한 운동을 한다.	
	작업장에 별도의 휴식공간을 마련한다.	
일반 안전관리	농업인 안전보험에 가입한다.	
	긴급 상황을 대비하여 응급연락체계를 유지한다.	
	비상 구급함을 작업장에 비치한다.	

누구나 재배할 수 있는 텃밭채소 토마토

1판 1쇄 인쇄 2023년 11월 06일
1판 1쇄 발행 2023년 11월 10일
저　　　자 국립원예특작과학원
발 행 인 이범만
발 행 처 **21세기사** (제406-2004-00015호)
　　　　　경기도 파주시 산남로 72-16 (10882)
　　　　　Tel. 031-942-7861　　Fax. 031-942-7864
　　　　　E-mail : 21cbook@naver.com
　　　　　Home-page : www.21cbook.co.kr
　　　　　ISBN 979-11-6833-090-0

정가 25,000원